高校乡镇建设产业学院
研究成果与实践

吉燕宁　许德丽　蔡可心　著

中国建筑工业出版社

图书在版编目（CIP）数据

高校乡镇建设产业学院研究成果与实践／吉燕宁，许德丽，蔡可心著. —北京：中国建筑工业出版社，2023.9
ISBN 978-7-112-28849-6

Ⅰ.①高…　Ⅱ.①吉…②许…③蔡…　Ⅲ.①高等学校-建筑学-学科建设-研究-中国　Ⅳ.①TU-40

中国国家版本馆 CIP 数据核字（2023）第 118868 号

本书紧紧围绕产教深度融合的教育理念，基于沈阳城市建设学院建筑与规划学院（乡镇建设学院）的办学经验，分别从产业学院内涵、专业群建设、课程群建设、人才培养、智库建设、科研建设、学生实践七个方面展开研究，探索出适合建筑类应用型本科高校的办学模式和人才培养的规律，以期为我国建筑类相关高校的进一步发展提供参考。

本书适合建筑类应用型本科高校从事教学管理、专业建设、课程改革的广大教师、管理人员以及从事高等教育相关研究人员阅读。

责任编辑：费海玲　焦　阳
责任校对：党　蕾
校对整理：董　楠

高校乡镇建设产业学院研究成果与实践

吉燕宁　许德丽　蔡可心　著

*

中国建筑工业出版社出版、发行（北京海淀三里河路 9 号）

各地新华书店、建筑书店经销

北京科地亚盟排版公司制版

北京中科印刷有限公司印刷

*

开本：787 毫米×1092 毫米　1/16　印张：14¾　字数：338 千字

2024 年 1 月第一版　　2024 年 1 月第一次印刷

定价：68.00 元

ISBN 978-7-112-28849-6

（41122）

"建筑类专业设计指导" 系列
编 委 会

前　言

　　2020 年，教育部、工业和信息化部研究制定了《现代产业学院建设指南（试行）》，文件指出"培养适应和引领现代产业发展的高素质应用型、复合型、创新型人才，是推动高校分类发展、特色发展的重要举措"。随着高等学校的分类发展日益明确，建设高水平应用型大学已成为地方本科院校的基本定位。地方本科院校要实现向应用型转型发展，一个重要的推手就是建立产业学院。

　　在乡村振兴的背景下，沈阳城市建设学院建筑与规划学院（乡镇建设学院）根据自身的办学目标、办学定位、办学特色与办学优势，以国家政策为指导、以产业需求为导向，紧贴区域经济发展需要，协同共建了服务地方并具有乡镇特色的产学研一体化合作平台。平台以学校为主导，企业参与，协会搭桥，根据产业链需求设计和规划建筑类课程，培养高质量基层应用型建筑类人才，打通学校到企业的"最后一里"。

　　本书立足于学院多年的自身建设实践，分别从产业学院内涵、专业群建设、课程群建设、人才培养、智库建设、科研建设、学生实践七个方面系统梳理总结了乡镇建设产业学院的建设过程和实践经验，对于建筑类应用型高校具有一定的参考性和适用性。

　　本书的编撰凝聚了建筑与规划学院全体老师的集体智慧，也见证了乡镇建设（产业）学院的发展历程，在编写过程中得到了同济大学彭震伟教授的大力支持，沈阳城市建设学院原校长温景文教授、校长马凤才教授、副校长傅柏权教授等也为本书的编撰出版给予了大力支持，并提出宝贵建议。在此，谨向所有为本书编写出版做出贡献，以及关心支持我校产业学院发展的各界人士表示诚挚感谢。

吉燕宁

2023 年 5 月

目　　录

第一章　产业学院相关理论　　　　　　　　　　　　　　　　　　　　　　　1

乡镇建设产业学院缘起与发展历程（许德丽、蔡可心）　　　　　　　　　2

现代产业学院研究综述（戴碧薇、蔡可心）　　　　　　　　　　　　　　8

我国现代产业学院相关案例研究（鞠采坪、蔡可心）　　　　　　　　　13

第二章　应用型高校建筑类人才培养之专业群建设　　　　　　　　　　　19

应用型民办本科高校建筑类专业群建设研究与实践

　　——以沈阳城市建设学院为例（葛述苹、蔡可心）　　　　　　　　20

应用型民办本科高校城乡规划专业特色打造策略研究

　　——以沈阳城市建设学院为例（郝燕泥、蔡可心）　　　　　　　　26

应用型民办本科高校风景园林专业建设研究与实践

　　——以沈阳城市建设学院为例（林瑞雪、蔡可心）　　　　　　　　30

第三章　应用型高校建筑类人才培养之课程群建设　　　　　　　　　　　37

国际合作办学模式下建筑设计类课程教学方法研究（陈瑶、吉燕宁）　38

CDIO 理念下民办高校建筑类专业课程体系研究

　　——以沈阳城市建设学院为例（麻洪旭、朱林、吉燕宁）　　　　47

应用型大学建筑类专业产教融合为导向的人才培养模式研究（许德丽、吉燕宁）　54

基于能力培养的城市规划原理课程教学模式改革研究与实践（杨宇楠、吉燕宁）　62

辽宁省一流课程建设的探索与实践

　　——以"城乡规划与设计 2"为例（钟鑫、吉燕宁）　　　　　　67

构建"应用型"城乡规划专业设计类课程体系（吉燕宁、朱林）　　　77

第四章　应用型高校建筑类人才培养之"七个一"　　　　　　　　　　　84

产教融合背景下乡镇建设学院科研机构产学研一体化发展实践

（许德丽、蔡可心）　　　　　　　　　　　　　　　　　　　　　　85

"一所一企业"

　　——以校企合作单位辽宁省城乡建设规划设计院为例（王超、许德丽）　90

"一企业一学期一（类）项目"

　　——以校企合作单位沈阳以墨设计咨询有限公司为例（吕晶、许德丽）　97

"一（类）项目带动一（类）专业课程"

——以"建筑设计1"及"建筑设计3"为例（谢晓琳、许德丽） 103

"一（类）专业课程带动一（类）专业竞赛"

——以辽宁省土木建筑学会高等院校"乡村振兴"主题竞赛为例
（郭宏斌、许德丽） 112

"一（类）专业竞赛带动一（类）专业社团"

——以"谷雨社团发展"为例（吕晶、许德丽） 117

第五章 辽宁省乡村振兴科技服务智库建设 122

辽宁省高等学校乡村振兴科技服务智库建设情况综述（郝轶、吉燕宁） 123

关于"广泛招募、派驻乡村规划师下乡"助力辽宁省全面推进乡村振兴工作的
建议（郭宏斌、吉燕宁） 125

论以文化策划促进辽宁乡村文旅产业振兴（罗健、吉燕宁） 128

关于加强乡村规划建设人才培养的建议（时虹、吉燕宁） 132

加快开展拯救老屋行动，助力美丽乡村建设（王超、吉燕宁） 135

第六章 乡镇建设产业学院服务乡镇之科研建设 139

乡村振兴背景下东北乡村建筑更新和再利用

——以海城中小镇后三家村为例（张立军、许德丽） 140

苏家屯陈相街道沈阳市民主政府旧址纪念馆改造设计项目（刘一、许德丽） 146

沈阳市沈北新区马刚街道中寺村村庄规划（王琳琳、许德丽） 153

新民市大红旗镇控制性详细规划设计（钟鑫、许德丽） 161

乡村人居环境改善，构建村庄健康可持续发展

——以庄河市桂云花项目为例（刘天博、许德丽） 170

庄河市明阳街道端阳庙村美丽乡村景观设计（刘成学、许德丽） 177

朝阳北票市上园镇田园综合体景观设计（唐丽琴、郝轶、许德丽） 184

第七章 乡镇建设产业学院服务乡镇之学生实践 194

基于红色精神传承推动乡村振兴创新研究

——以"智建筑梦"暑期社会实践团为例（夏海杰、李妍伶、蔡可心） 195

辽宁省乡村发展状况及发展趋势调查研究

——以"乡村振兴"暑期社会实践团为例（夏海杰、张一宁、蔡可心） 203

辽中地区乡村文化墙绘现状调查与研究

——以"美丽乡村墙绘"暑期社会实践团为例（夏海杰、张思杨、蔡可心） 210

暑期社会实践振兴辽宁乡村专项调研行动

——以"探乡"暑期社会实践团为例（陆鹏程、李炳赫、刘诗倩） 217

走进助农实践一线，讲好乡村振兴故事

——以"星火乡助"暑期社会实践团为例（梁诗宇、刘韦瑶、刘诗倩） 223

第一章
产业学院
相关理论

◉ 乡镇建设产业学院缘起与发展历程

◉ 现代产业学院研究综述

◉ 我国现代产业学院相关案例研究

乡镇建设产业学院缘起与发展历程

许德丽、蔡可心

摘要： 在培养乡镇建设应用型人才、推动建筑类课程整合、校企课程建设、实习实训平台建设、双师双能型师资队伍建设、提高科学研究和服务乡镇社会水平等方面开展研究，梳理乡镇建设产业学院发展历程、总体思路、规划实践并总结成效。

关键词： 乡镇建设学院；应用型人才；产业学院

一、政策背景

当今国际社会正面临全面、深刻、迅速的转型，迫使大学对此做出回应，高校要想可持续发展、立足地方，也必须加快转型发展。

（一）国家及省相关政策

1. 国家层面

2015 年 10 月，教育部、发展改革委、财政部三部委联合发布了《关于引导部分地方普通本科高校向应用型转变的指导意见》，文件中指出：当前，我国已经建成了世界上最大规模的高等教育体系，为现代化建设做出了巨大贡献。随着经济发展进入新常态，人才供给与需求关系发生深刻变化，面对经济结构调整、产业升级加快步伐、社会文化建设不断推进，特别是创新驱动发展战略的实施，高等教育结构性矛盾更加突出，同质化倾向严重，毕业生就业难和就业质量低的问题仍未有效缓解，生产服务一线紧缺的应用型、复合型、创新型人才培养机制尚未完全建立，人才培养结构和质量尚不适应经济结构调整和产业升级的要求。

积极推进转型发展，必须采取有力举措破解转型发展改革中的顶层设计不够、改革动力不足、体制束缚太多等突出问题。特别是紧紧围绕创新驱动发展、"互联网＋""大数据、云计算""大数据＋""人工智能＋"等新业态、新产业，对大学提出了产教融合、校企合作的新要求。各地各高校要从适应和引领经济发展新常态、服务创新驱动发展的大局出发，切实增强对转型发展工作的重要性、紧迫性的认识，将其摆在当前工作的重要位置，以改革创新的精神，推动部分普通本科高校转型发展。

2. 辽宁省层面

中共中央、国务院关于引导部分地方普通本科高校向应用型转变的决策部署，也是辽宁省推动本科高校向应用型转变的重要举措。根据《辽宁省教育厅关于支持有关高校和专业启动向应用型转变试点工作的通知》（辽教发〔2015〕168 号）的精神，省教育厅共确立了 10 所高校、116 个本科专业作为首批转型试点，要求各试点高校和试点专业按照省委、省政府的部署，进一步把握转型内涵、理清转型思路、明确转型任务。

（二）学校发展概况

沈阳城市建设学院自 2000 年建校以来，始终把培养应用型人才作为办学理念及培养目标。采用卓越工程师培养计划，重视和加强培养学生的工程实践能力与创新精神，建立了 100 多家实习实践就业基地。已有 12 届的万名毕业生走上了省内外的建设岗位，他们以扎实的理论知识、纯熟的实践动手能力，深受用人单位欢迎。城建学子凭借求真务实、扎实进取的精神在千余家企业中备受好评，学校已成为未来建筑工程师的摇篮。

（三）应用前景

高等学校的三大职能——培养人才、科学研究、社会服务，三大职能相互交叉，相互促进，构成了高等学校完整的职能系统，同时决定了高校必然要为乡村振兴服务。为贯彻国家有关战略要求，落实《国务院办公厅关于深化产教融合的若干意见》（国办发〔2017〕95 号）和《教育部 工业和信息化部 中国工程院关于加快建设发展新工科实施卓越工程师教育培养计划 2.0 的意见》（教高〔2018〕3 号）等文件精神，推进现代产业学院建设工作，2020 年，教育部、工业和信息化部研究制定了《现代产业学院建设指南（试行）》，文件指出："培养适应和引领现代产业发展的高素质应用型、复合型、创新型人才，是推动高校分类发展、特色发展的重要举措。""推进新工科与新农科、新医科、新文科融合发展，全面提高人才培养能力，在特色鲜明、与产业紧密联系的高校建设若干与地方政府、行业企业等多主体共建共管共享的现代产业学院。"因此，乡镇建设学院研究与实践对发挥"政—行—企—校"多元联合主体的共建共管作用，助推乡村振兴战略实施具有重要的现实意义和实践价值。

二、产业学院缘起

产业学院是以提升职业院校服务区域产业的能力为目标，整合地方政府、职业院校、行业协会、龙头企业和产业园区的资源，以人才培养为主，兼有学生创新创业、技术创新、科技服务、继续教育等多主体、多功能深度融合的新型办学实体。产业学院是当前职业教育中最有效的"产教融合、校企合作"模式之一，是教育链、人才链与产业链、创新链有机衔接的结果。

（一）产业学院的兴起

1. 发展概况

国内学界关于"产业学院"的研究始于 2007 年，来自浙江经济职业技术学院的俞步松和徐秋儿，他们结合所在学校的实践，率先把产业学院作为校企深度合作的载体提出。2013 年，广东的中山职业技术学院开始打造"专业镇产业学院"，开启了关于产业学院研究的一波热潮。2017年12月，国务院办公厅发布《关于深化产教融合的若干意见》，此后，关于产业学院的研究与实践实现跃升。2020年7月，教育部办公厅、工信部办公厅联合印发《现代产业学院建设指南（试行）》，高校产业学院纷纷挂牌成立，标志着产业学院建设进入新阶段。"产业学院"相关主题的研究成为当下热点，内涵、建设与运行机制、育人模式等受到研究者关注。

我国的产业学院缘起于广东中山，以高职院校为典型代表，产业学院的投资主体包括高校和企业。2014年2月26日在李克强总理主持的国务院常务会议上，提出要"充分调动社会力量，吸引更多资源向职业教育汇聚，加快发展与技术进步和生产方式变革以及社会公共服务相适应、产教深度融合的现代职业教育"。因此，企业作为校企合作中不可忽视的主体之一，将再次走上校企合作的"历史舞台"，发挥重要主体作用，推动"校企合作、产教融合"的进一步深化，产业学院就是产教融合的新模式，也是"应用型"转型的必由之路。

2. 内涵

产业学院指应用型高校与企业为了实现工学交替的培养目标而在教学理念、人才培养模式以及教学机制等方面展开深度合作建立的实践教学基地，它集双重目标于一身，既要提升合作企业的效益，又要提高人才培养的效果。

3. 产业学院的办学特色

一是开放性。主要体现为办学主体开放、教学内容开放、教学过程开放、师资开放。

二是实用性。产业学院企业部分管理部门亦设置在学院之中，学院与企业的联系相当紧密。学院培养的人才实用性强，与企业之间的适配性强，企业可以及时将人才需求告知学院，学院也可以及时根据企业的反馈调整人才培养方案。

三是共享性。学院与企业充分共享各类信息与资源，根据产业学院的章程，合作企业可以使用产业学院拥有的图书馆、会议室、操场等硬件设施以及数字资源库、毕业生信息等软件资源，工作室、实践基地等也可以成为产业学院的实习基地，双方共享行业、市场以及技术等方面的前沿信息。充分的资源共享不但能大大提升有限资源的使用效率，节约成本，而且能深入促进产业学院与校企联盟企业的交流与合作，产生极大的经济效益与良好的社会效益。

4. 存在问题

1）行业企业有一定的参与度，但参与性不强

产业学院建设与运营面临的一个现实问题是行业企业的参与度不够高。由于企业的实践项目周期较短，不能与学校课程时间完全契合，参与度有待进一步提升。

2）缺乏明确分工，缺少一定的独立决策权

根据调研，地方政府、行业协会、龙头企业与高校是现代产业学院的联合建立者，虽然便于形成"政—行—企—校"多元联合主体的共建共管的现代产业学院，但是在教学实践中缺少分工，各主体决策权划分不清晰。

3）运行管理机制和制度有待完善

根据调研数据及相关的文献资料了解到，目前各高校由于机制不完善，制约了

其现代产业学院的发展。高校和企业如何实现有机的融合，如何招聘专职人员运营产业学院，最大限度地发挥建设作用，加强运行机制和制度建设将是未来产业学院的重点。

（二）乡镇建设学院的指导思想

深入贯彻落实乡村振兴战略，走中国特色社会主义乡村振兴道路，以"产业兴旺、生态宜居、乡风文明、治理有效、生活富裕"为总要求，以构建乡村振兴理论研究、实践指导与"应用型"人才培养三位一体的综合供给中心为方向。同时，要创新办学方式，学会将合作制的机制运用到学校发展上，广泛开展校企合作、校地合作、校校合作、校科合作，实现资源的整合和高效利用，真正打造具有我校特色的乡村振兴助推新模式，为中国乡村振兴方案提供辽沈地区的样板和经验。

（三）乡镇建设学院的办学思路

为了更好地落实中央一号文件、辽宁省的特色乡镇方针；更好地推进我校的"十四五"规划，实现我校转型升级和培养应用型人才的目标，成立了乡镇建设学院。

学院依托城乡规划设计研究中心、建筑设计研究中心、人居环境设计研究所、BIM建筑设计研究中心、历史建筑保护与更新研究中心、风景园林设计研究中心六个研究所等机构资源，打造现代产业学院——乡镇建设学院，共同构建教学理论研究、科研实践指导及"应用型"人才培养三位一体的综合平台，作为我校首个乡村振兴学院，实现教学、科研、"应用型"人才培养的联动模式，形成开放性、实用性、共享性、全覆盖的办学网络。

三、乡镇建设学院发展历程

（一）办学基础

建筑与规划学院具有较长的办学历史，有与多家企业多年深化合作的背景。学院拥有高学历、高职称的双师型师资队伍，具备建设产业学院的较好的工作基础，已经向社会输送了2016名毕业生，每年第一志愿报考率、考研率、出国率都位列学校前茅。

（二）与企业合作优势

围绕校企融合，合作建设教学实验室、实践基地；聘请企业专家为学院学生讲授实践类课程，指导专业实践和毕业设计（论文）；政产学研深度结合，目前学院已建立40多个校企合作基地、5个校地合作基地和1个校会合作基地；学院充分利用各种社会资源，每学年初开展与行业龙头企业的调研考察工作，广泛接触有关企业、行业协会、事业单位等，为推进深度校企融合、促进产业学院转型发展做好了基础工作，为专业布局优化调整提供了数据支撑。

学院有着与龙头企业多年合作的特色优势，其中包括中国中建设计集团有限公司、辽宁省城乡建设规划设计院有限责任公司、辽宁省土木建筑学会历史建筑专业委员会、北京广远工程设计研究院有限公司、四川洲宇建筑设计有限公司沈阳分公司、沈阳新大陆建筑设计有限公司、沈阳市华域建筑设计有限公司、沈阳水木清华景观规划设计咨询有限公司等行业领先企业，学院依托建筑设计研究中心、城乡规划设计研究中心、人居环境设计研究所、风景园林设计研究中心四个科研机构，与这些龙头企业开展合作。

2018—2019 年，签订了 2 家校地合作基地，包括沈阳市辽中区满都户镇校地合作基地和沈阳市新民市大红旗镇校地合作基地。乡镇建设学院研究团队进镇、下乡，精准对接帮扶满都户镇、大红旗镇乡村发展建设。

（三）发展历程

2018 年 6 月，我校依托建筑与规划系成立乡镇建设学院，系更名为建筑与规划学院（即乡镇建设学院），同时成立建筑与规划学院专业建设指导委员会，该委员会由行业、企事业单位、大专院校的专家、学者及本校院内教师组成。2019 年 12 月，沈阳城市建设学院乡镇建设学院荣获"2019 年沈阳高校服务沈阳先进集体"荣誉称号，同年，获批辽宁省高等学校新型智库——乡村振兴科技服务智库。2021 年，乡镇建设学院获批辽宁省普通高等学校现代产业学院。

四、乡镇建设学院发展实践与成效

2014 年至今，乡镇建设学院参与近百项科研项目，其中乡镇、城市更新类项目 50 余项，服务辽沈城乡的有 40 余个。2016—2020 年，依托校企联盟模式，通过与合作企业签约，利用真实项目课题、真实项目基地，高效解决了课程的专业技术问题。通过让学生在设计院实习实践、做毕业设计等环节，加强培养了学生的实践能力，使学生毕业后可以尽快融入工作。通过将实际项目引入设计类课程，形成教学中有实践，实践中有教学，紧密衔接理论课程与实际工程，构建应用型人才培养模式，提升师生实践能力和团队协作能力，促进教师向"双师型"方向发展，以获得良好的社会效益。

（一）发展定位

乡镇建设学院是学校成立的第一个产业学院，旨在培养合格的建筑类应用型人才，服务城乡规划建设发展。立足辽沈，辐射全国，做城乡建设的实践者。学院构建了与政府、行业、企业的不同层面的合作平台，形成了政府主导、学校主体、行业指导、企业参与的校企合作发展新局面，实现了地方、企业、学校、学生在校企合作过程中的"共赢"。

（二）模式特色

产业学院是产教融合的新模式，为了推动"校企合作、产教融合"的进一步深化，学校结合多年的乡镇特色方向的教学、科研基础，顺应国家提出的乡村振兴战略，成立了产教融合、校企合作的辽宁省现代产业学院——乡镇建设学院。通过深化校企合作，实现与企业共同组建科研团队、人才互聘、项目共担、设备共用、成果共享。未来的研究重点主要是转变为面向乡村的服务方向、培养服务乡镇建设的应用型人才、推动建筑类课程整合、提高科学研究和服务乡镇社会的水平。

（三）开发校企合作课程、提升服务乡镇水平

学院引导、激励教师开展科学研究，提高学术水平，以科研促教学，把科研成果融入教学，促进教学内容的更新；鼓励教师结合课题研究，指导学生参与科研、工程实践、社会实践和科技竞赛，提高学生的实践创新能力。通过校企合作、引进乡镇真实项目，依托设计类课程，进行实际项目的研究与设计，教学中有实践，实践中有教学，理论课程与实际工程紧密衔接。强化设计思维、专业意识、实践协作意识等方面的培养，通过校企合作开发课程建设，不断提高师生科学研究和服务乡镇的水平。

（四）建校企、校地、校会实习实训平台

为提高学生解决乡镇建设方面实际问题的能力，设计类课程任务中 90% 是真实项目。实践教学方面，以校会联盟为桥梁纽带，依托校企合作单位为学生提供实习岗位，采用互聘教师的毕设导师负责制，解决学生实习期间遇到的专业问题，为毕业设计作知识储备。以实习实训基地为载体，搭建校企、校地合作平台，多措并举，培养应用型人才，完善实践教学体系。

乡镇建设学院现已签订省内外校企合作单位 40 余家。校企合作企业接收毕业生实习人数达 100 余人。已建立校地合作基地 4 个，分别是沈阳辽中区满都户镇、沈阳市新民市大红旗镇、庄河桂云花满族乡岭东村、辽宁省沈抚新区管理委员会校地合作基地，为学生提供了大量的实习实践岗位。

五、结语

自 2018 年 6 月乡镇建设学院成立以来，运行已有四年多的时间。学院与多家企业签订了校企合作协议，有效促进了学校产学研的结合，并积极探索订单式人才培养模式的建立，以促进人才培养质量的提高，具有较高的应用价值和推广价值。

现代产业学院研究综述

戴碧薇、蔡可心

摘要： 随着近年来全国高职院校、应用型本科高校产业学院的兴起与建设实践的开展，现代产业学院的优势越来越突出，校企共建产业学院的成功经验与发展前景也受到国内外专家学者的重视。目前学术界关于产业学院的研究已经初具规模，研究范围较为广泛、研究内容较为全面、研究视角较为多样。本文主要从产业学院的作用功能、运行机制、研究中发现的问题及解决方法探讨等方面对目前关于产业学院的研究进行综述。

关键词： 产业学院；研究综述；产教融合

一、现代产业学院的起源及功能

（一）产业学院的起源

产业学院是高职院校和应用型本科教育突破传统教学模式，进行改革创新的实践成果，是教育组织方式的一次深刻的变革。其在政府出资的基础上吸纳社会资本，利用现代化信息与通信手段建立起完备的教育供给体系，面向职业群体等提供职业能力培养与职业技能训练，旨在提高个人和企业的核心竞争力，以应对知识更新和产业升级加快的需要。

（二）产业学院的功能

1. 整合企业、学校资源，优化配置

通过共建产业学院，学校为企业提供冠名权、宣传机会、办学实施场地与学生资源、教师资源及科研技术团队等支持，企业为学校提供行业人才、实习实训场所、业界资源、就业推荐等支持。学校与企业得以深度融合，打通了高等教育和产业经济之间的壁垒。

产业学院影响着学院的培养方案与专业课程、人才引进与"双师"队伍的建设、校企合作与教学基地的开发利用，整合企业、学校双方的资源，企业可以投入实质性资源，学校人才培养与企业生产科研进行功能对接，通过横纵向科研，达到互利双赢。

产业学院在发展过程中，应该以产业需求为导向，与企业、行业建立紧密的合作框架和合作体系，使之能够在多元主体的参与下实施畅通的协同治理，进而保证其在运转中形成高效的、畅通的管理机制，最终确保能够充分利用社会一切优质资源来支撑产业学院的运行，实现教育链与产业链、创新链的有机衔接。

2. 深化产教融合，凝练鲜明特色

产业学院有效利用行业前端企业的创造力与影响力，将行业的迫切需求与前沿性研究引入学校，深化产教融合，发挥整体规模效应，使校企双方获利，共同发展。

产业学院模式使得高等教育院校形成了强调实践能力培养的应用型专业群和课程模块。企业与学校共享科研设备、场地、专利权等内容，拥有特色的专业集群，避免出现同质化办学，凝练学院办学特色，有利于学校本身的宣传和建设。

产业学院的课程设置、育人目标与产业需求高度匹配，依据对校企合作单位长时间、多频次的调研以及企业人员在培养方案制定，项目、竞赛、课程体系论证等方面的参与，培养出与企业需求高度匹配的、高质量的毕业生，为学生就业提供强大助力。

二、研究视角

目前，针对产业学院的研究视角主要有两个方向：横向研究是对世界多国产教融合经验的研究，纵向研究是对中国产业学院发展进程的研究。

（一）横向研究

研究新加坡等国在学校内设立生产车间，学生在校内进行产业实践，学校办企业的模式；日本企业对员工进行长期培训的企业办学模式；德国的学校与行业企业共同办学，由行业协会主导，企业和学校执行的模式；美国和英国的企业与学校合作共同教学的模式等，比较其优缺点，提出中国特色的"产业学院"概念。

（二）纵向研究

梳理目前已有的产业学院著作及相关论文可以发现，目前我国产业学院研究已突破了单纯介绍各学院实例，总结经验的层面，开始向提出系统理论，构建框架并实施，检验成效的阶段发展。

前期研究主要从介绍新兴模式"产业学院"中行业企业的参与、校企结合、产教融合等方面展开，随着各地产业学院的陆续发展及相关研究的深入，研究者倾向于研究产业学院具有的不同混合所有制特性及办学组织形式对产业学院发展和学院建设的作用。为学校混合所有制改革提供思路。

产业学院凭借制度上的支持和良好的发展前景，在经历校企合作、产教融合背景下的多年研究及实践后，将不断在未来研究中继续深化。

三、产业学院管理模式

（一）校企共建

校企双方通过产业学院委员会等管理机构，共同履行对产业学院的管理职能，保障校企合作的规范化运行和管理。

产业学院的投资主体主要是高校和企业，少数情况下也有政府或行业协会参与投资。高校根据区域经济发展的特点和合作企业的要求，选择合适的学科专业与相关企业共建产业学院。产业学院建立后，不受高校或者企业单独领导，而是由专门的管理机构领导。管理机构由各方代表组成，是产业学院最高决策机构，统领产业学院的人才培养、科研创新、经费预算等重大事项，行使决策、审议、监督等权力。

投资方、企业和学校共同选出的产业学院院长，负责落实理事会的重大决定，代表理事会负责产业学院的日常管理工作。理事会一般每学期召开一次全体会议，安排或审议本学期的教学项目、实训岗位、实训教师调配等重要事项。

（二）双师建设

产业学院师资由校企双方共同组成。学校聘请行业企业专家、一线从业人员与学校授课教师共同组成教师团队，聘请企业兼职教师讲授专业课程及主要实践课程，学校教师讲理论课程进行补充，并为学校教师提供在职进修、赴企锻炼，等一线实践机会，聘请学校教师担任企业科研工程师等，实现双方的团队建设。

（三）人才培养

根据产业发展对岗位的需求及岗位标准，校企双方共同探讨并制定人才培养方案，构建课程体系。校企共同派出师资团队，共同完成教学组织、教材编制和教学评价，对产业学院的学生实施联合培养、培训。

（四）利益共享

校企双方共同建设产业学院，共同投入产业学院所需软硬件及资金，在合作协议中明确双方的投入及利益分配，保障双方依法依规开展合作。学校以教育教学服务、师资、教学标准、办学场地、实验实训设备等形式投资；合作方以资金、校外办学场地、实验实训设备等形式投资或捐赠。学校的收益包括优化资源配置、深化产教融合、建设"双师型"师资团队、提高学生培养质量、帮助学生就业、提升宣传口碑等；合作方的收益包括获得劳动力资源、技术研发成果、培训的经济效益和社会效益等。

四、产业学院目前存在的主要问题

（一）缺乏独立地位和合理评价体系

多数情况的产业学院依附于学院或学校等主体，缺乏其独立的法人地位。然而是否具有独立的法人地位决定了产业学院能否独立享有法律权利并承担法律责任，关系到招聘权力、构建权力和重大事项的决策权力等。只有具有独立法人地位的产业学院，才能不受其他方的决策干扰，独立建设，完全根据自己的发展需求而做出决定。

由于企业和高校的盈利需求不同，经济周转的周期也不同，因此没有独立法人地位的产业学院在经济效益上难以实现各方面的平衡。产业学院要持续发展，急需获得独立的法人地位。

目前衡量高等学校的办学情况、专业发展水平等普遍要根据办学评估、教学评估、专业评估数据来评价，导致高校比较重视这些评价标准和结果，而对地方区域产业政策、行业企业需求、高校差异化发展等方面的成效不够重视，使得应用型本科在评价中不占有优势。产业学院需要有合理的、独立的评价体系，才能看出产业学院的发展水平，预测产业学院的发展趋势。

（二）多主体管理混乱

由于产业学院的特殊性质，参与的主体较多，其中不同主体有不同的代表和利益诉求，无法单纯依靠高校领导或行业企业管理层直接决策，导致平时处理争议性问题的时候，难以快速做出有效决定。

同时产业学院缺乏现代管理方式，具有高校管理行政化问题和企业过度追求利益问题。校企双方签订合作协议，依靠契约精神实现协同育人和共同发展，当一方发生人员变动或者合作过程中积极性下降时，难免发展后劲不足，目标难以实现，导致合作较为表面，合作形式化。

（三）缺乏市场化运行机制

产业学院除了具有基本课程教学、实习实训、技能培训、能力竞赛、科研开发等功能外，还需要能够产生经济价值。由于产业学院通常缺乏市场化的运行机制，或机制难以充分运行，或较为依赖政府、地方等资源，依据上级行政机关的指令办事，难免出现行政管理干预过多和浪费现有资源等问题。

（四）服务能力不足

产业学院除了满足基本教学和实践功能外，还需要着力开发生产、科研、技术服务和创业等新生功能，为地方经济发展、产业建设提供支持，为社会提供服务。目前产业学院的服务对象以学生为主，未来需要注重教师、学校、行业企业甚至本地社会的需求，实现自我更新和不断发展，为地方解决实际问题。

五、解决方法

（一）构建完善的法律及制度体系

对现代产业学院已有的相关政策加以梳理，为解决以上问题构建新的政策并加以指导，着力优化其组织结构，解决产业学院在发展和运行过程中面临的多方面复杂的问题，使产业学院的优势特色得以最大限度的发挥。帮助已建立的产业学院调整结构，帮助新建产业学院组织新式的架构。

应完善相关法律与法规的建设，使产业学院的建立、发展与财产保护获得法律支持，切实保护参与方，即政府、行业企业、高校的利益，规范产业学院的发展，调动投资方和建设方的积极性。

首先，要保障其独立的法人地位，使得产业学院能够独立行使决策权，避免来自多方的干扰，为产业学院自身的发展保驾护航；其次，保障产业学院的经营权，能够根据市场化规则获得适当独立收益，为产业学院的未来建设提供强大的支持；最后是独立招聘权，使得产业学院能够相对自由地安排企业及高校教职工到合适的岗位，吸引人才，并具有一定独立的晋升权，在职称评定、升职加薪等方面对产业学院给予一定的政策上的鼓励。

（二）优化产业学院运行机制

目前产业学院的联合机制比较依赖于双方领导的决策，应建立符合产业学院发展需求的治理结构，制定其独立的架构，组织安排人员编写符合产学合作发展模式的管理规定，建立决策、执行、监督相互制衡的现代化治理结构。避免因人员变动影响到双方合作的深度，进而影响产业学院的发展。

改革产业学院人才的聘用制度与日常管理规范，可以根据自身建设的需求相对自由引进人才，制定独立的岗位设置与人员聘用实施方案，最大限度发挥教职工的积极性，明确各类教师的考核要求和评价标准。把产业学院教师的实践、联合科研等作为一项重要的考核指标。

（三）建立市场化运行机制

由于产业学院在自身运行和建设过程中需要大量的经费，不能单纯依靠任一方作为经济来源，在保障教学、实习实训、教师学生培训、技能大赛、科研等基本功能的基础上，运用市场机制原理，市场化合理配置资源，避免行政方式的干扰，实现产业学院自身的盈利需求，根据产业学院所有制合理规定产业学院利益的分配，包括分配的对象、分配的比例、分配间隔、钱款使用等；以此激发产业学院的内在活力，多样化盈利路径，尽量减少行业波动对产业学院的影响。

（四）提升办学效益

在产业学院的双边合作中，要注意高校与企业的利益分配，明确双方合作的合理收益，达到共同获利的目标。比如可以通过在企业中建立实训实习基地，支持企业参与学校师资培训，扩大横纵向科研范围，帮助企业提升科研能力，联合培养企业需要的人才；也可通过鼓励吸纳社会资本等方式，积极提升产业学院的办学收益。

六、产业学院研究总结与展望

产业学院从诞生开始就处于不断探索和发展的过程中，通过对目前产业学院研究内容的总结概括，可以梳理产业学院的研究逻辑，找到研究的突破口，更好地为下一步的建设与实践提供理论支撑。随着各产业的产业学院的不断建立，其中出现的问题也将会愈发凸显。深入探究教育规律与产业发展规律，依据科学规律开展深入、系统的理论研究，由此来指导产业学院的建设与实践，推动教育与产业在多层面走向深度融合。

我国现代产业学院相关案例研究

鞠采坪、蔡可心

摘要： 在对现代产业学院的缘起以及理论、实践的研究分析的基础上，对我国现代产业学院的相关案例进行了研究分析，以东北地区现代产业学院建设的典型案例和我国建筑类现代产业学院建设的典型案例为主线，分别对现代产业学院的成立背景、组织机构、管理机制、建设特色与成效进行详细分析，最终总结出现代产业学院的建设思路与模式，为推动应用型高校转型提供对策。

关键词： 现代产业学院；案例研究

一、我国现代产业学院研究与实践现状

（一）现代产业学院缘起

为了应对新一轮的科技革命与新时代下的产业变革以及一系列相关国家发展战略，新工科的建设迅速发展起来。教育部从 2017 年 2 月开始，积极推进新工科的建设，并发布了相关通知。在这样大的学科建设背景之下，教育部正以高校为载体，培育、建设未来技术学院。2017 年新工科建设"北京指南"中正式提出了"产业化学院"一词，这也是现代产业学院的前身。2018 年 1 月，《教育部 2018 年工作要点》中明确提出了"现代产业学院"一词，同时提出现代产业学院为应用型本科高校的建设项目，要大力推进产业学院的建设，与行业、企业进行共建共管。

（二）我国现代产业学院建设的政策支持

在新工科建设背景之下，推动产业发展势在必行，现代产业学院建设成为关键环节。其建设发展既能够提高我国高等教育的综合实力，又能带动地方本科院校的转型，同时推进院校与行业、企业的产教融合。2020 年 7 月 30 日，教育部、工业和信息化部联合印发的《现代产业学院建设指南（试行）》，明确提出了现代产业学院的建设目标、建设原则、建设任务等内容，为现代产业学院的建设思路指明了方向；同时还明确提出了建设立项的申请条件与立项程序，指明了现代产业学院的建设路径与实施方法。

（三）我国现代产业学院理论研究现状

随着现代产业学院的建设与发展，很多学者也开始进行相关理论的研究，在学术网站中国知网上，以"现代产业学院"为关键词进行主题检索，自 2006 年起便有报纸以"产业""学院发展"为主题的内容发表，2019 年开始有以"现代产业学院建设研究"为主题的刊物发表内容，截至 2022 年 8 月 22 日，共检索出学术期刊 106 篇，其中

2019年6篇，2020年11篇，2021年达到56篇；关于现代产业学院的理论研究数量逐年攀升，这些文献通常以"现代产业学院""产业学院""产教融合""研究与实践""协同育人"为关键词，或侧重于理论研究，或侧重于理论的实践应用。不同学者从不同视角对现代产业学院进行研究，对现代产业学院的建设路径、建设制度措施、人才培养模式等提出了新颖的观念。

（四）我国现代产业学院实践现状

随着《教育部2018年工作要点》《现代产业学院建设指南（试行）》的出台，应用型高校与行业企业共建共管的现代产业学院正式开始建设，2021年12月，我国首批现代产业学院名单在教育部网站进行公示，共有50所现代产业学院投入建设，其中以江苏省、广东省居多，可以看出，我国珠三角、长三角地区由于产业比较发达，对人才的需求也更加旺盛，因此这些地区的产业学院建设也更加完善，有着起步早、实施效果显著的特征。东北地区也有6所高校的6个现代产业学院入选，也为东北地区产业变革发展，振兴东北老工业基地国家战略提供了支持与依托。与此同时，许多省份也开始相应建设省级现代产业学院，以辽宁省为例，2021年1月12日，《辽宁省教育厅办公室关于公布普通高等学校现代产业学院名单的通知》（辽教办〔2021〕7号）正式发布，公示了省级现代产业学院入选名单，省内众多高校入选。

二、我国东北地区现代产业学院实践案例

（一）沈阳大学现代产业学院

1. 成立背景

2019年11月，沈阳市政府下发《关于支持沈阳大学建设全国同类院校一流大学的意见》，这一文件的下发有效支持了沈阳大学与沈阳高端骨干企业联合建立现代产业学院的举措。沈阳大学由此与企业共同进行技术开发，开展技术培训与研发，进行学生联合培养，为沈阳先进装备制造业提供应用型人才。学校由此与新松机器人自动化股份有限公司组建新松现代产业学院，与华为技术有限公司组建华为信息与网络技术学院，2021年1月，这两个学院均获批辽宁省省级产业学院。

2. 组织机构与管理机制

沈阳大学两个现代产业学院的组织机构与管理机制并非单一形式，适宜的组织机构与管理机制是现代产业学院建立与发展的根本，从整体来说，沈阳大学现代产业学院形成了"人才共育、过程共管、责任共担"的管理体系。新松现代产业学院建立了由校方和企业人员共同组成的理事会，理事会共7人，设立理事长1人，理事长需由校方人员担任；副理事长2人，由校方和企业方各出1人；理事4人，由校方和企业方各出2人，理事会成员每四年换一届。理事会下设立学院院长1人，副院长2人，院长与副院长的任命需经理事会审议通过。华为信息与网络技术学院的组织机构依托本校信息学院，特色是成立了建设指导委员会，设立院长1人，副院长2人。由此可以看出，

不同产业学院应从自身实际情况出发，建立适宜自身学院发展的组织机构与管理机制。

3. 建设特色与成效

新松现代产业学院构建了具有自身特点的专业群，该专业群包含工业机器人、数据科学与大数据技术、电子信息工程三个专业，学校与企业合力研发核心技术，涵盖工业机器人、智能制造、工业大数据应用等方面，均为适应沈阳地区经济产业发展需求的高精尖技术，并且以此为基础，融合工程实例与原有课程资源，构建了新的教学体系。华为信息与网络技术学院建立了 ICT 专业群，内含人工智能、通信工程、物联网工程三个专业，与企业共同建立了具有企业特色的课程体系，包含企业产品与技术、职业资格认证等模块。课程体系与行业需求高度融合，课程内容对应了行业标准、产品生产、项目研发的相关内容。企业与校方根据自身特色与优势相应地投入资源，共同建立联合育人平台，以项目式教学、创新创业训练替代传统课程教学，学生通过在校期间的实践实训，毕业即能取得相关职业资格认证，进入企业工作后能够迅速适应岗位需要，实现了教育与产业、学习与工作的有效衔接。

（二）长春职业技术学院现代产业学院

1. 成立背景

近年来，国家高度重视职业教育的发展，多次出台相关文件，于 2019 年 4 月启动落实"双高计划"。为了建立多元化办学体制，深化人才培养模式改革，依托该项目，长春职业技术学院与长春市享铁车辆装备制造股份有限公司联合成立了"新金享产业学院"，共同开展构建产业学院的校企合作"四融机制"、设计"课证融通"课程体系、打造专兼结合的"双师型"教师队伍和"校企共育递进式543"实践体系、安排校企联合"订单式"培养、增加创新创业教育等方面的研究与实践。

2. 组织机构与管理机制

学校在校内实习实训基地建设、教学资源建设、教师队伍建设以及教学模式建设方面与企业深度融合，形成了特有的"四融机制"。学校与享铁车辆装备制造股份有限公司合力建设校内开放性实习实训基地，承担教学以及企业技术研发等任务，形成了培养学生掌握多种技能的重要教学平台，由企业和学校合力推进培训合作、资源共建共享、科研合作、教育合作等相关工作。课证融合机制，就是与专业教学对接，使教学体系与"1＋X"证书制度相结合，实行课证融通式教学体系。在企业设立教师流动站，教师分批次深入企业开展顶岗工作和应用技术研发，成为企业的一员，将学校的科研资源融入企业生产实际，将企业生产工艺融入课程教学内容，带动专业群教师能力的整体提升，双管齐下，全力打造专兼结合的高素质"双师型"教师队伍，形成双师培育融合机制。校内实习实训中心建设，按照企业生产一线的布局进行规划，并聘请企业专家参与校内教学。在企业安排校外实训课程，学生顶岗实习直接走进企业感受真实的生产环境，这就是所谓的工学交替融合机制。

3. 建设特色与成效

"新金享产业学院"的建设迎合了国家大力发展高铁装备制造业的战略方针，不但能够为装备制造行业输送高质量人才，还能够促进吉林地区经济发展，推动机械加工制造行业向智能制造方向发展，提升机械制造专业群发展质量，创新了学校与企业合作的多元化办学模式。高职院校应着手建设多方协同校企合作长效机制，以期收获理想的产业学院构建效果，并与当地区域装备制造业发展需求相对接，着眼于新工艺、新技术等方面，与装备制造行业领军企业合作，共建相应的产业学院，根据企业岗位人才供给现状，建设急需型专业，为区域装备制造业输送对口的高质量人才，以带动区域中小型企业进行技术革新及转型。以政府为主导，整合行、校、企三方面资源，构建校企共赢的有效信任机制，让优秀人才跟上社会发展步伐，架构全新的基于产学合作的人才培养模式，实现成果资源共享。

三、建筑类现代产业学院实践案例

（一）福建江夏学院装配式建筑产业学院

1. 成立背景

2016 年 9 月，《国务院办公厅关于大力发展装配式建筑的指导意见》（国办发〔2016〕71 号）发布，文件中指出发展装配式建筑是建造方式的重大变革，是推进供给侧结构性改革和新型城镇化发展的重要举措……力争用 10 年左右的时间，使装配式建筑面积占新建建筑面积的比例达到 30%。同时提倡大力培养装配式建筑设计、生产、施工、管理等方面的专业人才。面对建筑业革命性的变革和全产业链的转型升级所造成的人才结构性短缺，高校原有的通过专业或课程局部改造来适应行业发展的模式已经不能满足装配式建筑产业蓬勃发展的需求。专业群建设的目的是通过校内（外）资源重组，深化产教融合，培养具有产业链背景与思维的应用型人才，解决学生所学与所用之间的落差问题。福建江夏学院工程学院以此为背景，以其特色专业土木工程专业为核心，与当地龙头企业共计十余家单位共同创设装配式建筑产业学院。

2. 组织机构与管理机制

产业学院决策机构为理事会，理事会成员由各单位推荐产生，其中理事长为福建建工集团有限责任公司董事长，副理事长也为各相关理事单位负责人。在理事会领导下，学院实行院长负责制，院长由校方选派，副院长来自企业，共同负责学院事务，落实理事会决议。产业学院还设置教学指导委员会，该委员会由企业的技术人员组成，直接指导学院人才培养、教学改革、合作教学等方面的工作，同时落实相关校企合作事务。

3. 建设特色与成效

产业学院成立后，首先针对产业变革升级后对人才的需求变化重新制定了人才培养目标，以培养装配式建筑在设计、生产、施工过程中的技术及管理应用型本科人才为目标，组建特色专业群，专业群包含土木工程、工业工程、工程管理、工程造价四个专业，重新制定人才培养方案，目前所有在校学生均按照该人才培养方案进行培养。

产业学院逐渐形成自己的专业特色，与龙头企业共建省级 2011 协同创新中心，在科技成果转化、技术标准编制方面均与企业联合完成，并且合作申请相关省级奖项。

此举不但使得学院成为业界典范，而且让学院的学科建设走在了行业前列，与此同时，学院师资队伍的能力不断提升，学生的创新能力得到大幅提升。

在产业学院的支撑下，学院承担了一批国家级、省级重点项目，大型横向项目，获国家技术发明奖二等奖、福建省科技进步奖二等奖等；受行业主管部门委托完成《福建省建筑垃圾资源化利用"十三五"规划》编制工作，主编地方工程技术标准7部；出版了科技部学术著作出版基金资助的学术专著，授权发明和实用新型专利20多项。

（二）柳州城市职业学院数字化（BIM）装配式建筑产业学院

1. 成立背景

在国家鼓励职业院校与行业企业共建现代产业学院的大背景下，2018年，柳州市人民政府印发了《柳州市加快战略性新兴产业发展的若干意见》（柳政规〔2018〕6号），明确了装配式建筑产业为柳州的战略性新兴产业，以此为契机，柳州城市职业学院开始与相关企业进行调研与合作，与企业签订校企合作协议，开展合作办学，与企业合作开设订单班，在此基础上，2020年6月23日，柳州城市职业学院与广西建工轨道装配式建筑产业有限公司、柳州市装配式建筑产业协会正式成立柳州城市职业学院数字化（BIM）装配式建筑产业学院。

2. 组织机构与管理机制

在《现代产业学院建设指南（试行）》中明确的现代产业学院管理模式之下，柳州城市职业学院数字化（BIM）装配式建筑产业学院实行了学院、行业、企业三方共管的管理模式。现代产业学院在学校党委的统一领导下，设立了理事会，下设理事长1名，副理事长和理事若干名，全部由教育专业、行业的专家担任。在理事会领导下，实行院长负责制，制定了《数字化（BIM）装配式建筑产业学院"十四五"发展规划》（以下简称"《规划》"），为学院发展设立了目标，为深化产教融合和校企协同育人提供了实施路径。在《规划》的指引下，学校、行业、企业共同培养创新人才，相应设立了三个委员会，分别为产业学院教学指导委员会、产业学院教学管理委员会以及就业创业和社会培训委员会，直接指导学院的教学、就业工作。产业学院教学指导委员会成员均来自企业高层管理人员、技术研发人员、协会专家、学校领导以及专家。该指导委员会的职能包含对学院教学、政策研究等方面进行指导、咨询和审议，同时要参与学院日常教学管理决策。产业学院教学指导委员会不定时举行会议，对行业发展与制约因素进行探讨，并由此制定专业人才培养方案。产业学院教学管理委员会人员构架以学校教师为主体，负责人才培养方案的具体实施工作，同时对教学进行督导。就业创业和社会培训委员会负责学院与企业之间的沟通与交流，与企业设立订单班，订单班学生在课程结束后直接到对口企业实习，实习结束经过考核合格后直接与企业签订就业协议，直接解决学生实习与就业问题。

3. 建设特色与成效

现代产业学院成立后首先在专业、实践基地、人才培养等方面进行初步建设，并且已经取得成效。

专业设置方面，根据产业变革与技术需要增设装配式建筑专业，制定符合本专业的人才培养方案，同时编写相应教材，教材编委会由校方教师和企业人员共同组成。在企业相应设置实训基地，将课堂直接建立在企业车间、项目现场，直接对接产业链的需求。

产业学院注重教师队伍建设，学院派出教师到企业进行挂职训练，对企业中各岗位对学生能力的要求有直观了解，对自身实践能力有所提升，通过实际工程实践丰富自身授课内容。同时，聘请企业管理人员和技术骨干为外聘专家，进入课堂直接参与教学工作，将新技术、新项目带入课堂，使学校与企业之间能够实现资源互补、利益共享，所培养出来的学生也是符合行业需求的高技能人才。

产业学院与企业共同创设技能竞赛，在 2020 年和 2021 年分别举办了柳州首届"装配式建筑职业技能竞赛"和首届"龙城杯"职业技能竞赛，竞赛期间，学院教师与企业技术人员同时对参赛选手进行技术指导与实操培训。

产业学院成立后积极对接各职能部门，服务柳州市装配式建筑行业技能人才的技术交流和培训。2020 年 12 月产业学院承办了柳州市总工会、柳州市住房和城乡建设局、柳州市人力资源和社会保障局共同主办的柳州首届"装配式建筑职业技能竞赛"，竞赛共设"装配式建筑施工技术"和"建筑信息模型 BIM 技术"两个赛项，共有来自全市 10 家装配式建筑设计、生产、施工企业的 89 名选手参赛。

四、总结

现代产业学院相较于传统本科院校、高职院校具有自身优势，它在近年来国家各项政策的支持下有了很大的发展，是校企联合育人模式的载体。研究我国现代产业学院的案例后发现，现代产业学院在实际运营过程中也存在一定的问题，其中较为典型的问题可归纳为以下几类：一是某些地方政府的支持力度不够，甚至有制约；二是行业内的核心企业参与度很低；三是校企合作的深度不足，只浮于表面，从而导致合作资源分享度低，人员不流通；四是传统学院的办学机制与现代产业学院相抵触。现代产业学院在建设过程中也存在一些问题，归纳如下：一是校企共建企业中，大型企业或是行业核心企业的占比较小，与学校直接合作的中小型企业的资源、实力等有限，如无大型企业支持，会导致现代产业学院建设受限；二是现代产业学院建设过程中强调校企合作，合作的任意一方都是产业学院建设的原动力，若其中一方在产业学院建设中退却，则学院的建设无法达成，但是目前缺乏相关机制对此进行约束；三是本科、高职院校转型发展的核心在于人，即教师的转型，但目前很多院校现状为"双师型"教师占比低，企业工程师即技术人员与高校教师之间缺乏人员流通，从而导致校企合作不够深入。综上所述，现代产业学院的建设应以产业发展需求为导向，以资源共享、合作共赢为目标，对于地方发展的战略需求要明晰，并对其精准服务；在现代产业学院建设的同时，汇聚校内外教学新型资源，提出新型的人才培养模式，使得学科、专业相互交融，使得学校、行业、企业等方面都能够获得收益，从而保障运行机制能够长期运作，最终达到培养人才的核心目标。

第二章
应用型高校建筑类人才
培养之专业群建设

◉ 应用型民办本科高校建筑类专业群建设研究与实践
　　——以沈阳城市建设学院为例

◉ 应用型民办本科高校城乡规划专业特色打造策略研究
　　——以沈阳城市建设学院为例

◉ 应用型民办本科高校风景园林专业建设研究与实践
　　——以沈阳城市建设学院为例

应用型民办本科高校建筑类专业群建设研究与实践

——以沈阳城市建设学院为例

葛述苹、蔡可心

摘要：本文以沈阳城市建设学院建筑与规划学院建筑类专业群建设作为案例，重点研究专业群视角下针对相应的教学体系、教学模式及教学管理等进行专业集群建设。以建筑类专业群建设为切入点，立足辽宁地方经济，研究我校建筑类专业群建设的必要性及目前存在的问题，探索符合应用型民办高校的人才培养模式，以期为其他的本科专业群建设提供参考。

关键词：应用型本科高校；建筑类；专业群

随着时代的进步，社会经济结构较之于以往呈现出逐步转型升级的变化趋势，高校作为重要的人才输出摇篮，其教育理念也在持续更新。民办高校是高等教育中不可或缺的一部分，需要肩负人才培养的责任，经过教育与培养后，输出满足时代发展所需的应用型人才。在提高民办高校应用型人才培养质量的实现路径中，人才培养模式的优化尤为关键。建筑群是一组优势互补的专业，在民办高校建筑专业的教学中，要结合产业发展、学校办学特色、学生发展，科学合理地设计专业群结构。

一、构建专业群的必要性

（一）构建专业群是应用型本科的本质要求

应用型本科致力于培养高技能人才，以满足社会经济发展进程中在生产、建设、服务和管理方面的人才需求。应用型本科的专业设定需以工作岗位为导向，但并不具备为每个岗位开设独立专业的条件。对于现代企业而言，岗位工作具有高度综合性，甚至呈现出跨界性的特征，此时涉及岗位群的概念，即专业相同但职责有差异的岗位集合。在应用型本科的教育活动中，可以在现有单一专业开设方式的基础上进行升级，建立集多个专业于一体的专业群，使培养出的人才满足现代企业的岗位需求。

（二）构建专业群是推动经济发展的必由之路

经过不懈探索，我国经济正迈向高质量发展之路，以物联网、人工智能为代表的前沿技术日益进步，对各行各业的突破均产生了推动作用。由于前沿技术的推广以及制造业转型和产业链升级，技术岗位的需求发生转变，对综合型人才的需求成为主流。相比单个专业的高校专业开设方式，专业群可以更加有效地对接产业链，开辟资源共享通道,在专业群内及时进行课程、实训基地等关键资源的流动,依托优质的资源条件打造高素质的人才。因此,从我国经济高质量发展的角度来看,构建专业群有其不容忽视的现实意义。

二、专业集群的内涵及特征

(一)专业集群的内涵

产业集群指的是在地理上集中,具有关联性的企业、服务供应商、金融机构及其他机构等各主体构建起的群体,彼此间存在竞争与合作的关系。专业集群在产业集群的契机下产生,服务对象为特定区域内的产业集群,根据结构与产业体系的要求以及区域产业集群规模的不同构建起专业链,从综合性的角度来看,专业集群通常跨越多个专业大类,也属于围绕某支柱产业而构建起的专业链。

(二)专业集群的特征

1. 区域性

以社会发展的战略目标、地区经济发展为导向,建立起集专业建设和人才培养于一体的专业集群,重点在于提供优质的应用型人才,以满足重点产业和战略性新兴产业的发展需求。专业集群的构建,重点围绕某区域而进行,包含此区域内的支柱产业、新兴产业等,彰显出鲜明的区域性特征。

2. 关联性

在专业集群的细分专业组成中,核心专业为重点部分,主要为少数重点建设专业,在此基础上集合多个相关专业,彼此间存在密不可分的联系。数理人文通识基础课和专业基础课作为专业人才培养的重点工作方向,两者间存在融会贯通的关系,即强化通识、专业基础的综合型建设。对比分析集群中的各专业可以得知,各自的专业基础课程具有一定的一致性,即便专业不同,在主干专业课程上也有一致性的特征。

3. 共享性

专业集群涵盖多个专业,各自的建设并非独立进行,而是以整体规划为目标,形成协调发展、共建共享的关系。

4. 动态性

专业集群的构建对高素质人才的培养有重要意义。专业集群建设需保持稳定性,以便输出高素质的人才,但不可走故步自封的发展之路,而是需要密切关注地方经济和产业结构,根据区域发展现状和未来发展蓝图进行动态化的调整。例如在地区产业结构调整过程中必然存在对某些人才的强烈需求,此时,调整人才培养方案显得尤为重要,具体需考虑到课程设置、教学方式的优化等内容。

三、以沈阳城市建设学院为例的建筑类专业群建设策略

（一）培养树立学科基础意识，构建宽口径的专业大类教育平台

我校是一所以培养应用型人才为主的全日制普通本科高校，是辽宁省第二批应用型转型试点学校，以工为主，工、管、艺、文、经多学科协调发展，形成了建筑与土木、机械与自动化、计算机与电子信息、管理与经济、艺术与文学5个专业集群。建筑与规划学院设有三个本科专业：建筑学专业、城乡规划专业和风景园林专业。建筑学专业于2014年被确定为学校重点建设专业，2019年建筑学专业被评为学校优势特色专业。2019年城乡规划专业被评为学校特色专业。三个专业均以"乡镇建设"为主要特色，按照"七个一"人才培养方法，以学生实践能力培养为主线，通过学校研究所与企业合作、校地合作、订单式培养，让企业、社会全方位参与人才培养的全过程，为教学和就业衔接打下坚实的基础。

打通建筑学各专业基础课程，学科基础课包括"素描基础""色彩基础""设计基础1""设计基础2""建筑概论"五门课程；将专业课打造为学科专业课，学科专业课包括"建筑设计原理""建筑设计1、2""城乡规划原理""住宅区修建性详细规划""城市设计概论""城市设计""景观规划与设计概论""景观规划与设计"八门课程。构建建筑学、城乡规划、风景园林三大专业平台课，做到学科与专业相互补充，培养学科基础意识，建立宽口径的专业大类教育平台。

建立建筑类三大专业的专业群课程平台，并形成相关教学研讨的团队化机制，增加通识教育、专业教育、职业发展、创新创业平台、集中实践教学五大课程平台，分阶段、有步骤地推进课程群建设，不断优化课程体系，加强应用型课程建设。

（二）提升学生综合设计能力，培养建筑类复合型人才

学院为培养以"城乡建设"为特色的创新人才，率先以产业学院项目为选题，引导城乡规划、建筑学、风景园林专业的学生参与项目设计，以项目为契机搭建多专业联系的桥梁，使学生在项目设计中培养起协作能力，由此发展新型人才，更好地适应行业岗位对人才的需求。

同时以应用型人才培养为核心，以专业为导向，以现有教学大纲为基础，拟定三大专业模块化教学大纲，使教学内容兼顾三个专业的基本知识储备，简化深度，拓展宽度；使学生进行多学科、多专业、多角度学习，培养出的学生可掌握多种学科知识和实践能力，以适应复合型人才培养的要求。

（三）开设跨行业课程选修，提高应用技术水平

我院三大专业依托产业学院及省智库建设，在更高层次上，深度服务辽沈城乡建设，深化落实学校的"五实"教育理念、"七个一"建筑类应用型人才培养方法，全面提高学生的应用能力和综合素质，同时依托建筑类六个研究所与多家知名企业建立校企合作，通过专业群建设，制定适合我院建筑类专业群的人才培养模式，培养复合型、

应用型人才。

学院可加快专业选修课程模块的改革，促进课程跨行业岗位需求对接，在现有基础上灵活调整职业素养方向的课程，提高学生的应用能力。学院需明确岗位需求的多样化特点，即要求学生具备较高的综合能力，以开设跨专业选修课程的方法培养学生的综合能力。

（四）共建、共享专业教学资源库

专业群的建设还需要根据各专业的特点进行资源库的建立与完善，集一系列教学元素于一体，增强教学资源的联动性，在此过程中彰显出专业特色，搭建高水准的教育平台，为各专业的人才培养提供优质的条件。

（五）加强专业教学团队的建设

在专业群的背景下，教学团队的建设应根据跨学科方向进行，汇聚师资力量，发挥出集体教学的优势。在保留优质方法的同时注重创新，例如尝试集体教学的授课形式，在集体教学过程中，引入建筑专业、风景园林专业以及城乡规划专业等研究方向的师资进行专题授课。这有利于调整师资队伍，在各专业人员配置、年龄结构等方面更具合理性，在一门课程的教学活动中，学生可感受到更多教师的风采，从中实现自我进步，还能够避免教学内容重复的问题，教学研讨活动可充分调动教师的积极性，有利于教师间的交流学习，并在此过程中建立起适合青年教师的培养机制。学院教学主任为总负责人，建筑学、城乡规划、风景园林三大专业带头人引领，以学院专业群建设所设置的基础课、专业课两大体系课程负责人为中心组建专业群教学团队，深入研究建筑类专业群人才培养体系。

（六）建设开放共享的实训基地

学院签订了 33 家校企合作单位、2 家校地单位、1 家校会单位。在校企合作的模式下，依托企业为学生提供实训基地，使学生将掌握的理论知识应用到实践中，提高综合能力。教学基地和校外实训的管理至关重要，学院的学生培养质量与管理水平息息相关，因此，要建立相应管理机制，让学生在校期间以最快的速度适应企业生活和岗位要求。

（七）构建专业群保障机制

1. 管理体系和调整机制的建立

学院高度重视专业群管理体系的作用，综合考虑师资管理、教学资源管理、实验实训管理等多项内容，建立相配套的管理体系；同时，加快专业群工作机制的建设，使其发挥出制度的规范性、协调性等多项作用，为专业群的持续发展提供制度保障。

2. 专业群质量监控体系的建立

为掌握学生校内学习状况和企业实训的情况，学院可建立质量监控体系，明确学生的学习状况,一方面引导学生发展,另一方面在现有专业群发展方式的基础上进行优化升级。

3. 构建专业群评价体系,完善专业群反馈机制

学院从课程体系、师资队伍、教学资源信息化、实训基地等多方面着手,建立可产生客观评价结果的专业群评价体系,最后运用于我院专业群建设的全过程,其结果可以真实地反映出专业群建设的状况与水平。

四、建筑类专业群建设成效

(一)人才培养体系构建与人才培养模式改革逐步推进

在人才培养体系构建方面,建筑专业群通过人才培养目标定位、人才培养方案修订、人才培养过程实施三大环节构建人才培养体系。在人才培养目标定位上,专业群积极与相关产业群合作,在充分调研和研讨的基础上,将企业用人需求与专业群建设紧密结合,确立了符合经济发展的人才培养目标。在人才培养方案修订过程中,充分融合群内各专业的学科特点,建立了"通用课程+专业课程+特色课程+素养课程+创新创业课程"的综合性人才培养方案。在人才培养的整个过程中,进一步完善、细化专业群的质量保障体系,制定并实施了一系列制度措施,确保了各专业协调、产业链转型与对接以及校企密切合作的顺利实施。在人才培养模式改革方面,专业群更加注重应用型、创新型、复合型人才的培养,推进"校企深度融合、协同创新育人""课证融合、训赛相通"的人才培养模式,与多家企业以共同制定培养方案、共同开发课程资源、共同实施培养过程、共同评价培养质量等全程协同的方式,实现校企的深度协作办学。

(二)专业教师梯队搭建与群内教学团队组建日臻完善

教师是应用转型的投入与产出的连接点。学校要想实现应用型人才培养,需要教师实务技能和理念创新的不断提升。建筑专业群通过以下三个方面提升师资力量:

一是强化"双师双能"型师资的培养。一方面,通过派出教师到行业企业挂职、锻炼、增长实务能力,学习实用技能;另一方面,积极引进行业精英,充实教师队伍。二是加强教学团队建设。专业群以教师梯队建设为支撑,努力建设一支适应建筑业发展与改革需要,数量充足、梯队合理、素质优良、"双师"素质高的教学团队。通过大力开展教师培训,以承担创新创业特色课程的教师为骨干,以校外导师力量为有效补充,组建创新创业师资团队,使所有承担校级创新创业课程的教师受训覆盖率达100%,且均有企业挂职锻炼经历。

(三)核心课程建设重构与群内课程体系打造基本完成

建筑专业群基于岗位对职业能力的需求,打破传统的学科课程模式,进行课程建设重构。按照"专业岗位定位→工作流程分析→典型工作任务提炼→学习情境设计"的思路重构课程体系,进行教学内容与方法的改革。注重"任务驱动""项目导向"的

教学模式建构，使教学内容与实际工作情境合一，以培养学生的职业能力和创新能力。在课程体系重构方面，以"平台共建、专业精专、职业延展"为重构目标，设计专业平台课、专业模块课、职业延展课三大课程体系，在此基础上建设应用型特色课程。从职业基础、职业能力到职业素养三位一体，全面提升学生的职业竞争力。

五、总结

建筑与规划学院根据建筑、规划、风景园林三大专业的特点，在人才培养方案中坚持围绕应用型人才质量标准建构大类平台课的专业课程体系，形成建筑、规划、园林三个专业复合型人才培养新思路，组建跨专业教学团队，共建共享专业教学资源库，实现宽口径专业教学与专业方向的结合。建筑类专业群建设能够更好地适应专业学科相互交叉、相互渗透的发展趋势，各专业不局限于传统狭窄的专业范围，培养学生掌握多种学科知识和实践能力，以满足复合型人才培养的要求。

参考文献

［1］刘晓敏. 区域建筑业转型升级的建筑钢结构技术技能人才培养研究：以黄冈职业技术学院建筑钢结构工程技术专业群建设为例［J］. 黄冈职业技术学院学报，2021，23（4）：35-37.

［2］李萍，齐文姗，林舟. 建筑信息化背景下高职院校建筑专业群建设初探：以福建信息职业技术学院建工系专业群的设置与规划为例［J］. 福建建材，2019（12）：17，116-117.

［3］张李莉，张珂峰. 建筑大专业群建设研究：以南通开放大学为例［J］. 住宅与房地产，2018（30）：226.

应用型民办本科高校城乡规划专业特色打造策略研究

——以沈阳城市建设学院为例

郝燕泥、蔡可心

摘要： 本文以民办应用型大学沈阳城市建设学院为研究载体，在总结城乡规划专业办学实践的基础上，提出适应学校发展的城乡规划专业特色打造策略，并对同类院校发展给出建议。

关键词： 城乡规划专业；专业特色；应用型

一、专业特色打造中的探索

沈阳城市建设学院城乡规划专业成立于 2010 年，现已有 5 届毕业生。专业成立以来，对专业人才培养、专业特色打造、专业精品课程建设等方面进行了积极的探索。通过实践，针对民办应用型高校的办学特点及学生的能力特征，总结发现以下需求特征：

（1）实践类课程深受学生喜爱，特别是真题真做，能够带领学生实地调查并与相关部门实际接洽的真实项目。

（2）通过校企合作了解到，地方企业的城乡规划设计项目以小城镇为主，城镇项目多，社会服务性强。

（3）通过对毕业生及用人单位的回访得知，设计软件应用能力强，有过真实项目经历的毕业生更受用人单位欢迎。

（4）通过以赛代课的形式鼓励学生参加专业竞赛，学生参与度较高，设计作业质量提升快。

二、适应专业特色发展需求的师资队伍打造

教师培养。鼓励老师提高学历层次，增加实践经验，寻找自己的研究特长。鼓励老师参加教学及学术会议以开阔眼界，提升自身能力。

引进人才。通过人才引进快速丰富、完善教师队伍，并通过教学团队、科研团队建设使教师互相促进，互相学习。

创造条件并提供经费，鼓励青年教师报考、攻读博士学位，获取注册规划师职业资格证书以及参与各种高规格的学术交流、培训活动和国内外高校的交流活动等。尤其是要积极开展与企业和其他高校之间的学术交流与合作，努力创造教师到企业和其

他高校进行培训、实习的机会。

从高校及企业引进具有丰富的教学和科学研究经验的高学历、高职称的"三师型"人才充实专业教师队伍，促进本专业学术创新团队和师资队伍的实践能力建设。同时完善和加强外聘教师的任用与管理制度。

聘任生态学、人文地理、道路交通专业或研究方向的教师丰富教师队伍的专业背景结构，完善专业教育体系，培养学生的综合能力。

三、适应专业发展需求的教学内容与课程体系改革

（一）"中心围绕式"课程内容改革

以我系城乡规划专业为例，根据城乡规划专业设计类课程的特点，打破平行式的授课方式，变为"中心围绕式"，即涉及本专业的理论课、专业课。如"城乡道路与交通规划""城乡基础设施规划""城乡规划原理""城市建设史与规划史""城乡规划管理与法规""区域规划概论""计算机辅助设计""地理信息系统应用（GIS）"等课程，都应该围绕着详细规划与城市设计、城市总体规划与村镇规划来进行有针对性地讲授。

（二）积极推进精品课程建设

建设面向全国高校的精品课程和立体化教材的数字化资源中心，建成2门精品课程、2至3门重点课，实现精品课程的教案、大纲、任务书、实验、教学文件以及参考资料等教学资源上网开放，为广大教师和学生提供免费享用的优质教育资源，完善服务终身学习的支持体系。

（三）高度重视实践教学环节

根据社会需求的变化，实践教学内容及时更新，平均每年更新一次，不断总结现有"一年级组织多次参观，二年级开展短期小见习，三、四年级结合研究所和校企合作企业进行专业实习，五年级进行与就业挂钩的实习"的实践教学经验，尽快完善实践教学环节。同时开展产学研相结合的教学活动，带领相关专业方向的学生参与实际规划项目。

区别于以往的设计类课程的假题假做或是真题假做，授课教师组选择具有实际操作意义的设计题目，来有针对性地进行设计类课程的指导，实现"一门课程一个科研项目"，既可锻炼师生的专业实践能力，又服务了社会，满足了社会发展需求，做到理论和实践结合，科学研究和教书育人相结合。

四、保障授课质量的教学管理制度改革

建立健全教学管理规章制度。努力推进教学管理的制度化、规范化和程序化建设。根据我国高等教育改革的发展和学校的实际情况，适时制定、修改和补充完善教学管

理的规章制度，为教学管理工作科学、有序运行提供有力的保障，使教学工作的每一个层次、每一个环节都做到有章可循、有法可依。具体措施如下：

（1）建立集中评图制度，设计课结束后，同一年级所有学生作业集中展出，由两个班级的指导教师或者教学组老师分别对每个学生的作业进行打分，使作业评分过程更加公平公正，学生可以看到其他同学的作业，通过对比发现自己的不足，互相学习。

（2）设计课过程作业评图展示，通过对学生设计草图的质量和进度监控可以督促学生按照进度进行设计，同时防止学生抄袭，促进学生的交流。

（3）竞赛任务可代替设计课任务，参加任务内容与相关教学大纲要求一致的设计竞赛，参赛作品可以作为课程作业。

（4）加强各级督导组听课查课和教师互查互听制度建设。在学校督导组和学院督导组经常深入教学第一线进行调查研究的基础上，各专任教师互相听课学习，并给出改进建议，及时解决教学工作中所出现的情况与问题。

（5）建立教学工作目标责任制，进行教学工作目标评估。教师是课堂教学质量的第一责任人，要加强教师的质量教育，强化质量意识，开展教师教学的工作考核，促进教学质量提高。

（6）加强"一对一"帮带新制度建设。应坚持新教师培训制度，以老带新，为每位新入职教师落实配置一名导师，促进新进教师教学水平的提高。

（7）切实推行导师制。在全体教师中实施班主任工作制度，通过导师制，加强对学生学习的指导。

（8）建立健全教师进修、访学、培训、兼职制度。

（9）建立健全学生学习质量评价制度。了解学生的学习情况，分析存在的问题，开展学风教育，提高学习质量。

五、专业特色打造

（一）以小城镇规划设计为主的教学内容构建

党的十九大报告在乡村振兴战略中提出 20 字的总要求，顺应了新时代中国乡村社会的现实发展需求。专业建设目标和人才培养目标也紧扣学校应用型专业建设和服务地方经济的理念，通过到企业走访调研，从地方企业人才需求的角度出发，将城乡规划专业培养内容的重点落在小城镇规划建设上。这样更符合应用实际，毕业生就业后更能适应工作岗位（图 1）。

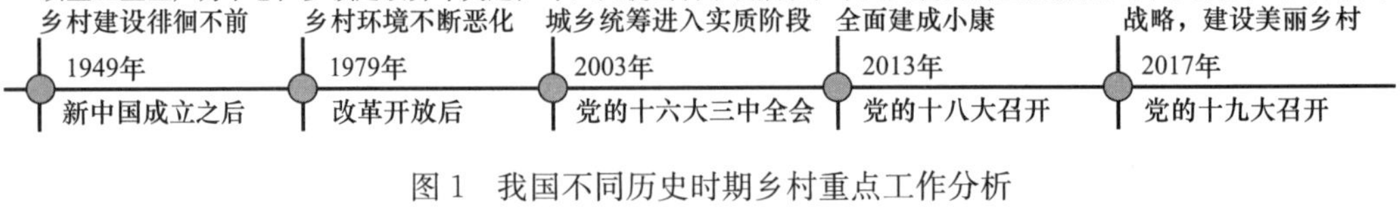

以重工业生产为中心，乡村建设徘徊不前	乡镇建设异军突起，乡村环境不断恶化	十六大提出科学发展观，城乡统筹进入实质阶段	十八大提出新型城镇化，全面建成小康	十九大提出"乡村振兴"战略，建设美丽乡村
1949年	1979年	2003年	2013年	2017年
新中国成立之后	改革开放后	党的十六大三中全会	党的十八大召开	党的十九大召开

图 1　我国不同历史时期乡村重点工作分析

（二）"七个一"发展路径

学院"七个一"发展路径，目标是重点做好转型工作，即"一所一专业""一所一企业""一所一学期一项目""一个项目带动一门课程""一个社团""一个竞赛"的"七个一"工程。为了更好地推进学院关于"迎评、转型、申硕"的战略方针，建筑与规划学院按照"七个一"发展路径已成立了四个研究所。教学、科研同时进行，相辅相成，成果显著，特色鲜明。

（三）产、学、研融合发展

以规划研究中心为依托，每年开展横向科研项目，由科研所老师带领学生完成横向课题研究，将真实项目作为课程设计题目，让学生深入了解真实项目的操作过程，提升实践能力。

将科研所或者校企合作单位的生产项目作为教师的科研项目以及学生的课程设计作业，带领学生共同完成，实现多项合一，产、学、研融合发展。

六、未来发展重点

（一）继续深化实践教学

现阶段本专业以培养"应用型技术技能型"人才为目标，在"应用型"培养目标的指导下，根据城乡规划专业设计类课程的专业特色，依托校企联盟模式，通过与合作单位的签约，利用真实项目课题、真实的项目基地，高效地解决规划设计类课程的专业技术问题。

（二）深入开展教学方法改革

在教学过程中，丰富教学方法，综合运用案例教学、探究式问题学习、教学研讨、多途径教学互动等多种教学方法。

（三）完善教学与管理制度

为了保证和加强教学改革和管理，实行建设项目责任人制度和动态监控制度，项目建设领导小组不定期对建设项目的实施进展情况进行检查，发现问题，及时解决，确保该项目顺利有序、保质保量完成。

参考文献

[1] 张兰英. 乡村振兴战略的理论内涵与实践路径 [J]. 管理观察，2019 (18)：2.

[2] 周英，等. 加强精品课程建设全面提高教学质量 [J]. 文教资料，2008 (12)：3.

[3] 张丽丽，张晓杰. 基于 WSR 方法的高职技术技能型人才培养模式研究 [J]. 知识经济，2018 (20)：2.

应用型民办本科高校风景园林专业建设研究与实践

——以沈阳城市建设学院为例

林瑞雪、蔡可心

摘要： 本文结合国内风景园林专业背景及应用型人才培养的需求，同时，以沈阳城市建设学院风景园林专业为例，探讨了应用型本科院校风景园林专业建设和发展的实施方案。在我国当前适应新形势、谋划区域协调发展的大背景下确定专业建设目标，将平台课建设理论引入人才培养计划，采用"自培＋引进＋外聘"多种手段相结合的方式加强师资队伍建设，同时细化了教学质量保障等方面的专业建设内容。

关键词： 应用型；风景园林；专业建设

一、研究背景与意义

（一）风景园林专业的界定、省内外研究状况述评

1. 我国风景园林背景分析

随着我国经济的发展和城镇化进程的不断推进，园林绿化行业发展迅猛。近年来，随着国家"十三五"规划及"国家园林城市""国家生态园林城市""国家森林城市""美丽中国"等标准的陆续出台，地方政府在城市建设中开始重视对园林绿化的规划布局；同时，在城镇化进程不断推进的背景下，全社会对城市居住舒适度的要求及房地产消费能力的提高刺激了园林绿化覆盖率的不断上升。园林绿化行业被认为是"永远的朝阳产业"，其独特的绿色环保和生态理念已经获得愈来愈多的认同，园林绿化行业开始进入加速发展时期。然而，随着城镇化的程度逐渐提升以及受到房地产市场降温的影响，城市中园林设计的增量设计项目逐年萎缩。同时，随着国土空间规划工作的开展，风景园林在乡镇方面的建设迎来热潮。

2. 我国高校风景园林专业教育背景分析

风景园林专业在艺术类院校（如鲁迅美术学院）、农林类院校（如沈阳农业大学）和建筑类院校（如沈阳建筑大学）中均有开设，但不同学科背景的高校培养的特点和方向各有不同，其培养的人才就业方向也有较强的针对性。例如艺术类院校的风景园林专业毕业生更倾向于室内设计；农林类院校的风景园林专业毕业生更偏向于植物配置；建筑类院校的风景园林专业毕业生更偏向于方案与施工设计。

3. 沈阳城市建设学院风景园林专业建设现状

沈阳城市建设学院风景园林专业自 2018 年设立至今，共招生 132 人，培养毕业生

24 人。教师团队基本组建完成，拥有自有教师 9 人，外聘教师 6 人。设立风景园林综合实验室。达到本科专业设立的标准，于 2022 年 3 月获得学士学位授予权。人才培养方案历经 2 次编写，课程体系完成初步构建，经过 4 年的实践后发现了若干不足。

（二）风景园林专业建设对促进教学工作、提高教学质量的作用和意义

1. 根据专业特点调整课程体系，删减冗余课程，增加与专业特点匹配的课程

根据我校建筑类教学背景确定以风景园林设计方向为特色，从而在课程体系中删减园林植物方面的课程，强化以设计课程为核心的中心围绕式课程体系。

2. 根据专业特色调整课程体系的学时及理论与实践的比例

根据风景园林专业应用性较强的特点，在课程体系中降低理论课程学时数，加大实践学时的比例。根据应用型特点设置实习实践环节。

3. 根据应用型课程体系开展教研、科研活动

通过专业建设明确专业的发展方向，从而为本专业教师的教研、科研活动指明方向。通过教研、科研活动的开展促进课程建设，提高教学质量。

二、实施方案

（一）确定专业建设目标

结合本专业设立时间较短等现状，确定本专业短期发展目标为：完善教学体系，明确专业特色，组建达标教学团队，建设一批重点课、精品课，积极探索教改立项。对照评估标准改进现存问题，提高教学质量，达到评估标准，通过本科教学水平评估。

结合学院特色及学校办学理念，确定本专业长期发展目标为：结合我国城乡建设对风景园林专业应用型人才的需求，整合学院的办学资源，以复合型、创新型和应用型风景园林专业人才培养为核心，通过探索和推行大类平台课建设、校企合作等途径优化人才培养模式，构建符合辽沈地区城乡建设需要的课程体系，加强课程建设和教学研究，有计划地改造和新建一批校内外专业实验室和实训、实习基地，并强力打造"双师型"协同创新专业教学团队，不断提高办学实力，提升人才培养能力和服务社会的能力，为辽沈地区建设输送合格人才。

（二）明确专业建设内容

1. 人才培养方案

人才培养方案是学校落实党和国家关于人才培养总体要求，组织开展教学活动、安排教学任务的规范性文件，是实施人才培养和开展质量评价的基本依据。人才培养方案的编制应当符合《高等学校风景园林本科指导性专业规范》规定的各要素和人才培养主要环节的要求，同时根据辽沈地区经济社会发展需求、本校办学特色和专业实

际制定专业人才培养方案，包括培养目标、毕业要求的确定及课程设置与毕业要求的支撑关系等内容。

经过对本专业发展方向的研究，在突出我校办学特色的基础上，确定了人才培养目标：本专业立足辽沈，面向全国，主动适应辽沈地区城乡建设需要，培养具有良好的职业素养和社会责任感，德智体美劳全面发展，具备一定的建筑类规划设计基础理论素养及较高的艺术素养，掌握扎实的风景园林专业基础理论知识，掌握一定的风景园林工程技术与施工管理的知识与技能，富有团队责任感和创新思维，具备较强的实践能力，能够在风景园林规划设计机构、景观设计部门、建筑类相关企业就职，从事中小尺度的景观规划设计、空间设计、景观制图与设计、园林工程施工及管理等工作，或继续深造的应用型人才。

2. 师资队伍建设

师资队伍的水平对于所培养人才的质量至关重要。我校风景园林专业师资队伍建设采用"自培＋引进＋外聘"策略，以加强师资队伍建设，打造应用型教学团队。

自培方面，学院内部从建筑学专业调配 1 名专业及学院对口的教师转入风景园林专业。并且制定教师进修制度，三年内分批次选派全部专业教师赴沈阳建筑大学完成进修。

引进方面，根据专业特色教学团队建设需求向社会招聘建筑类院校毕业的风景园林专业青年教师，优化教师梯队建设，并且落实青年教师的教学科研指导和培养计划，开展老带新活动、青蓝工程，选派实习实训教师到企业挂职学习，建设"双师型"教师队伍。

外聘方面，聘请了与我院签约的校企合作实践基地辽宁省规划设计研究院、沈阳市园林规划设计院等的多名高级工程师作为外聘教师，落实应用型人才培养。

风景园林专业现有专业自有教师 9 人，外聘教师 7 人，教师年龄梯队合理，学缘符合专业特色方向，目前教师人数符合生师比要求。

3. 课程建设

建筑类平台课建设。分别搭建"素描基础""色彩基础""设计基础Ⅰ""设计基础Ⅱ"等建筑类基础平台课 6 门，"景观规划与设计概论""城市规划原理"等专业平台课 3 门，"模型制作""摄影基础"等实验平台课 4 门，"乡镇景观规划设计"产业学院平台课 1 门，为学生夯实基础，拓宽就业面，打造建筑类特色的风景园林课程体系。

提高实践学分比例。取消零散的课内实验，整合为独立的实验课程；新增美术实习、认知实习等与专业课程匹配的集中实践环节；针对设计课程采用集中周方式教学。通过以上方法将实践学分比例由 34.1% 提升至 40%。

优化与整合专业课程。根据专业特色调整课程体系，采用合并、删除、缩减课时等方式整合冗余课程，同时增加基础课程及建筑类特色专业课程的课时。针对授课教师及学生反馈的前两版人才培养方案中课程存在的问题和不足，从课时、修读学期、考核方式等方面进行调整，使课程体系趋于合理化。

提高选修课比例。优化选修备选课程，使之更加符合专业特色。同时增加备选课程数量，设置的选修课学分达到规定选修学分的 2 倍以上。

修订与完善后的专业培养计划能更好地培养思想政治素质较高、专业理论扎实、行业实践能力优良的建筑大类背景下的应用型风景园林专业人才。

4. 教学大纲编写

教学大纲是实际教学中每一门课程对于人才培养方案的具体落实和细化（图 1）。

修订思路：专人负责整体把控，各课程负责人组织编写，全体专业教师参与制定。

修订重点：明确课程在人才培养计划中的地位，梳理课程内容与课程目标及毕业要求的对应关系，介绍本课程的教学要求及考核形式，更新教材及参考书籍等内容。

5. 教学研究

完善课程负责人制，对所有风景园林专业开设的课程设置课程负责人。课程负责人负责组建课程团队、编写课程大纲、寻找设计课题目、制定任务书及组织教研、教改、双课等申报活动。

调动教师的积极性，对于课程建设给予经费支持，以中心围绕式课程体系为前提，以专业核心课为基础打造一批重点课、精品课，逐步向专业基础课、专业限选课、专业任选课扩展。

目前已经申报成功的校级重点课"园林工程与管理"及校级精品课"园林规划与设计Ⅲ"课程仍在持续研究中，已完成中期检查。参与学院级专业平台课立项 1 门"景观规划与设计概论"，产业学院平台课 1 门"乡镇景观规划设计"。

6. 创建合作双赢的校企协同育人体系平台

以乡镇建设产业学院为背景，以风景园林设计研究中心为依托，深化校企合作模式。从课程真题引进逐渐延伸到校企共同申报课题、教师与企业交流、学生赴合作企业实习实训等层面，促进理论与实践深度融合。同时，鼓励教师带领学生开展横向科研工作。

利用沈阳城市建设学院与辽宁省城乡建设规化设计院有限责任公司、沈阳市园林规划设计院等企业的校企合作关系，深化专业实习实践教学体系，在抓好专业实习、毕业设计（论文）等实践教学环节的同时积极鼓励师生申报学科竞赛、大学生创新创业训练项目。

7. 完善校内外实训基地

增加校内风景园林综合实验室设备，续建拙政园模型一套。与辽宁生态工程职业技术学院林盛校外实训基地建立合作关系。

（三）强化教学质量保障

1. 建立健全专业教学管理与质量监控体系

以提高教学质量为目标，构建风景园林专业科学、完善的教学质量控制体系和有效的运行机制，不断提高教学水平，并对教学过程的各个环节进行有效控制，实现教学工作的规范化。

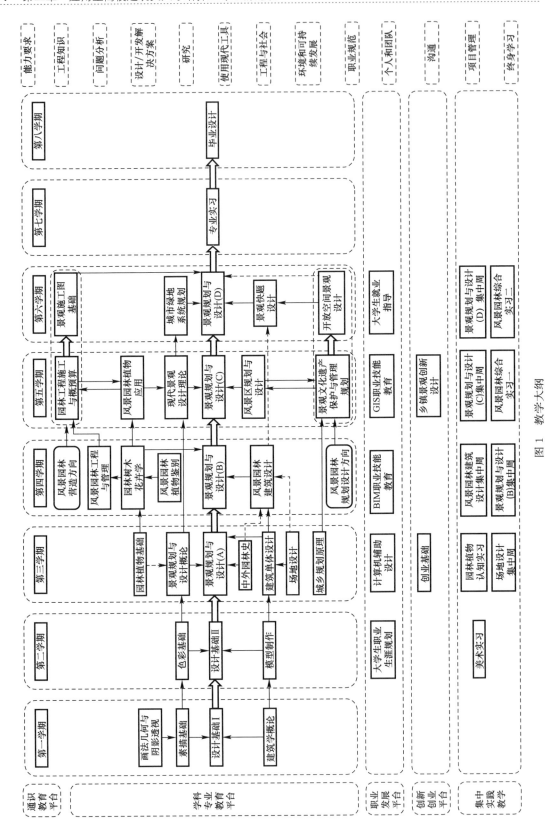

图 1 教学大纲

对于课堂教学环节的质量监控，实行学校、学院两级督导制，有效地保障课堂的秩序和学习效果。通过查课、师生座谈会等方式，建立完善的教学质量评价机制，严把教学质量关，规范课堂教学过程和教学要求，定期开展教研活动，包括集体听课、教学观摩和经验交流等；对教学过程中各环节进行全面检查和监督，加强教学文件及档案管理。

确立课程负责人制。以核心设计课为中心辐射至基础课、专业理论课、选修课等全部课程体系均设置课程负责人，由课程负责人组织教学团队，编写教学大纲，组织教科研活动，申报教改、双课课题，选定设计课程题目等。

编制设计类课程标准。设计类课程是课程体系的核心，所以把握核心设计课程的教学质量对于学生能力的培养至关重要。针对风景园林专业四门核心的设计课程制定统一的课程标准。首先，选题要求符合行业及专业特点，具有时效性，以真题为主，要求能够达到课程目标中对于学生各项能力的训练。其次，对于课程的理论环节、现场踏勘、草图设计、正图绘制的各个阶段给出明确的成果深度要求及评分标准。课程结束后，要针对每轮次教学全过程形成成果汇编存档。

规范风景园林专业毕业设计（论文）管理。毕业设计是学生在大学期间对于专业学习及能力培养结果的综合展现。选定副高级以上、教学及实践经验丰富、责任心强的教师为毕设指导教师；细化建筑与规划学院毕业设计成果深度实施细则，明确毕业设计的设计流程、成果形式、成果深度要求、存档方式等方面内容，制定规范化的标准。强化对指导教师及指导过程的监督和答辩制度。

制定风景园林专业实习制度及实习成果标准。对于实习单位进行筛选，优先选择校企合作单位，以保证实习内容的对口性。建立校内指导教师与校外指导教师双重管理制度。校内指导教师对于学生要进行定期走访、开展座谈等以了解学生的实习情况。对于实习成果，制定规范化的标准，从成果数量、完成质量、存档形式等多个方面进行规范化管理。

对专业实习、毕业设计等制定具体措施，明确学院、实习单位、学生等各方的权利、义务和责任，确保实践学习达到应有的效果。

2. 教研室工作制度化

开展教研室内每周例会工作：由课程负责人组织教学研讨，或者以教研室为单位总结和布置近期工作。

落实考评制度：以学院考评标准为基础，做好教研室内部各位教师教学、科研、评估转型等方面的工作记录，作为期末考评的直接依据。

加强听课制度：为提高教学质量，在院校两级督导的前提下继续推行教研室内同行听课的制度，并要求在听课后形成报告及时与授课教师交流，教研室内部也要定期组织教研活动总结交流，形成闭环管理。

3. 常规检查前置化

为期初、期中、期末教学检查等日常管理中规律性、周期性较强的检查制定教研室内部的固定检查时间，在学院查收之前做好预检工作，既可保证以教研室为单位提交的文件的准确性和及时性，同时也可以帮助本专业教师提前准备相关文件。

三、结语

沈阳城市建设学院风景园林专业的专业发展定位符合社会需求和学校发展特色，人才培养目标定位准确，课程设置科学合理，结构完善，能够有效支撑所确立的培养目标，通过搭建建筑类平台课的创新改革和突出应用实践能力的教学改革，形成了符合应用型建筑类本科高校风景园林专业发展的人才培养模式。

参考文献

[1] 李瑞冬，金云峰，沈洁，等. "共享平台"下风景园林专业本科课程设计教学改革研究 [J]. 风景园林，2018，25（1）：118-122.

[2] 蒋亚华，刘宇，韩浩章，等. 地方民办高校风景园林专业人才培养方案制定研究：以宿迁学院为例 [J]. 安徽农学通报，2018，24（20）：146-148.

[3] 彭云松，黄周恩，申薇熙，等. 应用型风景园林本科专业建设发展探究 [J]. 文渊（高中版），2020（9）：487.

第三章
应用型高校建筑类人才
培养之课程群建设

◎ 国际合作办学模式下建筑设计类课程教学方法研究

◎ CDIO 理念下民办高校建筑类专业课程体系研究
　　——以沈阳城市建设学院为例

◎ 应用型大学建筑类专业产教融合为导向的人才培养模式研究

◎ 基于能力培养的城市规划原理课程教学模式改革研究与实践

◎ 辽宁省一流课程建设的探索与实践
　　——以"城乡规划与设计 2"为例

◎ 构建"应用型"城乡规划专业设计类课程体系

国际合作办学模式下建筑设计类课程教学方法研究

陈瑶、吉燕宁

摘要： 针对近年来中外合作办学项目的逐渐兴起，以沈阳城市建设学院与美国东伊利诺伊大学合作办学为例，就建筑学专业建筑设计类课程的教学方法按照中低年级、中高年级分别进行研究。重点阐述了几种中外合作办学建筑设计类课程的教学方法，通过创新教学方式，以期提高建筑学学生的学习兴趣、专业知识水平及实践能力。

关键词： 中外合作办学；建筑学专业；教学方法

一、引言

《国家中长期教育改革和发展规划纲要（2010—2020）年》明确指出要加强国际交流与合作，借鉴国际上先进的教育理念和教育经验，引进优质教育资源，提高我国教育的国际化水平。中外合作办学是高等教育国际化的重要手段之一，与国外合作办学可以加速教育体制的改革，吸纳国外先进的教育与教学管理经验、方法，创造出既与国际接轨，又具有应用型高校特色的学科专业。

2015年10月，教育部、国家发展改革委、财政部三部委联合发布了《关于引导部分地方普通本科高校向应用型转变的指导意见》。根据《辽宁省教育厅关于支持有关高校和专业启动向应用型转变试点工作的通知》（辽教发〔2015〕168号）精神，省教育厅共确立了10所高校、116个本科专业作为首批转型试点高校和专业，要求各试点高校和试点专业按照省委、省政府的部署，进一步把握转型内涵、理清转型思路、明确转型任务，坚持因校制宜、因专业制宜。

国内的相关研究大多集中在建筑学学科发展、课程体系构建或是整个设计实践课程上，研究方向多是自上而下或是以整个学科系统为研究对象，而对具体一门课程的自下而上的研究很少触及。偶有触及也仅仅是从课程设置、教学理念、教学大纲、教学方法上泛泛而谈，尤其是对建筑学中外合作办学项目教学的研究更是少之又少。在教育部2015年"引导部分高校以应用型、技术技能型为培养目标的转型"政策指导下，针对体现建筑学中外合作办学特点的设计实践类的专业核心课——建筑设计课程的具体过程指导更是空白，而课题的研究能够满足相关领域的空白。

二、研究的目的与意义

近年来，国家对建筑学专业人才需求旺盛，很多高校增设了建筑学专业。为了提升建筑学专业的行业竞争力，各个高校都在摸索建筑学专业课程特色，提高教学质量。

沈阳城市建设学院建筑学专业（中外合作办学）于2015年首次招生。项目采用3.5+1.5年模式，即在沈阳城市建设学院学习3.5年，然后到美国东伊利诺伊大学再学习1.5年。完成学业后满足学位授予条件的学生可以同时获得双方学校的学士学位。目前有三届在校生，其中2015级、2017级学生曾经接受过美国东伊利诺伊大学教授授课。在这两届学生的授课过程中，尤其是与外方教授共同授课的过程中，美方有很多先进的教学方法是值得我们学习和推广的。建筑设计课程是建筑学专业的核心课程，所有的专业基础课、实践环节都是围绕该课程展开的。建筑设计课的教学质量直接影响学生专业能力的培养，对毕业生就业影响较大。如若能将外方授课方法及经验总结并应用于建筑学中外合作办学中，甚至推广至普通本科建筑学、建筑学留学生的建筑学教学中，可提高我校建筑学专业的整体教学水平及学生的专业能力。与此同时，在总结经验的基础上，结合我校应用型高校的培养目标，大胆创新建筑设计课程的教学方法及教学手段，提高学生的学习兴趣和实践能力。深化核心课课程改革，为建筑学专业（中外合作办学）向应用型转型的培养目标提供支撑。

三、研究对象与研究内容

设计课程是专业核心课程的骨架，理论课程服务于设计课程。建筑设计课程的方式方法创新直接影响建筑学专业学习的质量。通过沈阳城市建设学院与美国东伊利诺伊大学联合授课，总结建筑设计类课程的教学方式、方法如下。

（一）理论与实践相结合的授课方式

在设计任务选址过程中，选择学生身边的基地或一些实际项目、实际工程，布置任务让学生进行设计。在2018年春季学期，外方来我校授课时，两个设计题目选址均在我校校园内。因为都是学生熟悉的环境，基地真实可见，大大激发了学生的设计兴趣，设计水平略高于普通建筑学。在建筑设计课程中，以往我方均以图纸绘制为主，而外方更注重模型推敲、搭建等动手实践能力以及方案展示汇报的能力。中高年级的建筑设计课程，寻找国企的国际业务部、外资建筑设计公司等搭建校企合作平台，让学生有机会参与到一些国际项目中去。也可定期邀请有国外留学背景、从业经历的经验丰富人士来校开展学术交流或讲座。

（二）中方、外方联合授课方式

将设计课内容分成若干阶段。如大师作品分析、设计原理、空间组织、立面造型等，建筑设计部分由我校建筑学专业教师讲授，外方教师负责建筑材料、建筑结构、建筑设备等工程管理类的课程内容。一个设计由一个教师团队共同授课。这个团队里包括中方教师和外方教师。每一个老师负责一部分自己研究方向的内容，为学生进行讲解和辅导。当然，为了保证课程的整体性和连贯性，需要教师团队有较多的集体备课时间，来共同确定课程的内容、授课计划、任务要求及成果要求等。二年级、三年级、四年级有各自的教师团队，教师成员可以在不同的年级团队里承担课程。但每个团队都有一个负责人，整体把控授课的全过程。

（三）线上实时教学

我校与美国东伊利诺伊大学合作项目于 2018 年秋季学期开始在线教学，既达到了外方授课的目的，又节约了项目的时间和交通成本。结合现代信息与媒体手段，构建贯穿整个学习生涯的研讨型课程，拓展学生的课外学习平台，提升设计实践课程的多元性和研究特色，从根本上改变目前教学中师生之间固定的单向传授知识的落后的教学模式。线上实时教学，对微信、视频等现代化媒介的利用在国际合作办学项目中起到了关键作用。

（四）学生自主学习

将任务驱动法、目标导向法应用到建筑设计课程的教学组织过程中，以激发学生的兴趣和提高主动学习的能力。把一个最终任务分解成若干小任务，大目标分解成一个个小目标，让学生带着任务和目标去学习，成为学习的主体。教师是课程的设计者、开发者、提供者、引导者、帮助者。学生成为学习的主体。从建筑学未来人才培养目标的角度来看，只有从以讲课和教师为核心的封闭教学模式转向以探究和学生为中心的开放式教学模式，才能真正激发学生在教学过程中的探索精神，使教学成为"教"与"学"双方共同研究与发展的平台。

（五）搭建学习团队

建筑设计专业在土建类中是龙头专业，未来工作中需要与各个专业进行配合。可在我国传统教育背景下，学生几乎没有受到过实际项目和团队工作的实际训练。学生个体意识、自我意识比较强烈，普遍缺乏沟通交流能力和团队协作精神。因此，在设计课上，部分题目可考虑以小组的形式组织教学。全体学生根据兴趣和专长选择设计课题并自行分组。同时，可安排中外合作办学与留学生教学两个办学层次联合授课，使中方学生适应国际化的学习环境并提高英语水平，留学生可以尽快融入我校的学习和生活，双方达到共赢。在教学方法上，可以将中外学生混合组建团队，进行团队和团队之间的竞赛。也可以将留学生、中国学生分别组建团队，进行竞赛。

（六）开放式教学平台

基于建筑设计发展的复杂性和系统化特点，面对各种思想文化相互交流的多元、多彩、多变的信息社会，建筑教育体系不仅要有整体结构，还应该是一个开放的系统。它将培养开放社会中能够自强自律的设计主体，让建筑设计者置于一种开放的知识和不断动态发展的过程之中。整体性的教学思想和体系应具有开放性，这样才能满足不断发展的社会和科技的要求。尤其是中外合作办学项目，受到时间、地点的限制，更应该通过网络搭建开放性平台，通过媒介联系教与学。

教学是封闭与开放的统一体。所谓开放性，就是不拘于传统的、固定的或单一封闭的模式，冲破学科、课堂和书本的局限，实现思维方式和教学途径的多元化。开放性教学是相对封闭式教学而言的，是一种新的教学思想指导下的新的教学模式。教师不再主宰课堂，而是让学生充当主角。教师的注意力集中于创设情境，设计问题，为学生思考、探索、发现和创新提供最大的空间，不对学生预先设置任何条框，既有独立思考的个体活动，又有学生之间、师生之间的合作、讨论、交流的群体活动，在宽松、民主的教学环境中促进学生主体精神、创新意识和创新能力的发展。

以项目（课题）设计为核心，进行全方位的知识整合。形成开放式的思想体系和知识结构，以适应不断自我更新的发展机制。强调设计过程中的中外交流与参与，强调各专业的协作与互动，使成果网络化、过程化。

四、 面向应用型高校的国际合作办学建筑学专业建筑设计课程教学方式与方法

建筑学与其他大部分学科在学制上有所区别。国内的大部分建筑学为五年制。五个年级的学生思维特点及教学重点如表1所示。

建筑学五个年级的学生思维特点及教学重点　　　　表1

项目	一年级	二年级	三年级	四年级	五年级
思维特点	发散、无序、迷茫	主要为感性思维，对新知识的渴求	理性思维逐步增强	理性思维进一步突出，创新思维明显加强	主要为理性思维
教学重点	注重基础建筑素养培养，例如美学素养、图纸表达能力。以培养兴趣为主	结合手动模型制作、调研分析能力、空间认知能力	加入软件建模、计算机表现等	结构、材料、建造技艺、节能等方面有突破	为走向社会实践做相应的专项能力训练

（一）低、中年级建筑设计类课程教学方式与方法

1. 启蒙设计结合建造，培养动手能力、空间感知能力

根据建造的难易程度，将建造按照从易到难分为三个步骤。

（1）直观性建造——帮助设计者思考问题。设计题目：门卫房测绘及模型制作、楼梯测绘及模型制作等。

一年级主要是建筑初步设计，以基础能力培养为主，通过手绘感受二维平面到三维空间的过渡变化。但有部分学生空间感觉差，对使用平面、立面、剖面的二维平面来表达三维空间有较大困难。在课程设置上，采用先测绘实体，再绘制图纸，再建造模型的方式，提高学生的空间想象能力。

（2）认知性建造——帮助设计者认知并分析问题。设计题目：形态设计、空间设计、建筑构造、大师作品分析等。

本训练是建造教学的基础层面。在课程中，学生需要利用指定的材料进行相关的制作。这些材料是真实并且被人所熟知的，例如纸、木材、竹子等；制作的对象往往

也是具体的，例如桥、椅子、大门等。学生需要通过手边的材料即兴完成制作。在此过程中，学生通过分析材料的特性，如坚硬或柔韧等，以及加工和组织的方式，如切割或捆绑等，获得对材料的物理特性初步的认知。培养学生的材料意识，初步体会建造的实践性是本训练的目的（图1）。

建筑结构、建筑材料等相关知识对建筑学专业学生来说是必须要了解的，但又有一定的难度。因此，通过建造手段，将相对复杂的理论知识应用于模型建造过程中，利于学生理解与接受（图2、图3）。

（3）创造性建造：针对本课题，可考虑设置的教学内容为带有一定的简单功能要求的装置设计，例如校园售卖亭、校园咖啡厅、校园书店等设计。在教学中，首先强调富有创意的形态构思，其次辅以结构、设备等专业的模型搭建来引导设计理念具象化。通过学习，学生可掌握建造辅助设计的基本方法，并且建立设计与建造互动的设计观（图4）。

图1 建筑学2017级中外合作办学班建筑设计基础课模型

图2 教师对学生建造作品进行指导

图3 学生搭建的最终成果

图 4　学生对设计课作品进行模型制作

2. 互动参与结合设计

低年级的学生在方案前期的分析、调研报告的撰写方面存在着很大的问题。经常只有对调研报告客观性的描述，缺少分析的过程或者缺少对问题的总结，尤其是缺少用专业图示表达分析过程的能力。而在方案设计中，分析过程占据了相当重要的部分，它是整个方案是否合理、是否可行、是否新颖的关键，是方案立意构思形成的切入点。因此，在低年级的课程教学中，让学生从实际出发，从亲身体验出发，对现实的观念和经验进行反思，构建更加合理的空间环境体系，可对建筑学专业建筑设计课程提供实践性较强的设计前期指导，辅助建筑设计，提出问题、发现问题和解决问题。通过教师的讲解及学生的实地调研，对不同类型建筑的现状分析、使用要求、实例分析与使用评价等提出需要解决的问题，相对完整地对调研获取的信息进行阐释，然后根据需要解决问题的主次进行排序，最终确定最可行的设计方案。

以沈阳城市建设学院这所民办本科院校建筑学专业低年级小型餐饮类建筑课程设计为例来阐述"互动参与式"设计方法的具体应用过程。

（1）提出问题。根据此次课程设计的内容，学生进行了 3 至 4 人的分组，以咖啡厅或者茶室老板的身份，在校园滨水区域寻找一块适合的基地，基地尺寸为 50m×30m，按照任务书中的面积要求进行设计。

（2）分析问题。包括校园交通分析、校园规划分析、景观分析等，确定适合的位置。

（3）解决问题。对选好的基地及周边环境进行分析，包括人流车流、朝向、风向，确定方案的立意、构思。

经过 2015 级、2017 级及 2018 级学生的"建筑设计 1"课程教学后，发现大部分学生能够掌握建筑设计前期调研、分析并用专业建筑语汇表达的方法，但需要大概 2 次甚至 3 次课的辅导，才能渐渐理清思路，而且存在组与组之间抄袭的现象。针对存在的问题，以后课程中可能需要增加部分调研前期的小案例分析。如将全班分成 5～7组，每组调研一座校园内已有建筑，如食堂、教学楼、宿舍、图书馆等。对其进行外部交通、内部流线、功能分区、立面造型等方面的分析，加强学生的实践能力与分析能力。

如：以学院内部食堂为例开展为期一周的调研。①交通现状分析。共有几个出入口，其方位及周边道路情况如何。分别在午休与平时计人流数和拍摄照片，得到人流进出食堂的情况及建筑使用中存在的问题。②食堂使用情况。选取工作日全天进行平均每一小时一次的抽样调查。每层划分为几个区域（根据防火分区和墙体划分），调查学院食堂每个区域在一天中的不同时间点的使用情况，哪个区域的使用率较低，将导致座位浪费，占用空间。③交通上、功能上如何解决问题。如重新修正食堂的餐饮业态及格局。一层为普通就餐，二层为美食城，两者有机结合，优劣互补，而不是使其成为同一屋檐下的竞争对手。

针对互动参与结合设计的教学方法，设计题目也可以是校园书屋设计、校园宿舍设计等（图5、图6）。总之，是设计者最熟悉的、最能有体验的地方。这样把简单的直接的问题作为整个设计类课程的入手点，减少学生对陌生科目的恐惧感，由浅入深，调动学生专业学习的积极性，提高学生对专业学习的兴趣。培养学生分析问题、解决问题的能力，为中、高年级更深层次的学习打下坚实的基础。

（二）中、高年级建筑设计课程教学方式与方法

1. 设计竞赛与设计课程结合

根据传统建筑设计课的教学现状与特点，尝试在大四学年的专业设计课教学中改变传统的教学模式，加入"设计竞赛与实际工程"大环节，让学生在掌握基本知识的同时，提升分析和解决问题的能力，培养其自主学习、独立思考和创新思维的能力，使其在毕业后能更加顺利地承担实际的工作任务。

2. 校企合作培养应用型人才

校企联合培养模式是一种以培养学生的全面素质、综合能力与就业竞争能力为重点，利用学校与企业两种不同的教育环境和教育资源，采取课堂教学与学生参加实践有机结合的方式，培养满足不同用人单位需要的、具有全面素质与创新能力的人才的教育模式。

建筑学是一门应用性很强的学科，由于需要有半年的实践经验，所以与医学一样，大部分的建筑学专业都是五年制。为了提升就业后学生的社会竞争力，在中高年级尤其是高年级的课程上，更应该与实际相结合，培养学生解决实际问题的能力。校企合

图5　学生对研究分析成果进行汇报

图6　学生针对调研情况进行的图纸分析

作联合培养是较有效的手段之一。主要可以在如下几个方面进行校企的深入合作。

1）企业参与人才培养方案的制定

企业或行业参与研究和制定培养目标、教学计划、教学内容和培养方式，确立了紧密型关系。企业对行业未来发展更为敏感，而高校培养学生以行业需求为导向，培养目标明确，教学内容与就业不脱节。在校企双方紧密合作过程中，由于教学计划是校企双方共同制定的，所以学生在实习前初步具备了顶岗生产的能力，使企业感受到接受学生顶岗实习不仅不是负担，而且能提高企业劳动生产力。每年教师利用寒暑假期去企业调研，与企业就培养方案的制定进行深入探讨，与毕业生、实习生进行访谈和交流，从而制定出适合学生学习和就业的人才培养方案。

2）企业从业人员参与到课程中去

以建筑设计课程为例，由学校教师和企业工程师共同商讨教学任务与内容，并整合相关资源为教学设计服务。以学校教师为主体，进行主要课程的授课，在局部关键或者重点环节邀请企业中具有丰富工程经验的行业专家进入课程，进行重点讲解（图7）。讲解以工程实例为主，通过实际案例及实际工作中遇到的问题讨论解决办法。学生不仅能够在课程中与教师或者工程师进行沟通，在课后也可以通过网络平台继续与教师或者工程师进行交流。如此，学生在学校期间不仅了解了课内的知识，同时也可对未来就业后在工作岗位上的工作情况有所了解。

设计的初期由教师从企业寻找真实项目，尽量真题真做。在设计的过程中，可请有工程经验的从业工程师参与。在最终的评图环节，邀请企业的资深专家进行点评。对学生图纸进行评价与总结是建筑设计过程中最为重要的环节，是对学生整个阶段的学习成果的检阅，对学生的专业能力提升有很重要的作用。尤其是评阅者为行业内经验丰富的专家，他们能够从实际工作、工程的角度出发进行评价，这样有利于学生了解行业要求，了解自己的优势与劣势，明确学习目标。

3）学生实习基地及就业

学校让合作企业优先挑选、录用实习中表现出色的学生，使企业降低了招工、用人方面的成本和风险，获得了实惠与利益，而学校为学生提供了就业的平台。

校企合作能实现学校、企业、学生三方共赢。学校实现了开门办学，及时把握市场动态和学科前沿，教育教学效果明显提高；企业培养了一批热爱企业的精英队伍，

图 7　企业专家进入课堂对 BIM 操作及优势进行讲授

促进了企业的发展；学生能有效提升其综合素质，培育团队精神，增强竞争力，拓宽发展空间。

五、结语

通过研究得出两点结论。第一，低、中年级建筑设计类课程教学方式与方法以培养动手能力、空间感知能力为主，可以采用结合建造及互动参与的思路设计课程。第二、中、高年级建筑设计类课程教学主要以就业为目标，通过设计竞赛与设计课程结合、校企合作培养应用型人才、建设开放的教学平台的方式提高学生分析和解决实际问题的能力。

由于笔者的理论研究水平有限，实践工作经验不足，本研究还有很多不尽如人意的地方，还存在许多不足之处有待进一步研究和完善，如对有些问题探讨得不够深入，对其原因分析得不够透彻，课程设计的方案还不够完善，课程实施策略的建构还需要进一步丰富等。本研究是对建筑设计类课程教学方法的研究的一个起点，而非终点，未来笔者将在此研究的基础上，继续加大对建筑学设计类课程改革的研究力度，争取能够取得较为丰硕的成果，为日后的研究与工作打下坚实的基础，力争将研究成果运用到教学实践中去，为培养应用型建筑学人才尽自己的绵薄之力。

参考文献

[1] 国家中长期教育改革和发展规划纲要（2010—2020年）[M]. 北京：人民出版社，2010.
[2] 卢峰，等. 开放式教学：建筑学教育模式与方法的转变 [J]. 新建筑，2017（3）：6.
[3] 曹建芳. 提高中外合作办学人才培养质量的有效途径 [J]. 教育理论与实践（学科版），2011，31（10）：3.

CDIO 理念下民办高校建筑类专业课程体系研究
——以沈阳城市建设学院为例

麻洪旭、朱林、吉燕宁

摘要： 在新常态下，我国建筑设计类行业面临转型，民办高校建筑类专业如何建立能够培养应用型人才的课程体系成为此类院校所关注的热点。CDIO 理念作为当下建筑类专业教学中一种先进的教育理念，其应用价值和成效都要优于传统教学模式，也能够满足当前高校培养应用型人才的高等教育要求。本文在简要分析建筑类行业转型、高等教育转型的需求以及当前建筑类专业教学存在的问题后，基于 CDIO 理念，以沈阳城市建设学院为实践案例，提出了专业课程体系的优化建议，为培养社会和行业认可的高素质应用型建筑类人才提供了新的路径。

关键词： CDIO；民办高校；建筑类专业；课程体系

一、引言

我国城乡建设步入存量发展阶段，推动建筑类设计行业由粗放式向精细化和复合化模式转变。现阶段我国社会经济发展已步入新常态，传统的土地经济、土地财政将逐步收紧，城乡建设模式也由原来的"扩张式"发展向"存量式"发展转变，建筑类设计市场也随之产生巨大的震荡，这在东北这类转型动力欠佳的地区表现得尤为明显。占传统市场份额最大的住宅设计、新区规划正在逐步缩减；旧建筑、旧街区改造，城乡旧区更新和小城镇特色规划应运而生，且由"区域"到"单体建筑"，再到"景观环境"的多层次类型的混合设计项目越来越多。因此，具备精细化和复合化"跨界"能力的建筑师、规划师和景观设计师将在未来的建筑类市场中占有一席之地。

随着供给侧结构性改革的深入，促使建筑类设计企业向"精英化"模式转变。城乡建设热点的变化，导致建筑类设计行业出现了产能过大的问题，只有能够及时调整业务类型的"精英化"设计企业才能在激烈的竞争中生存。此种"精英化"企业主要有两种发展模式：一种是以业务类型灵活的工作室模式为主的小型设计事务所或企业，另一种是以工程总承包为主要业务的大型全产业链式设计院。无论哪种模式的设计企业，对于人才的需求都呈现出业务复合化和精英化的态势。

随着普通高等教育逐渐向应用型转变，要求建筑类专业本科毕业生能够适应行业的变化。在 2015 年 10 月，教育部、国家发展改革委、财政部三部委联合发布了《关于引导部分地方普通本科高校向应用型转变的指导意见》，文件指出随着经济发展进入新常态，人才供给与需求的关系深刻变化，高等教育的结构性矛盾突出，出现毕业生就业难和质量低的问题，生产服务紧缺的应用型、复合型、创新型人才培养机制尚未完全建立，人才培养结构和质量尚不适应经济结构调整和产业升级的要求[1]。

精品化、创新化能够适应国家、社会及行业转变的人才培养体系，是普通高等院校在未来的竞争中立足的根本。我国作为拥有 14 亿人口（2010 年第六次人口普查数据：约 13.7 亿人）的大国，高等教育经过多年的快速发展，取得了巨大进步，高等学校呈爆发式增长。截至 2017 年 5 月 31 日，全国高等学校共计 2914 所，其中普通高等学校 2631 所[2]。众多原因叠加后显示：我国人口老龄化进程正在逐步加快，未来接受高等教育的适龄年轻人将逐步减少，普通高校间的竞争将加剧。

二、 CDIO 理念对建筑类专业课程体系的影响

（一） CDIO 理念

CDIO 工程教育模式是近年来国际工程教育改革的最新成果。CDIO 代表构思（conceive）、设计（design）、实现（implement）和运作（operate），它以从产品研发到产品运行的生命周期为载体，让学生以主动的、实践的、课程之间有机联系的方式学习工程[3]。以 CDIO 理念作为课程体系搭建的手段，对建筑类专业课程体系进行深化研究，有助于民办高校在资源有限的前提下，找准培养目标，针对性提升应用型人才的专业能力，使传统建筑类大学的学生在未来就业中形成整体行业梯队，个体错位发展。

（二）在建筑类专业教学中应用 CDIO

在建筑类专业教学中引入 CDIO 理念作为体系模块和链条，以基础知识为核心，能确保对学生进行系统化的专业知识、技能的培养，有效提高和强化学生的专业技能，并拓宽学生的专业思维，培养良好的沟通技能。

在培养能力和素质的过程中，将 CDIO 贯穿于教学改革中，融入培养目标、教学内容、教学方法及教学评价模式等环节，能全面发挥其价值。教学内容设计以学院丰富的校企合作资源为平台，将工程实践项目全过程加入整个课程体系设计中，并强调学生主体地位。落实沈阳城市建设学院的"五实"教育实践方式，让学生带着真实问题学、对着真实技术练、按照真实岗位训、拿着真实项目做、照着真实情景育，培养解决工程实际问题的能力。这种方式有利于建筑类专业毕业生习得适应社会所需的素质与技能，实现具有建筑类专业特色的教学改革与实践。

三、同类院校课程体系建设经验借鉴

目前，建筑类专业拥有三个一级学科，分别是建筑学、城乡规划、风景园林。其中，城乡规划和风景园林原为建筑学专业的二级学科，其教学体系及教学模式本源于建筑学专业。在 2011 年，城乡规划专业和风景园林专业被国务院学位委员会确立为工

学门类下的一级学科，国内部分高校开始以独立一级学科的视角来研究城乡规划专业和风景园林专业教学体系和教学模式。

（一）建筑类三个专业具有相同学科属性

建筑学、城乡规划、风景园林三个专业早期都源自建筑学专业，专业特征为工学、艺术学与人文社科兼修的综合性学科。虽然三个学科各自独立于教学体系中，但追本溯源，这三个学科仍有很多相同的基础知识、交叉的专业知识以及相关课程。

（二）稳定的专业基础教育是专业建设的根基

国内建筑类"老八校"经过了多年积累，建筑类三个专业本科课程体系和教学构架已经相对稳定，形成了行业领军大师与院校教学团队的传统师徒制的教学管理模式，在大师的引领下，本科阶段人才培养体系逐渐成熟，建筑类课程教学的特色方向和课题选择非常丰富。专业基础课程内容相对稳定，艺术类、历史类和技术类的基础课程体系非常成熟；高年级设计课程的课题选择与教师所研究方向及项目相结合，课题选择灵活，授课形式多样。同时，校办性质的设计院、研究所和实验室众多，给予建筑类专业实践教学强有力的支持。

（三）多样的校企合作教学形式

多样化的校企合作教学形式是普通建筑类院校专业建设的有效手段。地方建筑类院校存在领军大师和课题资源较少的弱势，在资源相对匮乏的弱势下，地方建筑类院校利用当地社会资源开始探索新的专业建设途径。

最行之有效的途径是对课程体系展开研究，如"工作坊"制、校企合作共同搭建"实践平台"制等，其核心目的在于通过对课程体系的科学化和合理化的调整，在设计课题中增加真实的项目，实现企业真实项目参与到院校教学中，以提升学生学习的主动性。如广西大学土木建筑工程学院的"3平台＋1模式＋1机制"的创研工作坊，搭建了创新实践、科研训练和协同教学三大训练平台，提炼了多层级、多学科和多维度的扁平化教学模式，建立了兴趣驱动、导师引导和环境保障的运行机制，培养了一批符合广西城乡建设发展需要和适应行业转型升级的"建筑规划专业创研型人才"[4]。

通过调研发现，建筑类院校教学体系特征为专业基础教育体系相对稳定和高年级实践课程体系相对灵活，此外还表现出了平台化和小型化特征。在地方建筑类高校中，校企合作参与实践课程内容丰富并且成效显著。

四、沈阳城市建设学院办学现状

（一）生师比较高

目前，建筑与规划学院生师比较高，教师团体规模不大。传统的"示范式改图"教学是建筑类专业基础设计课的重要环节，此类教学方式的关键在于教师与学生一对一、面对面来完成。应对"示范式改图"教学方式的特点，需要大量的专业教师才能实现，在我院现有生师比条件下，要提升此重要环节的教学质量，就需要对学院整体教学体系和教学形式进行更新与完善。

（二）专业内就业率逐步提高

2019 年春季学期，对毕业生进行抽样问卷调查，毕业生共 362 名，共填写问卷 145 份，抽样率 40%。调查显示，截至 6 月 15 日，工作签约率约 75%，本专业就业率约 53%，考研录取率约 20%。从毕业生的就业率和考研录取率来看，考研是目前建筑与规划学院学生的一个重要选择方向，在课程体系设计上应予以考虑，为学生提供院校选择、专业选择、科目指导等，硬件上提供考研自习室、专业书籍等便捷服务，以学生个人考研意愿为前提，最大限度地提供基础保障。

（三）专业课程体系较为庞大

我院现有人才培养方案中学分设置和课程门类较多，各年级理论类和实践类课程数量分布相对平均，专业设计类课程内容较多，课上除去理论知识讲授外，留给老师辅导学生和答疑的时间较少。同时，其他实践课也会占据学生大部分时间，这造成了高年级学生课余时间不足，课后没有充足的时间去完成专业设计课的任务，导致专业设计课整体完成质量不高。

（四）学苗素质参差不齐

目前，学院在校学生整体素质较好，通过不断加强学风建设，学院各专业学生学习氛围浓厚，师生配合良好，多数学生能够做到独立思考和自主学习，但少数同学也存在学习主动性差、学习效率不高、学习方式不正确等问题。如何在课程设计上调动学生的积极性，是一个重要的、亟待解决的问题。

（五）企业背景教师较多

学院自有专业教师大多数来自于建筑设计类单位，具有多年工程实践背景和丰富的行业从业经验。这种现状既是学院的优势，同时也是劣势。优势在于教师团体的行业实践经验非常丰富，能够将实际工作中的经验带到课堂，指导学生更为接近今后工作所要掌握的专业技能。劣势是企业背景较多的老师对高校的教学理念、教学方式、教学管理相对不熟悉，理解不深，缺乏专业知识输出与表达的经验。所以，在教学体系设计上要扬长避短，发挥资源优势，同时着重补齐短板，充分调动老师的积极性，这将使学院教师团队的教学水平有很大提升并对学科建设起到重要作用。

（六）校企合作单位数量较多，深入合作较少

虽然学院各专业现有校企合作单位总量较大，但深入合作的企业屈指可数，且逐年在调整，合作形式单一。关注建筑类行业与市场动态，制定一定周期的赴企实地调研，切身了解企业需求，及时向企业提供灵活多样的合作形式，搭建可靠的实践平台，是未来的一项重要工作。

五、专业课程体系优化措施

（一）坚持走学院特色"七个一"发展路径

以实践教学为核心，以六个科研中心为平台，走"七个一"特色发展路径。校企联盟合作——"一所一企业"：研究中心对应校企合作企业。发挥六个研究所专业转型和学科特色的建设——"一所一专业"：城乡规划设计研究中心科研机构对应城乡规划专业的"乡镇特色"方向。"一所一学期一项目"：2017 年成立至今已经参与了 30 余项科研项目。"一个项目带动一类课程"：设计类课程真题真做。积极开展学科竞赛——"一个竞赛"：鼓励师生参与学科竞赛和实际的工程项目招标。成立乡村振兴社团——"一个社团"：响应国家"乡村振兴战略""特色乡镇建设"政策，成立乡村振兴社团，结合科研项目，推进乡村的建设和发展[5]。

（二）构建符合应用型人才培养的特色教学模式

积极调整专业建设发展方向，依托与学院深度合作的 5 家龙头企业和学会，按照"七个一"学科特色发展路径，持续深化教学、科研、专业实践等多样性的产学研活动。依托建筑学专业对应的地下空间方向、城乡规划专业对应的乡镇特色方向、中美建筑学专业对应的历史建筑保护方向、风景园林专业对应的乡土景观特色营造方向，构建校企、校地、校会合作大平台，努力将建筑类专业建设成为"立足辽宁，东北有影响力，面向全国"的优势特色专业。以乡镇建设为实践平台，面向建筑类设计行业，以乡镇建设为主要特色，培养"懂专业、会设计、熟练掌握设计技能"的以服务乡镇建设为目的的"善、新、博、专，精绘、通建"的应用型人才。与企业共同探讨，对应不同专业确立了六个特色发展方向，使学生在就业前掌握实践项目的相关基础知识。通过与企业互设工作站，在专业实践课程中加入特色方向课程，企业定期派高级工程师来校指导学生的课程设计和毕业设计，构建"工学交替""订单式"人才培养模式，有效地培养出企业需要的人才。

（三）建设双师型教师队伍

根据学院师资发展规划，在师资队伍建设方面，首先是大量引进高学历、高职称的双师型人才。提高教师的学历要求，进行教师岗位择优聘任，使学校的师资队伍数量得到保证，质量逐步提高，结构更趋合理。在双师型教师的培养上，学院选派实践指导经验丰富的教师承担教学任务，各企事业单位均选派实践经验丰富的工程技术专家来学院授课指导，通过与企业互设实习实践基地，实现双导师共同指导课程设计和毕业设计，以应用型人才培养目标为出发点和落脚点，有效地培养出企业需要的人才。

（四）优化课程体系，扩大专业宽度

优化课程体系以构建特色建筑类专业基础教学模块，提升专业基础教育教学质量为目标。对三个专业的教学体系进行系统全面的梳理和总结，搭建三个专业基础教学

平台，整合基础设计课程、理论与实践课程，同时，整合三个专业的教师资源，发挥各个教师的专业特长，延伸专业学习宽度，拓宽学生专业视角，充分发挥三个专业性质互通的优势，做到学有所专、教有所长，让学生在基础教学阶段，可以同时学习到建筑类三个专业的基础知识，全面夯实学生的建筑类专业基础。

（五）稳定教学体系，优化课程分布

对照培养目标、毕业能力、专业教育规范，以模块化为主要形式，制定出 5 年不变、10 年微调的三个专业的专业通识基础教学体系。对照专业教育规范，梳理专业教学体系，构建合理的教学课程分布。课程分布：低年级宜较为密集，高年级宜较为稀疏，给予高年级学生较多的课余时间，来完成设计的深入思考、参与校企合作实践、参与教学科研、完成创新创业等内容。

（六）搭建个性化校企合作平台

搭建多元化校企合作平台，丰富高年级专业设计课授课模式，有利于提升学生的专业学习热情，将"产教融合、协同育人"做实、做牢。利用校企合作平台，结合自有教师特长，在高年级设计课上尝试工作室制，实现"题目＋教师"模式，学生可依据特长及兴趣进行选择。结合企业需求，以高年级设计课、专业实习为教学载体，以现有科研所为机制载体，搭建校企合作平台，丰富设计课选题、授课形式等内容，使学生的设计课可以有真实项目、校内科研等多样选择。

目前，学院与多家企事业单位建立紧密合作的关系，积极推进校外实践教学基地建设。目前我院 3 个本科专业与 23 家企业建立了产学研合作关系，常年接收我校学生实习实训，其中辽宁省城乡建设规划设计院有限责任公司、中国中建设计集团有限公司、辽宁省土木建筑学会历史建筑专业委员会、北京广远工程设计研究院有限公司、四川洲宇华洲建筑设计有限公司沈阳分公司是该领域的龙头企业，为沈阳建筑类行业提供人才支持。

（七）引入高年级设计课"工作坊"制

探索建筑类专业中的高年级分专业的新型办学模式，有利于提升学生对专业学习的主动性，提高对专业方向的认知。结合课程体系设置，按学年划分两个人才培养阶段。第一阶段：大一学生进校后以建筑类专业进行分班，统一接受为期一年的建筑类专业基础课教育。第二阶段：在学生具备专业基础认知之后，依据个人兴趣、爱好、发展方向进行专业分班。

六、结语

基于 CDIO 理念对民办高校建筑类专业课程体系进行改革是一次大胆实践，民办高校建筑类专业课程体系独具特色，所以需要着重在 CDIO 理念下因地制宜地、有针对性地采取专业课程体系优化措施，提升具有建筑类专业特色的教学改革实践质量。

参考文献

[1]　郭媛，翟平. 基于产教融合的地方应用型高校转型发展模式探究 [J]. 计算机教育，2022 (2)：83-86.

[2]　马继侠，虞佳颖，张舒羽. 节水型学校建设跟踪评估和分析 [J]. 中华建设，2022 (2)：128-130.

[3]　张红梅，朱南丽，叶五梅. 基于 CDIO 理念的公共程序设计课程教学改革 [J]. 黑龙江教育（高教研究与评估），2012 (6)：14-15.

[4]　何江，倪轶兰，刘梦娟，等. 基于"创研工作坊"的建筑规划类创新实践型人才培养模式研究：以广西大学建筑学和城乡规划专业为例 [J]. 教育教学论坛，2018 (38)：139-141.

[5]　许德丽，温景文，吉燕宁，等. 应用型大学建筑类专业产教融合为导向的人才培养模式研究 [J]. 当代教育实践与教学研究，2020 (12)：12-14.

应用型大学建筑类专业产教融合为导向的
人才培养模式研究

摘要： 在应用型大学转型助推背景下，以沈阳城市建设学院建筑类专业为例，依托建筑与规划学院（乡镇建设学院）服务地方乡镇建设的产业基础，对建筑类专业人才需求、课程体系等问题进行剖析。借鉴应用型大学建筑类本科人才培养的相关改革方案，依托我院的对口企业，发挥三大专业特色方向，以产教融合为导向，确定建筑类人才培养的改革目标，构建完善的人才能力体系，将新的课程体系、人才培养模式、创新平台纳入教学方法中。通过产教融合总结了教学成效，对建筑类专业人才培养模式的改革提出了展望。

关键词： 应用型大学；建筑类专业；产教融合为导向；人才培养模式

一、背景

（一）应用型大学转型的助推力

随着我国经济发展进入新常态，迫切需要大批应用型、技术技能型的人才。目前，全国有 300 多所高校正在转型试点，以积极响应国家、本省的方针政策，为更好地推进我校"十三五"规划中关于"迎评、转型、申硕"的战略方针，要多措并举，加快我校融入辽宁地方产业建设发展的前进步伐。

（二）服务地方乡镇建设产业基础

建筑与规划学院作为乡镇建设的主力实践者，已与政府、行业、企业不同层面构建了合作大平台。从 2018 年 9 月至 2019 年 10 月，分别与沈阳辽中区满都户镇、沈阳新民市大红旗镇签订了校地合作协议，既无偿服务了地方，又精准对接了乡镇的建设发展，逐步形成了政府主导、学校为主体，行业指导，企业参与的校企合作发展的新局面，实现了地方、企业、学校、学生在校企合作过程中的共赢，给地方乡镇建设发展带来了巨大的社会效益。

（三）培养服务地方乡镇建设的应用型人才的必要性

随着毕业生就业质量的逐年提高，更多的毕业生进入省市一流设计院、设计公司与其他高校的优秀人才同台竞技，学生在良好的发展平台中得到了更广阔的发展空间。在国家大力发展乡村振兴的背景下，我院将致力于与企业共同构建集教学理论研究、科研实践指导的平台，培养服务地方乡镇建设的"应用型"人才。

二、建筑类人才培育的适应性需求及前景分析

从 2017 年至 2020 年，我院调研了 20 余家企业，其中中国中建设计集团有限公司、辽宁省城乡建设规划设计院有限责任公司、辽宁省土木建筑学会历史建筑专业委员会、北京广远工程设计研究院有限公司、四川洲宇华洲建筑设计有限公司沈阳分公司是领域内龙头企业，也是重点调研的 5 家企业。

近年来，通过数据统计，毕业生就业到北上广深的占 25%，辽宁省内的占 35%，其他地区的占 30%，考研占 10%。毕业生就业人数呈逐年上升的趋势。

目前，建筑类市场主要缺乏 GIS 应用、BIM 技术方面的应用型人才。随着全国国土空间规划的大力推进，我国对国土空间规划的编制工作已经全面铺开。未来 3 年，建筑类专业具有广阔的发展空间，企业对人才的需求量巨大。

三、建筑类专业课程体系中存在的问题与解决措施

（一）存在问题

1. 师资队伍建设逐步完善

乡镇建设学院有教师 92 人，其中建筑学 50 人、城乡规划 20 人、风景园林 12 人、学生工作 6 人、教辅人员 4 人。整体学历层次较高，教师专业背景较好，副高级以上职称教师占 50% 以上，师资队伍建设逐步完善。

2. 设计类课程的实践优势不凸显

随着建筑类人才培养方案的不断优化，设计类课程中实践类课程学时比例逐年上升，但存在一些矛盾，表现为理论与实践、个体与社会的矛盾，具体如理论课程侧重于系统知识的传授，而实践课程侧重于学生到实践教学基地体验教学的过程，这就需要针对设计类课程的众多教学模块，根据不同的主题需求，分别选择现场教学点，加强实践环节的力度。

3. 创新创业教育与专业教育、基础教育联系不紧密

建筑类创新创业教育所占的学分比例较低，开设的课程基本设置在本科二年级和三年级，偏重于就业指导和职业生涯规划，缺乏与专业教育、基础教育的联系。

4. 订单式培养的落地性较差

建筑学的洲宇订单班实施有 1 年的时间，未来毕业生就业存在很大的不确定性。企业与学生存在双向选择性，学生面临考研、就业的压力，企业面临着选拔更优秀人才和门槛限制的顾虑，不确定因素凸显。

（二）解决措施

1. 提升教师的信息技术素养，优化"双师型"师资队伍建设

加大建筑类专业人才的引进力度，鼓励教师去企业、高校进修、培训与学术交流，

提升教师的综合专业技能和信息技术化水平，构建完善的"双师型"师资队伍体系。

2. 协同育人，深化人才培养方案

根据《教育部关于深化本科教育教学改革全面提高人才培养质量的意见》（教高〔2019〕6号）、《教育部关于加快建设高水平本科教育全面提高人才培养能力的意见》（教高〔2018〕2号）、《国务院办公厅关于深化产教融合的若干意见》（国办发〔2017〕95号）、《辽宁省教育厅关于加快建设高水平本科教育全面提高人才培养能力的实施意见》（辽教发〔2019〕10号）、《普通高等学校本科专业类教学质量国家标准》和校级2020版本科人才培养方案的原则意见等文件精神，2020年建筑类人才培养方案中提出了学分和学时的新要求。通过新增部分课程、调整学时，丰富职业发展平台和创新创业教育平台，增强与专业教育和基础教育的紧密联系。通过成立校会合作、产业学院（乡镇建设学院）等平台，将建筑类专业能力的培养贯穿人才培养的全过程，从而达到深化改革的目的。

3. 发挥设计类课程的实践优势特色——开展体验教学

借鉴同济大学成立"乡村振兴研习社"的实践经验，按照乡村振兴"产业兴旺、生态宜居、乡风文明、治理有效、生活富裕"的20字方针的不同主题需求，分别选择现场教学点。同时，通过户外体验、拓展训练等方式，开展体验教学。

四、产教融合、协同育人的实践基础

（一）对接建筑产业链、构建建筑类专业"四大特色方向"

乡镇建设学院设有四大科研机构，其中建筑设计研究中心对应建筑学专业的"地下空间方向"；城乡规划设计研究中心对应城乡规划专业的"特色乡镇方向"；人居环境设计研究所对应中美建筑学专业的"历史建筑保护方向"；风景园林设计研究中心对应风景园林专业的"乡土景观方向"，每一个研究机构对应一个专业，走专业特色发展之路。

（二）构建校企深度融合、协同育人机制

我院有着较长的办学历史，建筑类专业有与多家企业深度合作的背景。结合多年服务地方乡镇建设的教学、科研基础，已经向社会输送1000余名毕业生，考研成功率始终位列学校前茅。通过校企合作、校地合作、订单式培养模式，让企业全方位参与到实践教学中，把GIS、大数据、虚拟现实和BIM技术等应用于实践教学，为毕业生就业打下坚实的基础。

（三）构建校企、校地、校会合作大平台

校企合作可以有效促进高等学校产学研相结合，订单式人才培养模式的建立，促进人才培养质量的提高。目前，与我院签订校企合作协议的单位有20余家，企业共计接收毕业生实习人数达100余人。已建立2个校地合作基地，分别是沈阳辽中区满都户校地合作基地和沈阳新民市大红旗镇校地合作基地。

五、人才培养改革实践

（一）改革目标

以地方城镇建设规划设计为实践平台，面向建筑类设计行业，以乡镇规划设计为主要特色，培养"懂专业、会设计、熟练掌握设计技能"的以服务地方乡镇建设为目标的"应用型"人才。

（二）人才能力体系

协同创新能力——通过新思路和新方法拓宽视野，解决设计和管理中的难题。在跨专业、跨领域的问题中，注重对学生的协作意识、创新能力的培养。

新技术应用能力——随着互联网、大数据、5G 应用技术的发展，社会的各个领域都在不断地更新变化，学生需要掌握新的知识和技能，提升自己获取新知识、拓展新技能的能力。

自我提升能力——注重培养学生自主学习的能力，不断挖掘自身的潜力和价值，为就业实践打下坚实的基础。

（三）课程体系改革

我院以往的建筑类专业的课程体系按知识的逻辑结构组织分为三个层次：基础课、专业基础课和专业课。这一课程体系存在一定的不足，它试图构建一种有纵深的课程结构，但却限制了学生学习知识的广度，使培养的人才存在较大的局限性。关于人才培养方案的优化调整，我们构建了通识教育平台、学科专业教育平台、职业发展平台、创新创业平台、集中实践教学五大平台，通过学分修改、课程分类、加大实践环节比例来丰富和完善现有的课程体系结构。

（四）"产学研用"四位一体的教学模式

学院基于建筑类真题题目将课堂教学与生产实践、科研活动有机结合，依托实践项目开展理论教学和实践教学，使学生在生产实践中得到真实的训练，运用多学科相关知识解决城市问题。在教学过程中确定学生的主体地位，提升学生的课程参与度，实现以教为主导变为以学为主导、以教师为主导转化为以学生为主导、以知识为主导转化为以能力为主导、以学校为主导转向以与企业合作为主导。大胆采用案例教学、开放式教学、启发式教学等方法，为学生创造更多互动交流的平台。

建筑类设计课程采用真题真做，授课教师选择具有实际操作意义的设计题目，有针对性地进行设计类课程的指导，与实践教学基地（校企、校会、校地）共同完成实际项目的设计任务。首先，根据乡镇学院服务地方小城镇发展的特点，选择校地合作的实际项目（辽中区满都户镇总体规划、新民市大红旗镇控制性详细规划）。通过现场踏勘、基础资料收集整理、现状分析、调研报告撰写、方案规划设计、成果汇报等各个环节由学生亲自参与完成，全面锻炼学生从基础调研、方案设计到文字表达、方案汇报全方位的能力。其次，通过与龙头企业合作，选取实践项目为毕业设计（通辽市科尔沁区大林镇大罕站村、四十一号村、爱国村等）和论文提供选题方向，为培养应用型技术技能人才打下坚实的基础。最后，学院与对口企业合作完成生产实践的同时，能够为青年教师提供更广泛的学习实践的平台，教师依托实践课题组建团队，最终实现以实践促教学，以教学促科研，带动建筑类学科专业的发展（图1、图2）。

（五）人才培养模式

1. 构建订单式人才培养模式

乡镇建设学院与企业共同探讨，确立了符合建筑类行业特色的发展方向，成立了产业学院（即乡镇建设学院）。通过建筑类专业"四大特色方向"的构建，能有效对接建筑产业链，使学生在就业前掌握建筑学、城乡规划、风景园林专业的相关基础知识和实践经验。

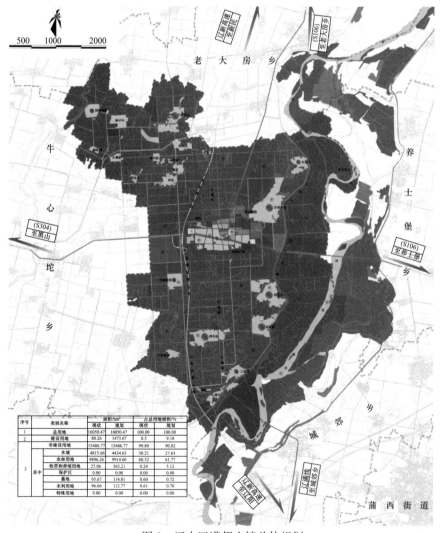

序号	类别名称		面积/hm²		占总用地面积/%	
			现状	规划	现状	规划
1	总用地		16050.47	16050.47	100.00	100.00
2	建设用地		80.26	1473.67	0.5	9.18
3	非建设用地		15486.77	15486.77	99.80	90.82
	其中	水域	4815.66	4434.63	30.21	27.63
		农林用地	9896.26	9914.60	60.52	61.77
		牧草和种植用地	27.06	563.21	0.24	5.12
		保护区	0.00	0.00	0.00	0.00
		墓地	95.67	114.81	0.60	0.72
		未利用地	96.66	112.77	0.61	0.70
		特殊用地	0.00	0.00	0.00	0.00

图1 辽中区满都户镇总体规划

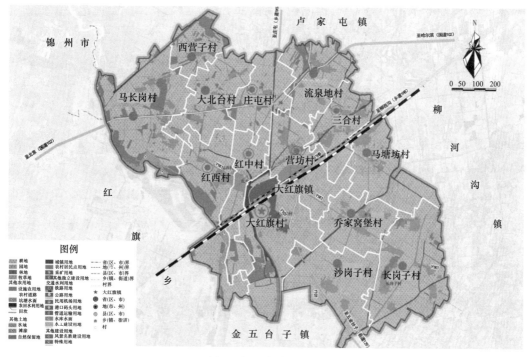

图2 新民市大红旗镇

2019年建筑学专业成立了30人的洲宇订单班（首批试点），构建了"订单式"人才培养模式，以期有效地培养出企业需要的人才。

2. 产教融合、校企联合的创新复合型人才培养模式

实践教学分为设计类课程和企业实习实践两大部分。为了提高学生解决乡镇建设方面实际问题的能力，专业设计类课程的任务90%是真实项目。在企业实践方面，校企合作单位为学生提供实习岗位，在学生实习期间，选择擅长乡镇建设方向的自有教师及企业教师，采用毕设导师负责制，解决学生实习遇到的专业问题，为毕业设计作知识储备。

（六）三大"创新平台"与"产业基地"之间的有机结合机制

1. 产学研联动——共建创新实践平台

培养学生的协同创新能力，为学生提供跨学科、跨领域的创新实践平台。

（1）教学实践基地。我院与多家企业举行了工作室的挂牌仪式，通过建筑设计研究中心、城乡规划设计研究中心、人居环境设计研究所、风景园林设计研究中心四个研究中心，结合专业类实践项目，利用科研支撑教学、教学带动科研的产学研联动机制，为学生提供教学实践平台。

（2）校企联合实践基地。以辽宁省城乡建设规划设计院有限责任公司、辽宁省土木建筑学会历史建筑专业委员会、北京广远工程设计研究院有限公司、四川洲宇华洲建筑设计有限公司沈阳分公司为依托，结合毕业生实习实践环节，与企业共同搭建平台。

（3）校地合作实践基地。以沈阳辽中满都户镇、沈阳市新民大红旗镇为依托，结合课程设计及实践活动共同构建培养平台。

2. 建立市场——共建教学反馈平台

学院与企业建立共同集中讲、评、议制度；强化督导组听课、自有教师与企业教师教学分组制度；强化课堂评价，共建教学反馈平台，有效地管控企业、教师、学生的人才培养方案；健全自有教师进修、培训制度；共建设计类市场合作，实现学校与企业的双赢。

3. 提升自主创新能力——共建网络教学平台

通过超星平台、中国慕课（MOOC）平台、学银在线等课程体系建设，为教师的微课、翻转课堂到云课堂教学的实践探索提供有力支撑。

六、建筑类人才培养的改革方向与实施效果

（一）注重实践教学，建立专业"大"平台培养"应用型"人才

建筑与规划学院面向城乡规划、建筑学、风景园林三类一级学科，形成了以建筑学专业为主，城乡规划、风景园林专业为辅的联动模式，实现了三大学科的相互交叉。在教学中，以专业课为主增大实践类课程比例，建立以乡镇为主要特色的建筑类专业大平台，培养服务地方乡镇建设的"应用型"人才。

（二）面向乡镇特色方向的科研，实现高校企业"互"支撑

学院有着为小城镇建设规划的基础。学院下设的研究中心已完成30余项乡镇特色方向科研项目，项目多次获得国家、省、市级奖项。学院与多个企业深化合作，共建培养人才的平台，实践育人基地，共同开展合作研发等。我们已走进小城镇与乡村，考察其历史文化、建筑特色及原始的村落形态，积极推进乡村建设发展。

（三）服务地方小城镇建设、支撑乡村振兴战略深化落实

学院实现转型升级能更好地面向广阔的城镇、乡村，成为广大城乡居民的社会化、开放式学校，实现"应用型"人才培养目标，为乡村振兴助推提供新模式，为中国乡村振兴方案提供辽沈地区样板和经验。

（四）实施效果

通过2019年建筑学专业洲宇订单式人才培养模式的建立，人才培养质量逐年提高，结合专业的前沿授课，既锻炼了师生，又服务了企业和地方的建设发展。目前，我院共有6届毕业生，遍布全国各地，用人单位反馈良好，多年以来仍保持密切合作，积极有效地促进了产学研用联动模式的发展。

七、结语

　　首先，提出对接建筑产业链的四大特色方向——"地下空间""特色乡镇""历史建筑保护""乡土景观"，对我院建筑类专业人才培养模式转型具有重大的推动作用，对于应用型高校建筑类专业的推广和普及具有重要的引导和借鉴价值。其次，在四大应用技术、三大创新平台、两大培养模式、三大改革方向上提出自己的特色，让同类院校建筑类专业借鉴，更好地服务于地方乡镇建设，实现平台共享。基于人才能力体系的构建，不仅对学生的协同创新能力、新技术应用能力、自我提升能力的培养具有价值，也能使学生得到锻炼提高的机会，对毕业生的就业、企业人才培养具有重要的社会价值和意义。

参考文献

［1］《教育部关于深化本科教育教学改革全面提高人才培养质量的意见》（教高〔2019〕6 号）。

［2］《教育部关于加快建设高水平本科教育全面提高人才培养能力的意见》（教高〔2018〕2 号）。

［3］《国务院办公厅关于深化产教融合的若干意见》（国办发〔2017〕95 号）。

［4］《辽宁省教育厅关于加快建设高水平本科教育全面提高人才培养能力的实施意见》（辽教发〔2019〕10 号）。

［5］教育部高等学校教学指导委员会. 普通高等学校本科专业类教学质量国家标准（上下册）［S］. 北京：高等教育出版社，2018.

［6］杨贵庆，等. 黄岩实践：美丽乡村规划建设探索［M］. 上海：同济大学出版社，2015：5.

［7］胡晓海，荣丽华，郭丽霞，等. 边疆少数民族地区城乡规划专业申建体认［C］. 高等学校城乡规划学科专业指导委员会，内蒙古工业大学建筑学院. 地域 民族 特色：2017 中国高等学校城乡规划教育年会论文集. 北京：中国建筑工业出版社，2017.

［8］任云英，龙涛，张沛，等. 创新理念·创新教学·创新平台：城乡规划一流专业建设的创新教学模式反思［C］. 高等学校城乡规划学科专业指导委员会，内蒙古工业大学建筑学院. 地域 民族 特色：2017 中国高等学校城乡规划教育年会论文集. 北京：中国建筑工业出版社，2017.

基于能力培养的城市规划原理课程教学
模式改革研究与实践

杨宇楠、吉燕宁

摘要： 本研究针对城乡规划专业城市规划原理教学过程中面临的问题，以培养应用型人才为根本目的，结合我校城乡规划专业人才培养方案展开教材体系和教学方法改革研究，其中包括创新案例教学、实践教学和讨论式教学等研究。这对于探索和完善城乡规划专业城市规划原理教材体系，改进教学方法具有重要理论意义；对于提高学生的学习兴趣、教学效果和教学质量、课时利用率、学生分析问题和解决问题的能力等，都具有重要的现实意义。

关键词： 能力培养；城市规划原理；教学模式

一、研究背景

（一）研究目的

"城乡规划原理"课程是城乡规划专业的主干课程之一，结构上具有承上启下的重要作用。本课程使学生了解并初步掌握城市规划基本原理和方法，为学生进行城市总体规划、详细规划、专项规划等方面的实操奠定坚实的理论基础。从对城乡规划的整体理解上建立起城市规划的概念、过程、思想和方法的体系，同时也是城乡规划专业实践的理论基础。通过对本课程的学习，使学生对城乡规划的概念和思想有全面的了解，树立起城市规划工作的正确观点；掌握城市总体规划过程中具体工作的原理，运用规划理论和知识进行综合分析的能力以及调查、预测、分析和规划的基本方法和技术；熟悉并遵守、应用国家有关法规、规范等进行规划设计。

（二）研究意义

"城乡规划原理"作为城乡规划专业理论的核心课程，内容扩展迅猛，知识难度不断增大，传统的教学存在教学力量偏弱、课程研讨不够、研究性和前沿性不足等问题。为适应学科发展，提升学生的能力，课程教学改革势在必行。

二、研究解决的主要问题

由于原有课程的教学模式不能适应当前应用型人才培养模式的需求，以"教"为主的单向教学方法导致学生缺乏分析和综合解决问题的能力。现在的城乡规划教育中注重实践而忽视理论课学习的现象很普遍，在对我校城乡规划专业学生的调研过程中发现，在理论课程与实践课程之间，学生往往被实践课程的丰富性、趣味性和易于理解掌握所吸引，而忽视基础理论课程的学习，极大地影响了对学生应用能力的培养，继而导致大量毕业生能力缺失。目前，城乡规划原理课程教学内容存在陈旧、单一的问题，教学内容深度不够，知识面窄，学生难以提高学习兴趣，缺乏创新，且对国内外规划新理论涉及较少。通过研究，形成了课程"4321"模式的核心改革目标：四个转变，三个规范，两个整合，一个目标。

四个转变：理念转变——以小城镇特色理念为核心转变课程体系；教授方式转变——从以教为中心转变为以学生主动学为中心；模式转变——教学手段和方法由单一转向多层次；考核方式转变——应试型转变为应用型。

三个规范：规范教学大纲，规范教学日历，规范教案。

两个整合：整合社会资源、校企合作资源。

一个目标：以应用能力、创新能力提升为目标。

三、研究的主要内容

（一）培养研究性学习的能力

在授课中培养研究性学习的能力，为后面的专业课学习打好基础。在教学中采取引导性教学的方法，根据授课内容有针对性地设置一些问题，但并不是马上告诉学生答案而是给学生参考书目或者提供一些渠道要求学生自己去寻找答案，学生在寻找答案的过程中逐步养成主动思考和积极思考的学习习惯，提高具体问题具体分析的学习能力。在授课中强调案例式教学，用比较直观的以及感性的方式将原本生硬的理论知识深入浅出地传授给学生。在案例教学中，设置学生对城市规划问题进行理性评价的环节，或者将学生分组对案例中的问题进行讨论，在讨论中深化对于知识的认识，大胆地质疑，强化多角度的思维方式以及创新精神，从而培养学生的专业分析能力和综合思维能力。

社会调研是规划设计常见的工作内容。这方面能力的培养是低年级学生进入高年级设计专业课学习所必需的能力储备。在"城乡规划原理"课程的"城市规划的调查研究"这一章节中，对当前城市规划热点问题进行分析，引导学生思考解决问题的途径，将学生分成若干小组，要求每组学生设计一个城市规划相关的社会调查题目，并进行小组讨论，列出社会调查提纲，设计社会调查问卷并做好调研准备。然后，根据学生的题目，带领学生到不同的现场进行调查，调查的方式可以有观察、拍照、访谈、问卷等，引导学生根据所观察及了解到的实际情况进行思考，现场调研后，再根据调查结果查找相关资料，总结调研过程，提出解决问题的方法。在整个过程中，培养学生主动发现问题的能力，引导学生对于社会问题进行深入的研究，使学生具备分析、解决城市问题的初步技能。

（二）优化城市规划原理课程体系

如何在有限的课时内完成教学任务，尽可能地让学生深化记忆，最为关键的是优化、归纳课程的内容体系。本课程使用的是吴志强、李德华教授编写的《城市规划原理（第四版）》，该书是城乡规划原理课程最为普及的教材，涉及内容繁多，有 120 万字，包括 5 篇共 22 章节。按照现行的 56 课时，除去完全省略的 4 章内容，其余内容平均每章授课不足 1.8 课时。这意味着每章内容只能走马观花地介绍、讲解一遍就没有时间了。于是，在课时固定不变的现状下，该课程教学内容只能大幅缩减。一门课下来，大半本书都没有涉及的情况屡见不鲜。首先，作为教师充分把握课程的结构体系，明晰课程内容，将知识点归纳成前后联系的清晰主线。其次，对课程内容进一步精练，使得重点更为突出，促进规划原理与其他专业课程的融会贯通，有助于学生对于核心内容的把握，同时展示出规划原理课程在其他专业课程中的重要作用。再次，结合城市规划的公共政策属性，在原有经典内容的基础上，与时俱进地穿插现阶段的热点问题、热门技术，使得讲授内容更贴近现实，提高内容的生动趣味性。

为了更好地提升教学效果，解决课程建设中存在的问题，在教学实践中，首先优化城乡规划原理课程结构，及时更新课程内容，树立"重理论、常实践"的新型教学模式，在理论与实践的结合中提高授课效率。通过上述优化使得学生意识到"城乡规划原理"的重要性，从而在思想上更为重视，明晰其在专业学习中的重要作用。调动学生学习的积极性，促进师生间的互动，改变填鸭式教学，以课程讲授中的融会贯通为起点，引导和鼓励学生钻研相关课程内容，让学生切身体验到城市空间的规划，将繁杂的理论与生动的城市有机结合，深入理解规划原理在专业课上的应用，这有利于对规划基础知识的掌握，提升学生对课程的认同感。在明晰课程最新动态的基础上，督促学生加强课前预习、课后复习，增加课外知识的积累量，扩大知识面。优化城乡规划原理课程体系，是深化课程建设的关键。同时，要及时更新"城乡规划原理"课程内容。将理论与实践有机结合，给学生指明学习方向，帮助其了解城市规划的重要意义，促进城乡规划原理课程的发展与改革。

（三）融入思政元素

城乡规划原理课程具有学科综合交叉性强、教学内容和知识点多、理论性和时政性强等基本特点。课程的教学目的是培养学生运用城乡规划的基本理论、方法和原则进行城乡规划和研究的能力，为将来工作奠定基础。保障社会公共利益、保护弱势群体、协调社会利益、维护社会公平是城乡规划师的重要职责。因此，在城乡规划原理课程的教学中融入思政元素非常必要，契合点也很多，在进行课程思政建设时应实现专业知识和思政教育的有机结合。在能力培养的同时融入思政的元素，让学生树立科学正确的城市规划价值观，激发学生的爱国主义情怀和民族自豪感。

（四）创新教学方法

创新教学方法，是深化城乡规划原理课程思政教学的保证。

第一，引入启发式教学。采用多种方式启发学生思考城乡规划、设计问题。把做人做事的道理、社会主义核心价值观的要求、实现民族复兴的理想和责任融入课程教学，提升学生学习积极性。

第二，引入参与式教学。要落实"以学生为本"的理念，鼓励学生勇于提出自己的意见，调动学生参与城乡规划原理讨论的主动性、创造性，促使学生由被动转变为主动，培养学生分析、解决问题的能力。

第三，引入互动式教学。在班级内划分不同的小组，组织学生对城市规划方面的热点现象进行讨论或者辩论，锻炼学生的发散性思维，从专业的角度阐明道理，提升学生的价值判断和理性思维，促使学生在相互学习的过程中提升自身能力，从而拓展教学的深度。

课程思政教学改革的成效通过问卷调查、作业反馈、学业成绩、过程性评价、评教、教学竞赛等方面体现出来。首先，教师能够积极主动地建设课程思政，将课程思政建设与教育教学改革紧密结合，在课程思政建设中提高自己的能力和水平，深入挖掘课程的思想政治教育资源，使课程的教学设计符合课程思政的理念，能够将教学内容和思想政治教育的内容相融合。其次，在学生层面，激发学生爱国、爱党之情，使之能够自觉地践行社会主义核心价值观，能够准确地理解专业的职业精神和职业规范，从而提高学生的政治素质和思想道德素质。

（五）细化考核方式

成果导向教育（OBE）理念下，城乡规划原理课程评价应改变单一的评价模式，立足于学生的发展需要，根据课程教学内容、人才培养目标，构建动态性、阶段性评价模式，以评价感染、鼓励学生，促进学生取得学习上的进步。例如教师在评价学生时，以一堂课程教学为主，不仅注重对学生理论知识的评价，还应注重对学生应用能力、知识运用能力的评价，立足于学生的实际情况，通过评价，让学生知晓自身不足之处，引导学生通过学习弥补、提升自身专业素养。教师采取多元化评价方法，改变应试教育评价方式，注重学生多方面的发展，增强学生的社会应用能力，进而促进学生更好地为社会发展服务。

四、今后的研究设想

随着2022年版人才培养方案的更新，在建筑类专业（建筑学专业、城乡规划专业、风景园林专业）中设置平台课程——"城乡规划原理"课程，针对不同专业、不同年级、不同培养目标等情况，优化课程结构，重点培养学生的专业竞争力和应用能力，激发学生的创新能力，培养学生的分析研究能力。以应用型人才培养为核心，拟定模块化教学大纲，并进行教学实践。将城乡规划原理课程按知识单元进行模块化处理，形成"节点、单元、模块"的立体化知识体系，将课程模块化、知识要点集群化、能力培养系列化、教学组织机动化。持续更新城乡规划原理课程思政教学方案，继续构建融入思政元素的课程教学内容体系。在课程的教学过程中开展基于思想政治的案例式教学，加强学生思想政治观念的培养。

针对上述问题，结合建筑类三个专业的特点和培养目标，提出了本课程未来的研究目标：

（1）深入分析建筑类各专业的特点，发挥专业群长效学习优势，课程联合教学，更好地完成各个专业的培养目标，将知识单元进行模块化处理。

（2）系统化教学，提高专业理论课程的应用性，以符合应用型本科院校的人才培养模式。根据课程体系，提出教学要求，根据教学要求，选取教学内容、教学方法、教学考核等，重视学生应用能力的培养，进而促进学生更好地就业。

（3）优化课程结构，突出重点，针对难点，横向统一授课内容，纵向延伸适于本专业的内容层次。

五、结语

通过此次改革，完成了 2017 级至 2019 级城乡规划专业的"城乡规划原理"课程的教学任务，课后进行的网上评教、课程评价及问卷调查表明，课程改革取得了很好的教学效果，同学们认为在上课过程中，老师结合课程内容选取了一些规划案例图片进行分析讨论，这种教学方式很好，既能活跃课堂氛围，又能较好地帮助理解理论知识。融合了 PPT 展示、视频观看和典型案例分析的课堂更具有吸引力；结合社会调查、现场调研，讨论当前城市规划热点问题对城市规划原理更有意义。此外，根据本学科实践性强的特点，迫切需要提升本专业学生的应用能力，使学生能够更好地应对今后工作的需要，学生们也希望有更多的机会了解规划的实际操作。因为在教学过程中，通过对个别案例的介绍，他们意识到了转型时期城乡规划问题的复杂性。

参考文献

[1] 王燕，周旭，王峰. 思政教育在"城乡规划概论"课程教学中的研究与实践 [J]. 教育现代化，2019 (67)：150-151.

[2] 金昌宁. 现代城市规划理论的教学方法探讨 [J]. 科技创新导报，2012 (32)：139.

[3] 陈丽. 基于课程思政的城市规划原理课程改革探讨 [J]. 盐城师范学院学报（人文社科版），2019, 39 (6)：113-116.

[4] 吴志强，李德华. 城市规划原理 [M]. 4 版. 北京：中国建筑工业出版社，2019.

辽宁省一流课程建设的探索与实践
——以"城乡规划与设计2"为例

钟鑫、吉燕宁

摘要："城乡规划设计2"是城乡规划专业学生掌握规划知识体系的重要课程，学生需具备规划设计项目编制能力和团队合作、汇报与交流的能力。学生之间相互促进，以提升学习的积极性，最终达到培养具备坚实的城乡规划设计基础理论知识与应用实践能力，富有社会责任感、团队精神和创新思维，具有可持续发展和文化传承理念及法律意识，在专业规划编制单位、管理机关从事城乡规划设计、开发与管理等工作的应用型、技术技能型人才的教学目标。

关键词：教学改革；乡镇控规；实践教学

一、课程建设目的与意义

根据"城乡规划设计2"课程内容与城乡规划专业的毕业要求间的匹配关系，该课程学习是专业学生掌握规划知识体系的重要环节，在课程建设中，学生需具备规划设计项目编制能力和团队合作、汇报与交流的能力。通过课内辅导点评与课外自主创新相结合的教学方法，搭建多途径平台，形成师生间课内、课外的互动，由此实现"城乡规划设计2"课程的实际教学。

城乡规划专业人才培养方案第一阶段为2010—2015年，以设计技能为核心，逐步提升设计实践课时占比；第二阶段为2016—2017年，以设计课为中心，形成"中心围绕式"课程体系；2018年，在国家提出国土空间规划和成立自然资源部等背景下将人才培养方案调整为区域协调发展规划方向、乡镇空间详细规划设计方向。

在城乡规划专业人才培养方案中，共包含10门设计课（含2个建筑设计、4个规划设计、1个交通设计、1个城市设计、1个景观设计、1个场地设计，共960学时，占总体课程的35%），以"城乡规划设计2"作为省级一流课进行实践、推广，推动整个设计类课程的产学研一体化发展。

省级一流课程建设项目是一个多元素的整体，整体中的各个元素具有差异性，各元素间既是相互合作又是相互竞争的关系。同一课程在不同高校，其培养目标、教师的教学方式、学生的学习基础等都存在差异，我们在课程的合作共建中，应充分利用这种差异，合理分工，利用各校的优势特色，发挥各自的长处，彼此互补共生。省级一流课程建设是一个不断融合各种优质教育资源的过程，参与省级一流课程建设的各方存在差异，而存在差异的各方要共生，就必须相互融合。这个融合的过程既是进行差异互补的过程，也是保持特色和产生新的差异的过程。省级一流课程的建设既要广泛地吸收不同高校教师的宝贵教学经验，积极整合各个高校的优秀教改成果，又要认识到优质资源的融合过程不是简单的照搬照抄，而是优势互补，保留特色的融合。

二、师资队伍建设

应用型本科省级一流课程的主讲教师一定是授课经验丰富，实践、科研经验丰富的教师，并且要形成一支结构合理的教学梯队。通过多年的课程建设，目前本课程教学组理论课主讲教师共 7 人，其中有教授 1 人、副教授 2 人、副高级工程师 2 人、校优秀教师 1 人、校骨干教师 1 人。设计指导教师都是具有工程经验的双师型人才，其中 2 人具有国家注册城市规划师资格，并且通过校企合作，规划院设计部门具有一定理论功底和丰富实践经验的兼职教师参与了课程设计指导。今后将通过不断引进和改善现有教师的学历、职称结构，加强非学历的业务素质培养，提高科研能力与教学水平，建设一支能适应本课程教学的"专兼结合"的师资队伍。

三、教学内容改革和课程体系改革

（一）教学内容改革

1. 以学生设计能力为重心调整教学内容

在课程项目的启动阶段增加案例评析，实现从理论知识到工程项目实践的过渡；将理论课 16 学时分为 5 次授课，项目开展后以专题的形式增加产业发展分析、定位及策略分析，融入现状分析与规划设计的衔接环节。每一个设计环节理论先行。

在规划方案阶段，增加对用地布局与容量控制的分析论证；在控规图则的编制阶段，增加地块城市设计，直观理解控制指标确定与城市设计间的动态修正。

2. 结合国家社会经济发展形势，创新课程教学内容

"城乡规划设计 2"课程内容是随着国家的政策、社会经济形势发展而不断变化的，处在重大转型期的"城乡规划设计 2"课程，面临的问题较多，内容变化很快。本课程组紧跟时代，不断创新课程教学内容，如美丽乡村、特色小镇、乡镇控规等。

3. 基于我院"应用型"培养目标的指导调整教学内容

我校城乡规划专业通过对人才培养计划、教学大纲、教学日历的调整，把"城乡规划设计 2"的授课内容主要规划为两大部分：总体理论部分和总体城市设计部分，便于学生的理解、掌握和应用。

1）总体理论部分——调整调研时间、加大实践学时

经过调整后，总体理论部分的授课内容主要针对控规的课程细化为五个板块，通过阶段性的调整让学生快速地掌握规划设计的基本理论和方法。第一个板块是"城乡规划设计 2"的理论讲授及前期资料收集，第二个板块是现状图的绘制，第三个板块是现场调研，第四个板块是规划方案的制定，第五个板块是图则的绘制及文本的撰写等。

第四个板块的现场调研安排在控规设计的第四周,学生分组进行实地考察。城乡规划专业以往的调研安排都设置在设计课程的第一周的第二次课,经过调整,把调研时间后置,可加深学生对项目的了解和熟悉。通过第二周的现状图绘制和第三周的调研前期准备可以使学生对项目现状和地形有一个初步的了解,带着问题去调研,有的放矢地进行考察,加深学生对项目课程的理解,知道如何去做,怎么去做,带着问题去思考。

同时,增加大设计类课程的实践学时,由原来的"一周集中周+一周专业考查"增加到现在的"一周集中周+一周专业考查+一周现场调研"共三周时间。调整后,更注重培养学生"应用型"和"实践型"的能力。

2)理论授课课程分解

以往的设计课都是在第一节课上概括讲述课,然后在专业教室针对课程进度和任务书进行各个阶段的成果绘制。但是在实际的授课过程中会发现,学生们在每个阶段都会遇到一定的问题,这种情况有的是个案,有的是通病,当遇到多数同学都存在疑问的时候,就需要有针对性地集中来解决问题,因此,在这一阶段就有必要再进行一次讲述。综上,在今后设计课程的讲授过程中,教研室拟将授课分为五次:

(1)综合性的理论课讲述

综合性的理论讲述的主要内容是总体规划理论的介绍,整个规划体系的梳理以及我们这门课的重点、难点,需要注意和解决的问题等。

(2)土地利用规划图绘制完成之前

因为这门课有实习实践环节,而且这次的实践环节不同于以往的任何设计课,可以说是本专业学生完全接触到规划层面的一次实践,所以就需要各位授课教师在这一阶段跟学生们交代清楚实习实践、现场调研都应该注意哪些问题,调研的对象和收集的资料有哪些,以保证学生们有的放矢,带着目标去学习。让学生们对现状有充分的认识和了解,会对设计过程有很大的帮助。

(3)说明书及文本编写之前

这门课不同于以往之处还在于,以往的设计课只是写一个几百字的设计说明就可以了,但是此次设计课需要同学们完成设计说明书及文本的编写工作,无论是在工作量、写作格式、写作内容、写作技巧还是逻辑顺序方面都有着很严格的要求,因此在完成此项任务之前也需要授课教师针对这一部分的内容进行讲述。同时,为了能给毕业设计打下一个良好的基础,可以参考《沈阳城市建设学院毕业论文写作格式要求》来对同学们进行约束和规范,以保证今后写作的规范性。

(4)市政基础设施布置之前

学生在土地利用规划图确定之后,聘请专业的市政工程师到课堂上进行专题的讲座,使学生们能够在市政设施的布局上有一个系统且专业的了解和掌握,以更好地进行市政综合管网的规划设计,为学生在真空项目中熟练掌握市政工程管线布局打下良好的理论与实践基础。

(5)城市设计总平面绘制之前

针对纯讲述类的课程,没能做到理论实践相结合,因此,在本门课程中的城市设计环节，应该再为同学们讲述一次城市设计理论，使其有一个比较系统的复习和熟悉过程，这次讲述不但是对理论的回顾，还应该将总体规划和城市设计的关系梳理清楚，明确二者之间是相互依存、相互校核还是相互制约等。

省级一流课程内容应体现科学性、先进性，要反映本学科领域的最新科技成果，并适应应用型人才培养的需求。本课程教学内容应充分体现应用型本科的特点，要处理好本门课程内容建设与系列课程的关系，通过"产学研"结合不断创新"城乡规划设计 2"的教学内容；采用国家级最新的优秀教材，并结合注册规划师制度，调整、补充大量密切联系行业形势与体现时代特点的新内容。

（二）总体课程体系安排

"城乡规划设计 2"是城乡规划课程体系中的专业教育必修课，是城乡规划专业设计核心课。本课程体系中的选修课程为住宅区修建性详细规划、城乡道路与交通规划、城市设计概论。"城乡规划设计 2"课程的教学内容具有承上启下的作用，使核心课程间相互渗透，相互促进，能够针对人才培养方案中的要求，提高学生的知识结构、能力结构及素质结构。

2018 级、2019 级两届学生使用的是 2016 年的人才培养方案，具体课程设置如图 1所示。

四、实践环节教学建设

（一）依托产业学院实践基地

实践教学基地是学校开展创新性实践教学的重要平台。校方与相关的乡镇建立长期有效的合作关系，可以达到"互惠互利"的效果。通过校外实践教学基地的建设，有利于提高师资队伍水平，丰富实践教学内容，提升学生素质，使学生更早地认识到城乡规划学科的本质和未来工作的方向，有利于学生形成更成熟的设计观和实用性更强的设计手法，扩大校企双方的知名度与影响力，促进学校与社会的沟通交流，提升学校开放性教学的效果。

2019 年课程：依托产业学院服务地方，完成《新民市大红旗镇城乡规划设计》。主要完成内容如下：

（1）探索乡村振兴的大背景下新民市新城、镇、乡村规划的新方法、新方向，对现状村镇体系规划进行补充和完善。

（2）通过对产业、功能、文化、旅游、空间等规划现状进行研究，为探索新民市域镇总体规划及乡村建设规划策略提供思路。

（3）助力新民市大红旗镇规划编制实施和落地。

未来课程建设也会更多地采取这种形式，将理论落实于实践之中，与辽宁省多个乡镇建立长期的合作关系，更贴合"应用型"人才培养的目标，使学生更好地了解学科特点，将所学知识转化为设计成果。

周次	课次	教学内容摘要	新增内容摘要	教学重点、难点	授课方式（讲授、自学）	教学手段	学时	作业及测验	参考书
1	1	城市规划理论	城市规划资料调查研究	理论构建、收集资料	讲授、讨论	多媒体、图片、投影	4	收集资料：书籍、文章、法律、法规、规范、标准	
	2	控规案例分析	文本大纲学习	现场探勘、地形图的认知	案例借鉴、讨论	交流、案例借鉴	4	画用地现状图、规范、学习控规软件	
2	3	现状图问题分析	规范学习《城市用地分类》	用地分类、软件使用	讲授、评析	多媒体或图片	4	继续用地现状图	
	4	现状用地汇总表	学生打印现状图	现状分析	讨论、指导	多媒体或图片	4	现状分析	
3	5	用地现状图完成	居住密度分析	图纸	讲授、讨论	图片	4	图纸	
	6	调研准备	调研报告写作提纲	文字	讲授、讨论	多媒体或图片	4	文字	
4	7	现场调研		识图	实践	现场勘察	4	修改现状图	
	8	资料或现场调研	调研报告	调研提纲	实践	资料调研	4	调研报告	(1)《城市设计》
5	9	区位分析、用地规划	草图绘制	道路结构	讲授、讨论	多媒体或图片	4	分析图、用地规划	(2)《城市道路规划与设计》
	10	道路交通规划、用地规划	方案推敲	规划原则	改图、讨论	案例借鉴	4	道路规划、用地规划	
6	11	道路交通规划、用地规划细化	方案深化、打印	规划方法	改图、讨论	图片	4	道路规划、用地规划	(3)《场地设计》
	12	道路交通规划、用地规划	修改用地规划图	用地规划原则	指导、讨论	图片	4	道路规划、用地规划	(4)《城市道路交通规划设计规范》
7	13	总图图则	控规单元	指标确定原则	讲授、讨论	多媒体、图片	4	分图图则	
	14	分图图则		指标确定原则	讨论、改图	多媒体、图片	4	分图图则	
8	15	城市设计	画结构	总体结构	案例借鉴	图片	4	城市设计	
	16	城市设计	类学原则	总体结构	示范	图片	4	城市设计	(5)《城市居住区规划设计规范》
9	17	城市设计	分区绘制	分区绘制	案例借鉴	多媒体、图片	4	城市设计	
	18	城市设计	分块绘制	分区绘制	示范	多媒体、图片、投影	4	城市设计	
10	19	城市设计与控规指标校核	指标校核	城市设计与指标关系	讲授、评析	图片	4	城市设计与控规指标校核	
	20	城市设计与控规指标校核	指标校核	城市设计与指标关系	讨论、指导	评图	4	城市设计与控规指标校核	
11	21	规划文本及正图制作	文本书写	规范文字	讲授、讨论	图片	4	改图、文本、说明书	
	22	规划文本及正图制作	说明书书写	规范文字	讨论	图片	4	改图、文本、说明书	
12	23	规划文本及正图制作	总图制图标准	规范制图	讨论、指导	图片	4	改图、文本、说明书	
	24	规划文本及正图制作，交图	总图制图标准	规范制图	指导、讨论	讨论	4	改图、文本、说明书	
13	25	评文本总结、修改		书写规范	讲授、讨论	图片	4	改图、文本、说明书	
	26	评文本总结、修改	《规划细则学习》	书写规范	指导、讨论	图片	4	改图、文本、说明书	
14	27	评说明书总结、修改	《规划细则学习》	书写规范	讲授、讨论	讨论、图片示范	4	改图、文本、说明书	
	28	评说明书总结、修改	《规划细则学习》	书写规范	指导、讨论	图片	4	改图、文本、说明书	
15	29	评图总结、修改		规范制图	讲授、讨论	图片	4	改图、文本、说明书	
	30	评图总结、修改		规范制图	讨论、改图	图片	4	改图、文本、说明书	
16	31	改图、文本、说明书		规范制图	改图	图片	4	改图、文本、说明书	
	32	改图、文本、说明书，交图		书写规范	讲授、改文字	示范	4		
17		城市规划设计集中周（评图、交流、专业前沿展望）	专业前沿展望	图纸、文本、说明书	讲授、讨论、改图		1周	假期专业书籍阅读并写读后感、画速写	

图1　课程设置

2022 年依托产业学院完成《沈阳市苏家屯区永乐街道控制性详细规划》。

（二）依托校企合作基地

增加规划专业设计公司合作基地建设数量，做到一个专业教师有一个专业设计实践基地，深化教学与实践。校企合作是一种注重人才培养质量，注重学校与企业资源、信息共享的"双赢"模式，可以有针对性地为企业培养人才，注重人才的实用性与实效性。

2020 年与校企合作单位辽宁省城乡建设规划设计院有限责任公司合作完成《盘锦市大洼区中心城区城乡规划设计》。

（三）积极开展学科竞赛

鼓励学生、团队青年教师积极参与高水平的学科竞赛和实际的工程项目招标。通过对青年教师的选拔，激发青年教师和学生的工作和专业学习的热忱与积极性，未来学院将持续大力推进学科竞赛工作，在 2018 年、2020 年的人才培养方案的制定上，我们将结合学科竞赛，提前安排相对应的课程，以增加教师、学生参赛的人数和尽早做充足的准备。

五、课程网站建设与校企合作教学

课程网站建设内容包括：门户建设、课程内容建设、参考资料及优秀案例上传、讨论活动以及作业布置。做到每节课授课过程及内容网络全覆盖，方便学生复习和预习。

课程设置中安排若干评图环节，开展充分的方案讨论和辩论，形成师生之间、学生与企业之间以及学生之间有效的交流，训练学生的综合表达及交往能力。通过与设计院实习、实践、设计的联合，激发团队青年教师的教学热情，培养学生的专业实践能力，尽早适应社会发展的需要，为以后的工作学习打下扎实的基础。

六、教学方法与手段

在"城乡规划设计 2"课程的教学方法改革中，变被动为主动，探索适合"城乡规划设计 2"课程的教学方法，激发学生的主动性和创造性。采用多媒体与网络教学手段，结合案例教学法、探究式问题学习法、教学研讨法、多途径教学互动法、混合授课法，将多种方法综合应用到课程教学中。

改革注重学生的学习情景、合作与交流，发挥了学生的主体作用，收到了较好的效果。在设计课的教学中，结合生产项目，建立社会大课堂教学、模拟式教学和研究性教学等指导方法，很好地培养了学生发现问题、分析解决问题的能力和工程素养。

七、课程考核

（一）课程考核方式改革

1. 以学生为主体，从"知识"与"能力"两个层面确定教学目标

"城乡规划设计2"是专业学生掌握规划知识体系的重要课程，是使学生具备规划设计项目编制能力的核心教学内容。因此，把本课程的教学目标分解为知识目标与能力目标两个层面，以知识目标为基础，以能力目标为导向。

K：知识目标。

K1：掌握城乡规划设计的工作内容、程序和编制方法；

K2：掌握城乡规划设计成果的完整和正确的表达方法。

A：能力目标。

A1：建立对城乡规划设计项目的认知和理解能力；

A2：提升城乡规划设计层面发现、分析和解决问题的能力；

A3：掌握并灵活运用城乡规划的控制指标体系；

A4：提高口头表达、汇报与交流的能力；

A5：增强团队协作的能力。

2. 根据课程教学目标，以"菜单"形式列出教学方法

M：教学方法。

M1 案例教学法：把案例作为理论和项目实践之间的衔接，通过对案例的分析提炼出理论知识点。

M2 探究式问题学习法：变被动为主动，课内辅导点评与课外自主创新相结合，教师课内辅导的立足点在于点出问题、启发设计创新点，课外自主创新是学生学习的主体。每一次课，教师都应结合课程进度和下一次课程的主题有引导性地留给学生课下思考的问题。

M3 教学研讨法：鼓励学生多说多议，学教互动，常规讨论与阶段集中汇报相结合，常规讨论采取一位教师对应一个设计小组的方式；集中汇报分阶段共安排 4 次，注意提升学生的表达能力和汇报中对结构和重点的把握以及对时间的控制能力。

M4 多途径教学互动法：搭建多途径平台，实现师生间课内、课外的互动，综合利用 QQ、微信、公众号等软件。

M5 混合授课法：增强与其他高校、规划设计院等的校际、院际合作，拓展和利用校外的资源。

3. 以"板块"模式整合教学内容，分别选择教学方法

控制体系与城市设计板块，包括控规指标体系、图则、城市设计理论讲解、核心地块城市设计、相对应的规划成果制作（图则、城市设计图纸、文本、说明书）等内容。对应教学目标 K1、K2、A3、A4、A5，选择教学方法 M2、M3、M4、M5。本阶段采取多元化教师团队混合授课的方式，联合城市设计方向的教师介入

核心地块城市设计的指导。本阶段增加各设计小组成员间的互评和自评,互评是图则及城市设计部分工作的相互评价,自评是针对自身在控制指标和建筑形态控制的互动中的学习成效的自我评价。控制体系与城市设计阶段安排第四次最终成果的集中汇报,外聘知名规划设计院的总工或资深设计人员,直接参与学生最终设计成果的点评(图2)。

4. 以动态客观为导向,改革课程教学的考核方式

在现有的考核评价内容的基础上,增设学生之间的互评和自评,并动态贯穿整个课程,由此可以起到学生之间相互促进的作用,提升学生学习的积极性。强化过程控制,弱化最终成果,采用"3-3-4"的考核评价方式,课堂表现与平时阶段的作业占比30%(教师评定),课外自主创新与团队分工协作占比30%(学生互评和自评),"城乡规划设计2"的最终成果占比40%(教师评定)。

(二)动态评价体系建立

授课过程中增加对教学和学生学习效果的评价,采用多种手段评价教学效果,建立持续改进的教学效果评价制度。在每次课程的开设期间,通过学生互评和自评的方式,有针对性地了解学生在具体的学习内容、特定能力提升方面的进步情况。对已学习过"城乡规划设计2"课程的在校生和历届毕业生展开调研,动态收集历次课程开设时学生在学习中遇到的问题,听取学生反馈的意见和建议。

八、取得的主要成效及特色

(一)以提高学生综合素质和设计能力为重心的教学内容

教学内容的设置打破以成果为导向的板块划分,强化基于论证的过程导出成果,提高分析论证环节的比重,降低内容性成果环节的比重,锻炼创新能力与分析能力。

(二)以师生互评为主的特色考核体系

建立多元化的考核体系,转变以教师为单一主体的评价模式,引入教师考评与学生自评相结合的方式,让学生也成为评价的主体。在传统的过程评价与终期评价相结合的基础上,进一步关注学生在平时学习中的形成性成绩,关注学生学习成绩的取得以及进步情况,关注对学生的课程学习的总结性评价,并促进设计小组内部成员间的协作分工。

(三)将"校企合作"纳入省级一流课程教学中

当代高校越来越提倡培养"应用型"人才,致力于将实践融入课堂,利用调研、实地勘测等方式,使学生更多地接触书本外的知识,而不仅仅停留在理论的层面,并采取与企业合作的方式,使学生更早地认识到城乡规划学科的本质和未来工作的方向,有利于学生形成更成熟的设计观和实用性更强的设计手法。

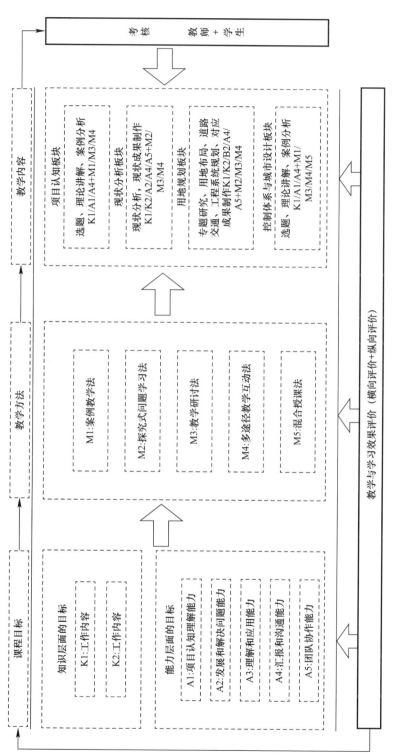

图 2　课程考核

我校应更多地采取这种形式，将理论落实于实践之中，更贴合"应用型"人才培养目标，使学生更好地了解学科特点，将所学知识转化为设计成果，也能与未来的工作更顺畅地衔接。

（四）利用新型技术为课堂注入活力

在信息化发展迅速的当下，教学方式也越来越趋于多样化，学生的学习模式、作息习惯更加灵活多变，知识结构更加繁复，而利用网络 APP、信息技术、GIS 技术、虚拟体验等技术的教学组织模式能使课堂更加直观化，教学内容更加丰富多彩，激发学生的学习兴趣，更有助于学生对课程设计的理解和掌握。

九、结语

课程是教学体系的基本单元，是人才培养的重要载体。课程建设更重要的作用是作为师生联系和交往的纽带，是实现教育目的、培养人才的基本保障。因此，高质量的一流课程建设更关系着学生的思维发展、能力培养和品格养成，建设一流课程是高校课程建设的重中之重。

参考文献

[1] 吕静，公寒. 基于创新性能力培养的建筑学专业教学体系改革与实践研究：以吉林建筑大学为例 [J]. 高等建筑教育，2019（6）：55-62.

[2] 陈翔，等. 课程教学质量评价体系重构与"金课"建设 [J]. 中国大学教学，2019（5）：43-48.

[3] 董杰，马曙晓. 基于 CDIO 教育理念的城市规划专业改革的思考 [J]. 山西建筑，2012（35）：264-265.

[4] 夏宏嘉，李冬梅，张卓. 基于 CDIO 模式的城市规划专业实践教学改革 [J]. 山西建筑，2012（5）：270-271.

[5] 曹诗怡，龚岚."互联网＋"背景下城乡规划专业设计类课程教学模式探索 [J]. 中国教育信息化，2019（2）：46-48.

[6] 刘淑虎，林兆武，樊海强，等. 多元主体参与的情境化评图模式探析：以城乡规划专业高年级设计类课程为例 [J]. 城乡规划，2020（6）：106-112.

构建"应用型"城乡规划专业设计类课程体系

吉燕宁、朱林

摘要： 在城乡规划应用型新内涵的背景下，我校城乡规划专业是以"应用型"培养目标为指导的重点学科，我校城乡规划专业的设计类课程主要以真题真做的模式进行改革、探索，在应用型、技术技能型人才培养模式的指导下，将新的课程体系纳入设计类课程的教学中，对相关课程的内容进行改革。本文对当下城乡规划专业的课程体系构建中存在的问题和解决措施进行了分析，结合实际工程类项目的教学成果和教学成效等方面对相关的改革和创新进行了研究，对未来城乡规划专业设计类课程的改革方向提出了展望。

关键词： 城乡规划专业；应用型；核心课程体系

一、引言

我国规划教育研究起步晚，30 年来一直在探索适合中国国情的兼容并蓄的道路。随着经济进入新常态发展，人才供给与需求的关系产生变化，面对经济结构调整、产业升级加快步伐和创新驱动发展战略的实施，高等教育的结构性矛盾更加突出，同质化倾向严重，毕业生就业难和就业质量低的问题仍然存在[1]。生产服务一线紧缺的应用型、复合型、创新型人才培养机制尚未完全建立，人才培养结构和质量尚不适应经济结构调整和产业升级的要求[2]。本文研究主体正是在城乡规划专业评估标准的要求下，使培养计划体系趋于规范化，产学研结合更加紧密，并致力于实现课程功能转变和课程体系间的有机协调，使高校人才所应具备的应用性和技术技能性更加突出，并使本专业毕业生更好地适应各类相关领域的工作。

沈阳城市建设学院始终把培养应用型、技术技能型人才作为办学理念及培养目标，采用卓越工程师培养计划，重视和加强学生的工程实践能力与创新精神的培养，建立了 100 多家实习实践就业基地。毕业生就业率始终名列省内院校前列，连续 6 年获得辽宁省普通高校毕业生"就业工作先进集体"荣誉称号。

二、研究目的与意义

对规划专业设计类课程进行改革，以真实项目为课程主体来锻炼学生的实际工程应用能力，提高学生对于专业设计课程的学习兴趣和积极性，使学生主动参与到教学中来，有利于学生明确学习目的与学习重点，掌握设计，逐渐使学生从专业认识不足发展到热爱本专业，以达到"应用型"人才培养的目的。通过多元教学方法代替单一教学方法，将课程内容按工作过程展开，使教学与职业工作过程相一致，为以后顺利进入工作状态打下坚实的基础，并且以点带面，通过本课程专业核心设计类课程的改革带动本专业其他课程的改革。

当前，我国城市化水平已达到50%以上，处于快速城镇化发展阶段，快速城镇化背景下给包括城乡规划专业等建筑工程相关专业的从业人员带来了较多的发展机会，对城乡规划专业的发展起到了推动作用。同时，专业人才社会需求量的增加带来了发展机遇，近年国内很多高校增设城乡规划专业，所以专业人才都较年轻，大城市中设计院呈现出人才饱和，而中小城市、乡镇人才需求量逐步增大的现状。因此，本课题研究和应用前景广阔，给未来城乡规划专业的发展带来了更多的挑战和机遇。

三、城乡规划课程面临的问题与解决措施

（一）存在的主要问题

1. 管理机制

沈阳城市建设学院城乡规划专业设计类课程存在的难题是课堂组织，目前的授课采取一名老师对应一个班级的管理模式。由于城乡规划专业的专业课一般是分组进行指导，这种模式是存在弊端的，虽然教师采用分组的模式可方便教学管理，但在课堂管理上仍存在一些问题，例如班级人数过多、教师无法顾及每位学生的学习情况、课堂管理难度大等。

2. 课堂组织方式不完善

在课堂教学组织方面，大多数学生具有自觉性、主动性，能够较好地融入设计类课堂的教学之中，听从教师的课堂管理，跟得上教师授课进度。但少数学生在设计课程中自我能动性差、主动性不足、缺乏学习热情、缺少学习目标和方向感，教师与少数学生之间缺乏直接交流。同时，课堂教学存在"灌输式"的授课模式。

3. 实践类真题寻找困难

从2010级至2021级我校城乡规划专业设计类课程多是采用真题真做的授课方式，受益学生众多，效果显著。然而，实践类真题的运行过程中也存在一些问题，最为突出的是寻找真实项目的难度较高，我校城乡规划专业设计类课程与真实项目接轨是一项长期的任务和长远的工作，真实项目寻找需要提前与企业进行多方沟通与准备。

4. 青年教师经验匮乏

青年教师群体是学校师资队伍的后备力量，但是部分青年教师缺乏企业工作实践经验，更是存在少数教师完成在校学业后便直接进入高校工作的情况，相对于丰富经验的教师，在实践方面，存在一定差距。总体来看，大多数教师接触真实实践项目较少，工作经验不足，实践授课能力还有待提高。

5. 教师团队不健全

我校城乡规划专业教师师资团队结构比例相对合理，但高级技术人才占比仍存在不足，应该引进大量的专业技术型人才，特别是优秀的专业带头人，不仅需要拥有高级职称、专业学术功底，还要具备一线教学经验。专业带头人是教学团队的核心，也是教学团队发展的引路人，对教师团队层次的建设起到重要作用。

（二）解决措施

1. 完善管理机制

全国高等学校城乡规划学科专业指导委员会对于城乡规划专业的师生配比要求为1：12，由此，未来我校的城乡规划专业将在两到三年的时间内，争取达到1：12的师生比。在构建合理师资队伍的基础上，满足设计类课程的授课要求。以专业带头人为核心，整合各类资源，建立合理的教师团队管理运行机制。

2. 注重团队建设

组建科学合理的城乡规划专业教学团队。城乡规划专业一直以培养专业型、技术技能型人才为目标，教育方面更需要具有实践经验的优秀人才，把握住人才，构建更大规模的教师队伍，达到合理配置的标准，组建一支学科专业背景互补、年龄结构合理、职称结构合理、工作氛围积极的教师梯队。加强教师团队的合作，可以进行多学科交叉融合的课程开发，并针对设计类课程的不同环节进行交流与沟通，统一进度、统一技术标准、统一评图，最大限度地发挥团队建设的合作精神和凝聚力，更好地针对课堂授课组织进行管理。

3. 教学主体的转化

在教学过程中，要注重学生主体的参与。通过以学生为主体，教师为主导的教学模式，培养学生学习的兴趣，调动学生学习的积极性，打造积极向上的学习氛围，启发学生的创造性思维，使学生能够在设计类课程中积极提出和扩展问题，教师则从"讲授者"变成"引导者""示范者"，主要起指导和示范作用，实现教学主体角色的转化[3]。

4. 校企合作

即高校和企业合作共同培养人才，依据城乡规划专业技能和就业岗位要求，共同制定城乡规划专业的教学课程和人才培养方案。采用校企合作的方式，联合开展城乡规划专业的实习、实践和毕业设计。据统计数据，我校已与多家企业开展了合作。通过真实项目的参与能培养学生专业实践的能力，使其尽早适应社会发展的需要，为以后的工作学习打下扎实的基础，毕业后可以尽快融入工作，与实际工程项目有效接轨。

5. 提高青年教师专业水平与综合素质

重视青年教师群体专业能力培养的顶层设计，我校应对青年教师进行必要的岗位培训，组织青年教师多参与学习教研、科研项目，注重青年教师的经验积累和能力培养，鼓励他们尽快提升自身的专业能力；为青年教师制定教学、科研能力提升计划，为其配备相应的教学和科研设备，鼓励青年教师多发表学术论文，积极参与课题申报。

同时，组织教学经验丰富的教师开展讲座，指导青年教师，有计划地组织教师到企业去参观交流，邀请企业专家到校讲课培训，选派教师参加校外企业的实践培训[4]，多途径提高青年教师群体的专业水平和综合素质。

四、教学课程主要内容的研究

（一）城乡规划专业课程的系统结构

根据 2015 级城乡规划专业的培养方案，核心课程如下：

其中十门课程围绕城乡规划专业核心设置，包括七大设计课程和三大理论课程。七大设计课程为"区域与总体规划设计"（专业设计）、"控制性详细规划"（专业设计）、"住宅区修建性详细规划"（专业设计）、"城市设计"（专业设计）、"建筑设计 2"（专业设计）、"建筑设计 1"（专业设计）、"风景园林规划与设计"（专业设计）；三大理论课程为"城乡规划原理"（专业理论）、"城市道路与交通"（专业理论）、"区域规划概论"（专业理论）。

经过了对 2015 级人才培养方案的调整，2016 级核心课程如下：

其中八门课程围绕城乡规划专业核心设置，包括四大设计课程和四大理论课程。四大设计课程为"城乡规划设计 1"（专业设计）、"城乡规划设计 2"（专业设计）、"城乡规划设计 3"（专业设计）、"城乡规划设计 4"（专业设计）；四大理论课程为"城市规划原理"（专业理论）、"城市道路与交通"（专业理论）、"区域规划概论"（专业理论）、"城市建设史"（专业理论）。

（二）设计课程内涵

以"控制性详细规划"设计课程为例，这门课程是之前所有规划专业的相关理论与设计课程的最终实践体现。由于我院城乡规划专业依托的一级学科主要有建筑学、风景园林、人文地理与城乡规划（理学）、城市道路交通与基础设施规划，所以规划专业设计课程的内涵是多重的、复杂的、综合的、多元的，体现了社会性、经济性、人文性的综合特点，这也是城乡规划专业一级学科的突出特点。

（三）授课方式与内容

模拟设计院真实的工作情景，依托设计院的实际项目设计流程和组织课程教学环节来改革课程教学方法。依据现行的城乡规划法律、法规，融合现行国家相关政策，编制控规项目编制成果要求，以此控制学生课程图纸的内容及深度。

（四）授课教材与师资体系

按照教学大纲要求，参照教师对此课程的多年一线教学实践，编撰应用型教材，教材以课程实际教学内容为主线，融合控规课程大纲、教学计划、法律法规、相关技术规范、软件应用、草图绘制等。作为最重要的核心课，设计课程应配备最优良的师资，有合理的师生比，且配置相关核心理论课程的老师以及有丰富实践经验的教师作为指导教师。

五、课程改革的具体实施

（一）改革思路与方法

改革思路与方法如图 1 所示。

（二）研究方法

1. 系统回归方法

针对城乡规划专业本科 5 年整体的课程体系和应用型人才培养目标，从课程系统出发，分类制定不同类型课程的具体措施，从而指导控制性详细规划设计这一门课程的具体改革方案。

2. 理论联系实践的方法

理论是对存在物质及其规律的学科化论证，理论的存在目的是指导实践，提高教师自身的专业教学以及专业科研理论水平，尊重教育规律、人才培养规律以及学科建设发展规律，在城乡规划专业设计类的实践教学环节予以应用。

3. 实践回归理论的方法

教研组成员均为常年在一线的规划专业以及相关专业教育实践的践行者，具有丰富的教学经验，且具备丰富的相关工程实践经验。形成一个在实践中延展、更新理论，从而再指导实践的循环过程。

4. 目标导向型方法

从应用型、技术技能型城乡规划专业人才培养目标出发，制定该实践课程计划，从而实现相应的人才培养目标。

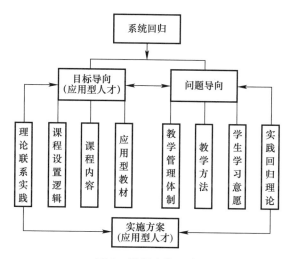

图 1　课程改革思路

5. 问题导向型方法

针对现行本专业培养目标、人才培养方案、教学计划以及学生、教师实际情况和设计实践类课程存在的问题，制定相应措施去完善和提高。

（三）可行性分析与相关建议

1. 可行性分析

培养目标的可行性。在最新的教育发展政策以及本专业发展目标的指导下，为本专业建立新的人才培养目标："应用型、技术技能型城乡规划专业高级技术人才"提供了可能性。

研究方法的可行性。多重目标导向——自上而下以及自下而上。从国家、本省对高校人才培养的顶层设计到城乡规划专业教学单位对该目标的具体落实；从用人单位的实际需求目标到本专业毕业生的实际困惑；从学生对本专业相关课程，尤其是对控制性详细规划课程的困惑到一线指导教师的亲身教学体验。

授课方式方法的可行性。分组授课，设计院设计流程模拟，讲、评、展、议、点、示范，多种类、互动式教学方法，为设计类课程提供了实践基础。

2. 关于实施过程的建议

明确构建课程体系的创新点，应有针对性地深入展开研究。注重应用教材的规范性与可操作性，为本科城乡规划专业的设计类课程提供理论指导和教学依据。

将"校企合作"纳入教学体系构建中。综合设计能力是城乡规划专业的核心能力，是学生走出校园后的专业素质的体现。我校应更多地将理论落实于实践之中，更贴合"应用型"人才培养目标，使学生更好地了解学科特点，将所学知识转化为设计成果，也能与未来工作更顺畅地衔接。

将城乡规划与其他学科协调融合。鉴于城乡规划学科的综合性学科特点，同类院校越来越注重城乡规划与经济、人文、地理、生态环境等学科的融合，使培养的人才能力更加全面，具有更综合的设计观，设计作品更贴合社会现状。我校应更加重视其他学科的交叉教学，设置多个相关课程，例如建筑设计、地理经济学、社会调查学、心理学、信息系统、市政设施等，需提高的是这些学科与城乡规划专业的融合，不可一味讲解专业知识，要对其在城乡规划中所起到的作用和相关的设计点进行分析，使学生更好地理解知识体系构架，培养综合的能力和全面的设计观。

强调弹性教学的动态化过程。通过对城市设计课程的改革优化，注重弹性化动态学习过程，阶段性的交流能使学生更好地培养主观能动性和逻辑思维能力。我校应该完善这方面的教学内容，进一步把城市设计理论研究和实践方法与人才培养紧密结合，通过完善城市设计课程教学的若干环节，调整教学方法，形成自身的办学特色。

提倡"融入式"的教学模式及具有"应用型"内涵的实践，利用新型技术为课堂注入活力。这类教学设计需要依托"开放式研究型设计课程"以及后续大学生创新创业、社会实践等展开，所以其课程的设计在课题选择、教学目的、教学形式和成果等方面均有较大的灵活性。学生可以通过各种可能的渠道获取研究专题所需的资料，按照自己的能力和兴趣开展特定专题的研究[5]。这是一个新型的教学理念，非常值得我校深入探究与学习，"融入式"的教学设计让学生通过与当地居民的深入交流和体验，切身感受到当地生产生活的方式，了解居民真正的想法，懂得以当地人的视角去认识空间形态，意识到解决规划问题的方向。

六、结语

在最新教育发展政策以及建立新的人才培养目标——"应用型、技术技能型城乡规划专业高级技术人才"的指导下，在阐述我校城乡规划课程面临的问题与解决措施的基础上，对我校城乡规划专业控制性详细规划设计课程进行教学改革实践，构建"应用型"课程体系，以此课程作为回归点，逐步渗透于规划专业相关课程的实践之中，给教学方式转变提供可行的思路，赋予其实际应用的可能性，是相关设计类课程的最终实践体现。

参考文献

[1] 韩宝银，李剑峰，张淑卿，等. 贵州省普通本科高校实验教学创新模式改革初探：以贵州师范学院生物科学专业为例 [J]. 科教导刊（下旬），2016（24）：21-23.

[2] 教育部 发展改革委 财政部关于引导部分地方普通本科高校向应用型转变的指导意见 [J]. 中华人民共和国国务院公报，2016（6）：60-64.

[3] 赖积船，李正良，吴松安，等. 转化教学思想 发挥主体作用：优化教学中的主体参与过程 [J]. 教育发展研究，2000（S1）：10-15.

[4] 孟祥海，徐春明，高金森，等. 高校工科专业青年教师工程能力培养的措施与思考 [J]. 化工高等教育，2018，35（4）：20-23，65.

[5] 孙澄，董慰. 转型中的建筑学学科认知与教育实践探索 [J]. 新建筑，2017（3）：39-43.

第四章
应用型高校建筑类人才培养之"七个一"

◉ 产教融合背景下乡镇建设学院科研机构产学研一体化发展实践

◉ "一所一企业"
　　——以校企合作单位辽宁省城乡建设规划设计院为例

◉ "一企业一学期一（类）项目"
　　——以校企合作单位沈阳以墨设计咨询有限公司为例

◉ "一（类）项目带动一（类）专业课程"
　　——以"建筑设计1"及"建筑设计3"为例

◉ "一（类）专业课程带动一（类）专业竞赛"
　　——以辽宁省土木建筑学会高等院校"乡村振兴"主题竞赛为例

◉ "一（类）专业竞赛带动一（类）专业社团"
　　——以"谷雨社团发展"为例

产教融合背景下乡镇建设学院科研机构
产学研一体化发展实践

许德丽、蔡可心

摘要： 以落实学校的"五实"教育为手段，以服务乡镇为特色，产教融合、校企合作，树立三个专业特色方向，依托六个科研机构，构建产学研一体化平台，每个科研机构对应一个特色专业发展方向，走特色发展之路，为乡镇建设学院科研机构建设打下坚实的基础。

关键词： 产学研一体化；乡镇特色；科研机构

一、背景

（一）研究基础与内涵

乡镇建设学院以满足地方城乡建设需要为指引，以乡镇服务为特色，以落实学校"五实"教育为手段，按照学院的"七个一"建筑类专业人才培养方法，树立三个专业特色方向（建筑学专业以"城市更新"为专业主要特色方向；城乡规划专业以"乡镇规划"为专业主要特色方向；风景园林专业以"乡镇园林"为专业主要特色方向），立足辽宁，影响东北，辐射全国，培养建筑类应用型工程师。

（二）主要目标与意义

2020 年教育部、工业和信息化部研究制定了《现代产业学院建设指南（试行）》，在国家大力发展乡村振兴的背景下，推进四新融合发展，全面提高人才培养能力，乡镇建设学院将致力于与企业共同构建集培养人才、科学研究、社会服务于一体的产学研一体化合作平台，构成完善的高等学校服务地方的三大职能系统。

二、乡镇建设学院科研机构的现状与特色构建

（一）发展历程与现状

2016 年底，根据不同的专业设置，成立了四个方向的科研机构，包括建筑设计研究中心、城乡规划设计研究中心、人居环境设计研究所、美术创作中心。2018 年 9 月，因专业建设发展的需求，撤并美术创作中心，成立风景园林设计研究中心。2021 年 8 月，为积极响应学校"十四五"规划发展目标及建筑学专业学科一体化和申硕的要求，新增 BIM 建筑设计研究中心和历史建筑保护与更新研究中心。

（二）构建建筑产业链，构建六大特色方向

　　根据学校"十四五"规划的文件精神、学院"十四五"发展规划的目标和定位，学院依托六个科研机构，构建应用型人才培养平台，每个科研机构对应一个专业方向，对应目标学生就业出口及专业未来方向，走专业特色发展之路。以乡镇特色为发展方向，建筑学专业的四个研究中心对应建筑学专业的四个学年组，其中，人居环境设计研究所对应城市更新方向，历史建筑保护与更新研究中心对应历史建筑保护方向，建筑设计研究中心对应建筑设计方向，BIM 建筑设计研究中心对应建筑技术方向。城乡规划设计研究中心对应乡镇特色方向，风景园林设计研究中心对应乡镇园林方向。

三、乡镇特色的产学研一体化建设实践

（一）乡镇建设学院组织框架建设

　　乡镇建设学院依托沈阳城市建设学院建筑类全产业链二十余个科研所，以六个科研中心为实体基地，与其他学院的多个科研中心协同共建。

　　学院组织架构基本趋于完善，下设 1 个产教协同育人研究中心（职能管理中心、实践研究中心、实验实训中心）、1 个产学协同育人专家组（顾问专家组、常务专家组、学院专家组），未来会聘请与我院进行重点合作的龙头行业、企业、协会专家为产业学院副院长，组织框架完整、合理，目前在逐步地完善。

（二）应用型人才培养的内涵

　　建筑类"应用型"人才培养理念旨在服务城乡、善新博专、精绘通建、校企合作、理实结合，培养合格的应用型人才。学院以建筑类专业实践性强的特征为出发点，结合行业发展、师资、学情，构建了"七个一"建筑类人才培养方法，同时也是我们产业学院运行的路径。七要素涵盖了高校人才培养、服务社会、科学研究的全要素，在产教协同思想的指导下进行系统的、逻辑的、闭环的往复组合，支撑学院发展，多年实践证明，这是非常有成效的，即："一"（个）专业依托"一"（个）科研所开展实践教学、"一"（个）科研所与"一"（类）企业开展校企合作、"一"（类）企业一学期提供"一"（类）真实设计项目、"一"（类）项目带动"一"（类）专业课程建设、"一"（类）专业课程带动"一"（类）专业竞赛、"一"（类）专业竞赛带动"一"（类）专业社团建设。

（三）产学研一体化改革实践

1. "一专业一所"

　　建筑学、城乡规划、风景园林三个专业分别对应建筑设计研究中心、人居环境设计研究所、历史建筑保护与更新研究中心、BIM 建筑设计研究中心、城乡规划设计研究中心、风景园林设计研究中心开展"应用型"专业建设；对应两个国家主导产业方向：乡村振兴与城市更新。

2. "一所一（类）企业"

六个科研机构分别依托行业知名专业设计企业，支撑应用型教学，产教协同育人，城乡规划设计研究中心、建筑设计研究中心、人居环境设计研究所、风景园林设计研究中心与辽宁省城乡建设规划设计院有限责任公司、新大陆建筑设计有限公司、四川洲宇建筑设计有限公司沈阳分公司、沈阳水木清华景观规划设计咨询有限公司合作开展应用型建筑类人才培养。

3. "一（类）企业一学期一（类）项目"

依托校企合作，引入各专业热点内容，促进专业教师与学生共同学习、不断进步。2018 年秋季学期开始，建筑学专业与洲宇合作，采用订单班教学模式，引入企业真实项目：东陵区某地块居住区设计。2019 年起，结合建筑设计课程引入真实课题：营口文化综合体项目、大西菜市场改造等，并逐步增加 BIM 正向设计内容。城乡规划专业自 2010 级至 2022 级 12 年来均采用真题真做的实际项目进行教学。

4. "一（类）项目带动一（类）专业课程"

一个专业核心设计科研项目，真题真做，带动每个专业设计类核心实践课程。城乡规划专业与辽宁省规划院合作，在"城乡规划设计 2（控制性详细规划）""城乡规划设计 3"中，选题以乡镇规划为主体，分别引入"新民市大红旗镇控规""新民市于家窝堡乡总规"项目，增加国土空间规划内容，利用实验环节开展 ArcGIS 技术应用教学。2020 年，"城乡规划设计 2（控制性详细规划）"获评省级一流本科课程。

5. "一（类）专业课程带动一（类）专业竞赛"

以赛代课，以三个专业核心设计课程为载体，组织师生参加特色专业方向类竞赛，如乡村振兴竞赛、城市更新竞赛等，我校连续三年设立了乡村振兴科技创新助学金，鼓励优秀的学生用自己的专业技能，服务辽沈乡村的建设；同时，助学金也送去了学校、社会对学子的关爱。

6. "一（类）专业竞赛带动一（类）专业社团"

特色专业方向竞赛带动专业社团，如发展乡村振兴社团、城市更新社团、园林拾贝社团。逐年推进建筑学专业各类竞赛。为了积极响应国家关于"乡村振兴战略""特色乡镇建设"的政策背景，系部将组织师生成立乡村振兴社团，结合科研项目，真正走进乡村，考察乡村的历史文化、民俗风貌、建筑特色、风土人情，保护原始的村落形态，积极推进乡村的建设和发展。

（四）产教融合、协同育人模式的构建

产学研联动——构建三大合作平台：

1. 校企合作平台

为促进乡镇建设学院的建设，实现产教融合，加强应用型人才培养提质，科研机构自 2017 年初成立以来，已与多家知名企业建立了密切的合作关系，以产促教、以研促教。其中包括沈阳建筑大学设计集团、沈阳陆玛景观规划设计有限公司、华诚博远

工程技术集团有限公司、辽宁省城乡建设规划设计院有限公司等知名企业，完成了多个科研、教研项目，为学生提供了丰富的实训基地，为教学提供了内容充实的真题平台，同时也让企业的专家走进课堂，促使应用型人才培养成为可能。

2. 校会合作平台

基于我院的"乡村振兴"研究方向，2021年，向辽宁省土木建筑学会和辽宁省城市规划协会发出倡议，依托辽宁省乡村振兴科技服务智库的建设，结合学院主办的"永续乡村·塑造理想乡居"2021年乡村振兴（沈阳城建）论坛，与省级专业学会联合举办省级"乡村振兴"主题专业竞赛，为省级产业学院、省级智库建设贡献力量，提升辽宁省高校建筑类专业人才培养质量，为地方建设提供多元化发展建设思路。2022年7月，首届辽宁省土木建筑学会高等院校"乡村振兴"主题竞赛成功落下帷幕，取得圆满成功，为今后持续深入与辽宁省土木建筑学会、辽宁省城市规划协会的合作打下了基础和实施保障。

3. 校地合作平台

我院一直致力于在开展校企合作的同时积极拓展校地合作，为实现设计类课程真题真做、服务地方夯实基础、拓展平台。从2018年至今，乡镇建设学院成功建立了与新民市大红旗镇、辽中区满都户镇、庄河市桂云花满族乡、沈阳市苏家屯区、本溪清河县的街道、乡镇、村庄的校地合作服务关系，依托乡镇建设学院的六个科研机构，通过产教融合，搭建高校＋企业、高校＋政府、高校＋协会、高校＋高校的不同层级的合作平台，实现了产学研一体的实践探索，成效显著。

4. 成效总结

乡镇建设学院秉承"五实"教育理念和建筑类应用型人才培养方法，多年来通过校企合作、真实项目引进，强化设计思维、专业意识、实践协作意识等方面的培养，不断提升设计教学质量，成果丰硕。

自2018年乡镇建设学院成立以来，多名师生在教科研、学生竞赛、学生工作等方面成果丰硕，获乡镇建设类、城市更新类国家级、省级、市级奖励几十余项。尤其在2019年、2020年学院荣获"沈阳高校服务""沈阳先进集体"荣誉称号，辽宁省高校公益联合会"优秀志愿服务团队"称号及"辽宁省高校校园先锋示范岗（集体）"荣誉称号。2021年，学院获批省级普通高等学校现代产业学院，获批辽宁省高等学校新型智库。

四、发展前景与展望

围绕学校的应用型人才培养目标，将乡镇特色项目作为学校办学特色的落脚点，从教学工作各环节入手进行系统思考，实现教学、科研、学生工作联动发展。学院未来将转变教育观念、履行三大功能，依据国家"乡村振兴战略"，着力推进校企联盟机制，有效与设计院接轨，培养应用型人才，服务地方小城镇建设，助力乡村振兴。

1. 注重"应用型"人才培养

根据专业类课程的专业特色，依托校企联盟模式，利用真实的项目课题、真实的项目基地，高效解决课程的专业技术问题。通过加强校企联盟合作，培养学生理论和实践相结合的能力，使学生毕业后可以尽快融入工作中，未来面向地方规划设计单位，使学生就业与设计院有效接轨。

2. 转向应用型研究

1）由学科专业导向转向产业专业导向

乡镇建设学院运行已有 4 年多的时间，逐步实现了由学科专业导向转向产业专业导向。加强学院与龙头企业的联系，实现学院与企业关于各类信息与资源的共享，深入促进产业学院与校企联盟企业的交流与合作，为我校的转型发展提供更好的建设保障。

2）由学术导向转向应用型导向

教师在设计类的课程中采用真题真做，有针对性地进行设计类课程的指导，既锻炼了师生的专业实践能力，又服务了社会，做到了理论和实践结合，科学研究和教书育人相结合。

3）由教师主导转向学生主导

教师要树立正确的价值观，由只教不导，转为又教又导，以导为主。由以理论为主导，向以实践行动为主导转变，即：由单师转向双师；由以教师为主导，转向以学生为主导，教师为指导；由以传统手段为主，转向以信息技术应用为主。采用学生为主体、教师为客体的教学模式，启发学生的创造性思维，积极引导学生学习的兴趣。

4）由知识主导转向能力主导

增强大学生的实践能力、创造能力、就业能力和创业能力是高等教育人才培养的重中之重。实践能力不强在很大程度上会影响大学生就业和适应社会，应提升大学生的实践能力。

5）由学校主导转向与企业合作主导

由学校单一主导模式，转向与企业合作主导，加强校企联盟合作。一方面，企业为在校学生提供实际工作的场所，学生获得锻炼；另一方面，聘请企业、高校专家来我院双师共育，共同授课，同时，借助学生实习期对其进行考察，选择优秀学生日后加入企业工作，也有助于企业发掘人才。

利用校企联盟这样的平台，建立校企"产""学""研"协同创新机制，充分发挥学校的科教人才资源优势，帮助提升企业的自主创新能力，也可加快我校教育体系建设，深化产教融合、校企合作，达到培养应用型人才的目标。

参考文献

［1］　许德丽，等. 应用型大学建筑类专业产教融合为导向的人才培养模式研究［J］. 当代教育实践与教学研究，2020（12）：14-14.

［2］　易星，杨晓星. 校企联盟提升校企合作质量［J］. 中国教育技术装备，2015（8）：12-14.

［3］　杨秀萍. 职业教育校企深度融合模式研究［J］. 教育教学论坛，2016（12）：32-33.

"一所一企业"

——以校企合作单位辽宁省城乡建设规划设计院为例

王超、许德丽

摘要： "校企合作，产教融合"是沈阳城市建设学院培养应用型人才的重要模式，是落实学校"五实"教育方式与"七个一"本科建筑类人才培养模式的重要途径。本文以我校与辽宁省规划院开展的校企合作为例，通过记录双方的合作历程与合作内容，探讨校企合作模式创新，探索"产学研"一体化的新模式与路径，为我校与其他企业展开合作提供可以借鉴的经验，共同着力提升人才培养质量。

关键词： 校企合作；联合育人；真题真做；顶岗实训

一、我校与省院开展校企合作的双方愿景

开展校企合作的根本目标是充分发挥校企双方各自的优势，共同培养适应现代企业发展的技术人才，推动学校教育体制转型优化，同时为企业发展和产业转型提供动力，并储备一线技术人才，更好地服务地方经济建设。沈阳城市建设学院和辽宁省城乡建设规划设计院有限责任公司有着多年的合作经历，彼此互为重要的合作伙伴。双方早在2018年1月就已经签订《校企合作协议书》，在此基础上，双方于2021年12月又签订《校企合作办学基地共建协议》。双方共同致力于合作办学与联合育人，创新合作模式，共同搭建平台，共同探索"产学研"一体化的新模式与路径，着力提升人才培养质量。

校企合作就是将高等院校与用人单位的资源进行交互，将企业的运营机制和岗位需求与高等院校的人才培养体系和人才培养目标相结合，通过协调、互动和分享等长期合作模式达到高校人才培养成果与用人单位的人才需求无缝对接的目的。校企合作已经成为我校实现"应用型人才培养目标"的战略措施与途径。

辽宁省规划院作为省规划设计行业的龙头企业之一，在行业内知名度大，影响力强，是我校理想的合作伙伴。辽宁省规划院成立于1979年，隶属于辽宁省城乡建设集团有限责任公司。辽宁省规划院是一家具有城乡规划、建筑工程设计、风景园林工程设计、测绘、旅游规划五个甲级设计资质的大型综合国有设计院，技术力量雄厚，专业配套齐全，现代化技术装备完善。公司现有职工近300人，专业技术人员占到85%以上，其中，教授级高级工程师占15%，高级工程师占30%，工程师占35%。形成了专业齐全、结构合理的设计队伍。设计院成立40多年来，先后完成了近万个城市规划等项目，其中数百项获得部委和省级优秀设计奖或科技进步奖。

我校与辽宁省规划院建立的长期和稳固的校企合作关系是一种互惠双赢的关系，

可以实现双方诉求，这种关系对于双方及学生来说都是极具意义的。

（一）本次校企合作中，我校的诉求与愿景

1. 了解城市规划设计行业前沿动态，避免传授知识的滞后性

新时期，传统城市规划正在向国土空间规划转变，转变过程中，新理念不断出现，新规范不断完善。辽宁省规划院承担了大量该领域的实际项目，对行业动态的掌握最为直接和精准。我校作为为学生传授理论知识和培养学生实践技能的场所也需要与时俱进。通过与省规划院合作，我校可以同步获取行业信息与需求，并根据这些信息不断地对教学计划进行改进，对教学资料进行补充，从而有效地避免理论知识培养方面的滞后性，保证了高校教学质量的不断提高，从而培养出符合时代发展的高素质人才。

2. 加强人才交流，改善课堂生态

与省规划院合作，让我校教师走出校园，走进企业，及时与市场对接，主动更新自身的知识储备；让企业人才走进我校课堂，让市场一线设计人员直接面对我们的学生，传递行业信息与动态需求，这对我校教师体系是一种有效的补充，可提升课堂教学效果。省规划院掌握大量的规划、建筑、园林设计项目，可以源源不断地提供给我校作为"真题真做"的素材。

3. 了解企业需求，及时调整人才培养方案

随着社会的发展与市场的变化，设计行业对高校毕业生的要求也在实时发展变化，我校也必须根据企业需求的变化及时调整人才培养方案。省规划院是大型综合类设计院，其岗位需求包含城市规划、建筑设计、园林景观、市政、土木、测绘等多种专业，这与我校建筑类专业有着极高的契合度，与其建立合作关系，可以高效地获得多个专业的企业需求信息。省规划院拥有40多年的历史，其运营机制和岗位要求是具有代表性的，我校可以根据省院的需求变化预测市场的动态，进而对人才培养体系和人才培养目标进行相应改变，从而避免出现高校人才培养目标与企业实际需求产生偏差的情况，这样才能保证高校毕业生得到合适的就业机会。

4. 建立实训基地，培养学生动手实践能力

现阶段我校对学生的动手实践能力的培养还存在着许多不足之处，其中一个主要的原因就是缺乏实践场所，导致许多学生缺乏动手实践能力和实际解决问题的能力，由此造成就业难的问题。与省规划院联合建立实训基地，基地每年吸纳一部分学生直接参与实际工作，这为我校培养学生的动手实践能力提供了很好的实践场所，可以让教师和学生明确地了解项目管理与运营机制，对学生提高解决实际问题的能力具有极其重要的作用。

5. 依托双方智库，联合研发项目与课题，提高我校的科研能力

科研水平是影响高校办学水平的一个重要因素。我校成立时间短，教师普遍缺少科研经验，这在很大程度上影响了我校的科研能力和科研水平。依托双方"智库"平台，在项目上展开联合科研，我校教师不仅可以获得更多的参与项目的机会，还可从

企业那里获取科研经费的支持，这有利于提高我校科研水平。

（二）本次校企合作中，省规划院的诉求与愿景

1. 联合培养，降低人力资源成本

随着省院的深化发展，企业不断壮大，对人才的需求量也随之增大，但是许多高校毕业生往往无法达到设计岗位的岗位要求，需要企业在他们上岗前后，花费大量的时间与资源进行培训和培养，这样就大大提高了企业的人力资源成本，同时由于现在设计人才的流动性增大，省规划院在付出了沉重的培训成本之后往往无法获得应有的收益。故此，省规划院与我校开展合作，通过建立校企合作管理，直接参与到我校的人才培养体系中去，使得学生能够在毕业时达到其岗位要求，从而有效地降低了自身的人力资源成本。在实训基地，通过学生的实习表现，可以近距离考察我校学生，遴选一批有就业意向的学生，为其储备人才。

2. 资源共享，提高运营效率

企业的人力资源始终都是有限的，而高校则是人才的聚集地，有着企业没有的庞大的人力资源数量。省规划院通过与我校建立合作关系，可以实现有效的资源共享，省院可以通过外包的形式将一部分工作交予我校师生来完成，以提高企业的效率。我校的一些科技实验室，例如 CIM（城市信息模型）实验室，也是省规划院目前需要拓展的新领域，通过合作，省规划院可以获得我校实验室的硬件资源及技术支撑。

3. 人才交流，提升企业科研能力

省规划院下设一个省级重点新型智库，也是全省唯一的企业智库。智库成立两年来，完成了多项课题研究，为省委省政府、省直部门提供了技术支持和资政建议，省规划院在智库建设上有着成功的经验。但省规划院作为企业，生产经营是其主要任务，在科研上，人员力量总是捉襟见肘。而我校的师资是优越的研究力量，可以与省规划院联合进行科研，共同研究，共享成果。

（三）本次校企合作对于我校学生的意义

1. 了解岗位要求，制定职业发展规划

联合成立实训中心，受益最大的始终是我校的学生。让学生提前走进企业，他们能了解到自己适合什么岗位，发现自己现在还有哪些不足之处以及如何规划未来的职位发展，这样他们才能找到自己适合的岗位，才能有更好的发展前景。

2. 参加企业实习，增加工作经验，提高就业能力

现在许多用人单位在岗位招聘时往往都会明确要求应聘者具有一定的工作经验，高校毕业生在这方面存在着明显的劣势，而且这是在短时间内无法改变的现状。只有通过建立校企合作，让学生能够在毕业前就到企业中参与实际的工作，获取一定的工作经验，才能有效地弥补他们缺少工作经验的缺陷，才能有效地提高他们在应聘时的竞争力。

二、与省院合作历程概述

2018年1月17日，我校与辽宁省规划院正式签署校企合作协议，校长温景文与省规划院董事长张立鹏代表两家单位举行了签字仪式，同时双方举行了互设科研工作室挂牌仪式。我校聘请张立鹏董事长为客座教授、孙东焕所长为客座讲师；省规划院聘请吉燕宁主任为客座高级工程师、苑泽锴副主任为客座工程师。

自2018年签约以来，学校与省规划院在很多方面展开了交流与合作，我校先后聘请多名省院高级技术人才到我校任教，我校师生也多次参与到省规划院的生产实践当中。2021年3月，我校马凤才副校长带队调研了省规划院；6月，张立鹏董事长一行莅临我校参观并调研。双方在交流中不断增进了解与信任，为下一步深度合作奠定了基础。

2021年12月6日，我校与省规划院进一步开展"引企入校"的新合作模式，签署《校企合作办学基地共建协议》，双方将共同致力于合作办学与联合育人，创新合作模式，共同搭建平台，探索"产学研"一体化的新模式与路径，着力提升人才培养质量，实现校企双方共同的发展目标。

三、我校与辽宁省规划院的校企合作内容与模式创新

（一）关于联合共建校企合作办学基地的场地

沈阳城市建设学院提供校内大创中心3楼的教室作为"校企合作办学基地"的校内场所，数量为1间，总面积约50m²。校方保障水、电、网络供应正常，负责基础设施维护，避免影响双方正常的科研活动及学生的实践实习。省规划院提供位于其公司内的若干工位，作为"校企合作办学基地"的校外场所，工位数量不少于30个，其中包含2～3个教师专用工位，可分散布置于规划院各个生产所，根据各所实际需求而定。

我校开放学校内的各种实验室资源及其他设施资源，并为省规划院在合作基地内的科研及经营提供便利。省规划院负责合作基地校内场所的室内装修和各种办公及科研设备的购置，在经费上极大地支援了我校。

（二）合作办学基地的运营

合作基地的运营管理以省规划院为主体，借助其成熟高效的管理机制，可以有效快速地使合作基地步入正轨。

合作基地校内场所的工作团队主要由乙方派驻，并委任各部门负责人负责合作基地的日常运行和管理。学校为合作基地人员提供必要的便利，例如就餐、车辆进出、访客到达等。省规划院在合作基地内展开科研、经营活动需符合学校的规章制度，不得影响学校正常的生活及教学秩序。

校企双方指派专人负责沟通与交流，共同成立合作领导小组。双方定期举办交流

会，解决并处理合作中出现的问题。

（三）关于人才交流，联合办学

我校与省规划院应建立双方人才选聘、互聘的激励制度，实现联合育人的使命。

辽宁省规划院选派中高层领导、技术人员、中高级技师担任我校客座教授、专业带头人或兼职教师，参与相关专业人才培养，参与我校科技开发、教学改革、教材编写等工作；同时，辽宁省规划院每年需派遣高级职称或骨干人员到我校担任外聘教师，参与设计类课程开题及中期、期末评图等环节的教学工作。辽宁省规划院派遣人员不低于 8 人次/年，每人每年完成 32 学时的教学任务。

辽宁省规划院根据项目需求，可聘请我校优秀教师及师生团队参与其实际项目，也可聘请我校高层（院领导）担任企业发展顾问，并定期进行系列讲座。

（四）关于"真题"素材

辽宁省规划院要结合学校的教学计划，向学校提供一定数量且类型适合的实际项目，作为设计课程的"真题"素材。真题数量每年不少于 8 个，需要结合学校教学需要与学校实际情况双方协商。

（五）关于学生实习实训

自合作基地落成后，我校根据本校教学计划和培养方案，每年引荐一定数量的指定年级、专业的学生到合作基地进行实习。辽宁省规划院则在不影响正常科研、经营的前提下，每年提供满足教学要求的实习岗位。实习岗位总数量不少于 30 个，其中建筑专业 10 个，规划专业 10 个，园林专业 5 个，其他专业 5 个。岗位数量可根据教学计划及生产实际情况协商调整。学校与企业双方应从符合教学规律、切合企业实际、适应企业工作周期的角度，为学生制定切实可行的实习计划，以保证实习期间的任务顺利完成。同时，辽宁省规划院需对学生的实习成绩进行全面的评价和考核。校企双方联合组织实习指导小组，共同协助学生实习工作。

（六）关于联合科研

双方约定共同完成一定数量的规划设计项目及科研项目，并在实践中不断探索产学研融合途径，完善校企合作机制。合作的研究成果，可以刊登在学院网站上。

双方依托各自智库建立良好的交流合作研究机制。校企双方可互相聘请对方有较高专业理论水平的人员或党政领导干部参与对方智库的研究工作。

（七）就业推荐

在实训基地内实际上实行的是"顶岗实习与就业结合"培养模式。"顶岗实习与就业结合"培养模式就是在人才培养过程中，加强实践技能教学，特别是在毕业实践环节，让学生到生产第一线独立承担工作任务，通过顶岗实习，把实训实习放在全真环境中，使学生学习与未来的工作岗位实现无缝衔接。在实习过程中充分学习技能技巧，如得到用人单位的认可，可与用人单位达成就业意向或协议。合作基地是校企双方共建的实训、就业基地，我校需每年邀请省规划院参加学校组织的校内毕业生供需洽谈会，优先为省规划院输送品学兼优的学生。省规划院在同等条件下应优先录用我校毕业生。

四、合作经验总结

在与省规划院多年的合作中，我们总结了一些经验，可以为今后与其他企业合作所借鉴。

第一，加强沟通与交流，重视校企联系。学校领导高度重视与省规划院的合作关系，双方均指派了专人负责彼此对接，成立了由校企双方领导组成的校企合作指导委员会。学校每年邀请企业领导来学校召开年会，通报各自发展情况，了解企业发展规划，获得用工需求信息。近期用工需求可以签约，远期用工需求可以订单，确定合作框架。同时，委员会下设联络员，保持校企的经常性联络，学校主动为企业提供服务，比如为企业提供师资、教室、教学设施、文体活动场地以及对企业职工的技能素质培训等。

第二，建立完善的校企合作制度，规范保障双方利益。校企合作是培养技能人才的重要途径。由于校企合作至今还没有形成一定的机制、规范和约束，学校一方有积极性但没有主动权，而企业有主动权却没有积极性，本应是平等互利的合作双方，在矛盾中很难达到对等和协调一致。由于合作关系上的不对等，一旦企业一方没有了利益驱动，校企合作就失去了原动力。如果合作不能互利双赢，合作关系就很难长久保持。因此，我校与企业在公平公正、充分协商的原则上制定了《校企合作办学基地共建协议》等，以书面协议的方式，最大限度地保证校企双方的利益。

第三，深化教学改革，提高教学水平，满足企业需要。为保证"校企合作"与"引企入校"办学模式顺利进行，学校积极邀请合作企业参与学校教学管理，使教学计划、课程设置、教学内容、教学管理、教材建设更加适应企业用人的要求。在教学计划方面，我们根据校企合作的要求，调整理论课与实践课的比重，在确保理论够用的前提下，增加实践课时，以适应学生去合作企业顶岗的要求；在课程教学内容方面，实务性的东西多讲，理论性的东西精讲；在教学管理方面，企业参与课程标准的制定和质量监控，课程评价标准将教育标准、企业标准和行业标准统一起来；在教材的选用和编写上，选用适应当今经济发展要求、科学实用的教材，邀请企业参与编写工学结合的特色项目课程教材。

第四，坚持"三原则"，校企合作不盲目。坚持长效性原则，杜绝短效投机行为，这是站在长期发展的战略高度上，确保校企双方合作稳定，长期受益，相互促进、提高；坚持针对性原则，在进行校企合作时不盲目，不是不分良莠地随便找来一个企业就与之合作，而是经过认真考察、论证后，有目的、有针对性地选择那些效益好、信誉好，专业对口或相近，有发展潜力的企业作为我校的合作伙伴；坚持多样性原则，合作的企业不单一，不是只顾主干专业，忽视非主干专业，而是根据培养不同类型人才的需要选择各类企业。

第五，加强我校"双师型"教师队伍的建设，满足校企合作的需要。校企合作要求有一支"双师型"的教师队伍。近年来，学校要采取"走出去""请进来"的方式加强"双师型"教师队伍的建设，以满足校企合作的需要。同时，学校邀请企业专业人才到校任教，他们先进的专业理念和高超的技能水平也是我校"双师型"教师队伍建设的有力保障。

五、结语

与辽宁省规划院的合作并不是静态不变的，双方均应以积极共进的态度对待"校企合作"与"引企入校"，在不断的交流与磨合中共同探索有利于双方的新模式。未来在时机成熟时，还可以实行"企业冠名及订单式培养"模式及"企业与学生创业实践相融合"模式等新机制。校企双方未来在技术研发、实验平台建设、成果转化基地建设以及对外合作等方面仍然有很大的合作空间。双方只要秉承互信互助的合作原则，就一定能够实现互利共赢。

"一企业一学期一（类）项目"

——以校企合作单位沈阳以墨设计咨询有限公司为例

吕晶、许德丽

摘要：沈阳以墨设计咨询有限公司是一家以城市更新、建筑室内景观一体化设计为特色的建筑公司，与我校建筑与规划学院有多年的合作基础。师资培养方面，企业专家进校讲课，教师到企业挂职培训。课程建设方面，一学期引入一个企业的真实项目，校企联合指导。科研合作方面，校企联合完成横向科研和纵向课题申报。学生实习就业方面，企业招收、容纳多名实习生及毕业生。本文以校企合作教学开展的设计实践为例，以真实项目教学法带动课程建设，以市场就业为目的开放教学，最终完成以能力培养为中心的应用型人才教育。

关键词：校企合作；联合育人；项目法教学；设计实践

一、建筑学专业应用型人才培养的教学背景

我校是辽宁省第二批应用型转型试点学校，把培养应用型、技术技能型人才作为办学理念及培养目标，重视和加强对学生的工程实践能力与创新精神的培养。

我校建筑学专业于 2009 年开始招生，2014 年被学校确定为重点建设专业，2019 年建筑学专业被评为学校优势特色专业，并于 2015 年开设了"3.5＋1.5"中外合作办学项目。建筑学专业经过 10 多年的发展，以"城市更新及地下空间"为专业主要特色方向，按照"七个一"人才培养方法，以学生专业实践能力培养为主线，通过校科研所与地方企业合作、校地合作、订单式培养模式，让企业、社会全方位参与人才培养，其中设计类课程真题比例接近 100％，把 BIM 等专业前沿技术应用于课堂中，为教学与就业岗位衔接打下了牢固的基础。

二、建筑学专业"校企合作，产教研学融合"的发展模式

"五实"教育是我校为培养基层和工程一线所需人才而构建的育人模式，即"带着真实问题学，对着真实技术练，按着真实岗位训，拿着真实项目做，照着真实情景育"的育人模式。从单一学习到综合培养，从理论教学到实践训练，培养学生全方位提升。

通过"五实"教育，全面提高学生的应用能力与综合素质，我院始终坚持"七个一"人才培养方法，通过校企合作、理实结合，促进应用型人才培养。建筑学专业积极开展校企合作，依托人居环境研究所和建筑设计研究所，实践"七个一"人才培养

方法中的"一企业一学期一(类)项目"——一个研究所对应一所企业,一个学期引入一个真实项目,实现由书本教学到实践项目的转变,由学生作业到实际作品的转变,由学生作业标准到项目验收标准的转变,由个人设计到团队合作思维的转变,从而实现学生专业技能与就业市场的对接。

在具体的校企合作实践中,师资培养方面,校企互聘,引入企业专家进校讲课,外派教师到企业挂职培训,实现教师"双师"型转变,自2018年以来,沈阳以墨建筑设计咨询公司潘总建筑师多次来我校任教,成为我校特聘教师,与我校专任教师构成"双师"授课,共同指导建筑设计及毕业设计课程。2020—2021年,我校共外派两名教师到企业实践,参与实际工程项目,实现既有教学经历又有工程经验的"双师"转型。

课程建设方面,一学期引入一门企业真实项目,校企联合指导。建筑学具有科学与技术交叉的融合性、理论与设计结合的实践性的特点,学生需要真实项目的锻炼,培养创新能力和专业素质。我校先后引入多个企业真实项目到"建筑设计3""建筑设计4"与"毕业设计"课程中,让学生接受"真刀真枪"的锻炼,极大地调动了学生学习的积极性与主动性,将学生在大学所学的理论知识和技能运用到实践中去,学生的建筑设计能力与理论水平以及计算机辅助设计能力均得到了提高。

学生就业方面,通过校企有针对性的联合培养,使学生树立积极向上的人生观和专业认识,指导学生根据自我特点做好职业生涯规划,结合企业业务方向突出城市更新及地下空间的专业培养特色。多名学生在校企合作单位实习就业。

科研建设方面,校企合作开展横向科研项目,联合申报纵向课题。人居环境研究所先后与以墨公司合作完成本溪伴山民宿建筑方案设计和长白山枕水山居民宿建筑方案设计,教师与学生共同参与,实践能力得到了很好的提升和锻炼。校企联合申报科研课题——沈阳市科技智库决策咨询课题。课题名称:全域旅游视角下挖掘沈阳老建筑历史文化内涵大力推进文商旅一体化发展对策研究;深入发展我校建筑学专业的特色发展方向。

三、校企合作设计实践

建筑设计课程是建筑学专业的主干课程,是建筑学专业的教学中心,是理论和实际相联系的重要环节,主要培养学生对建筑设计的认识和设计方法。课程教学中往往存在以下问题:设计周期与设计院相比过长,学校里一个设计题目在7周的时间内完成,而设计院基本是在一两周内完成;学生思考问题往往脱离实际,设计作品不符合实际需求;学生的图纸绘制深度不够,达不到真实项目的要求等。通过校企合作,每学期完成一个真实项目,依托学校研究所,教师带动学生参与到设计实践的整个过程中,突破设计类课程的局限性,产教融合发展,从而提高教学质量(图1)。

(一)沈阳市205住宅方案设计

设计课题:为更新城市面貌,改善公司职工生活环境,顺应人才不同年龄层次的不同居住需求,提高公司吸引人才、留住人才的硬件条件,公司决定对现有员工宿舍

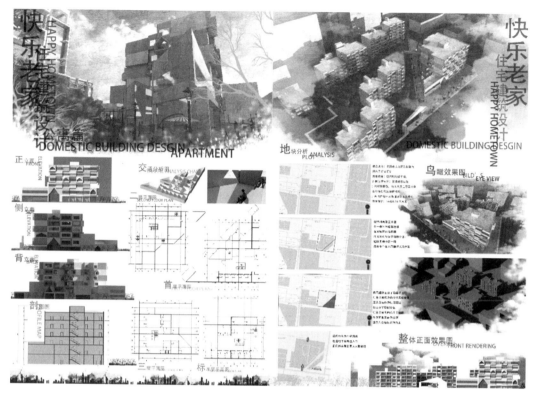

图1　校企合作设计学生作品

（205 独身宿舍）用地进行重新开发。

205 独身宿舍建于 20 世纪 60 年代，院内有 4 栋宿舍楼，属于 3 层砖木结构。拟拆除老旧危房，对本地块重新进行规划设计，最终成果包含多层住宅楼、单身公寓、食堂＋多功能厅、沿街商业、地下车库等，旨在打造适宜的人居环境，提升公司职工居住品质。最终成果需使整体形象符合城市更新及发展需求。

建设地点：沈阳市大东区和睦路与新东四街交会处。

用地范围：该用地地势平坦，北侧为住宅区，东侧邻新东四街，南侧邻和睦路，与大东区 205 小学及中海汇德理（在建住宅）隔街相对，西侧邻住宅区及街道政务服务中心。

用地面积：14420.74m²。

（二）沈阳市堂子街历史文化街区改造更新设计

2020 年，沈阳以墨设计咨询公司与我校开展联合毕业设计——沈阳市堂子街历史文化街区规划与建筑概念设计。以真实项目为题，建筑（中外）151 班共有 18 名学生参与。

设计课题：本次设计基地为堂子街历史文化街区一期，堂子街位于大东区南部，南起小河沿路，北至大东路，长 597m，宽 8m。始建于清代，南部名为南土坑胡同，北部为堂子庙胡同。1989 年，以街西北侧原有清初努尔哈赤敕建的堂子庙而命名为堂子街。随着城市的发展，堂子街建筑群虽被列入沈阳市历史建筑名录，但就残存的一些聚落老宅而言，早就无人管理，损坏严重，百年老街面貌荡然无存。由于街区的现状问题和城市发展的需要，对堂子街历史街区的保护和更新改造势在必行。

对堂子街历史文化街区的保护利用及更新可以使这些历史遗迹成为沈阳市特有的地域文化元素，对提升城市历史文化研究价值具有极大的现实意义，对城市文化的建立、城市品牌的塑造和市场营销等可起到重要作用。同时，这些建筑旧址作为实物使用或作为实物展览，加入商业旅游的使用功能，将其融入东北地区特色工业旅游产业链，增加其对历史爱好者的吸引力，提升建筑影响力，对建筑的保护利用具有重要意义。

本项目为堂子街历史文化街区一期保护更新与建筑设计，包括历史建筑的保护更新以及新增单体建筑设计两个部分内容。

学生应该从整体区域研究出发，通过现场调研、资料整理，结合场地地形特征，对城市历史街区功能、空间、交通、景观进行分析，组织项目策划，制定历史街区区域改造的总体目标定位和空间结构策划，对堂子街一期的功能、交通、景观存在的问题进行分析，通过自己的设计进行改造、增建、拆除等，通过总体空间与结构策划，将之重塑为符合时代特征的、能够满足特定人群需求的活力空间，并且要符合改造区域的城市设计要求。对新建建筑进行单体建筑方案设计；对堂子街街区目前仅存的四座保存较为完整的院落（培育巷3号院，堂子庙巷20号院、16号院与江浙会馆）进行更新保护及改造，要求对建筑空间与细部节点构造有一定的表达。

（三）本溪关门山民宿建筑方案设计

2021年春季学期，沈阳以墨设计咨询公司与我校开展本溪关门山民宿建筑方案设计工作，建筑学161班共有9名学生参与（图2）。

设计课题：本项目主要内容为本溪关门山民宿集群，包括集中式客栈、独栋客房、配套商业。本项目用地面积1.062万 m^2，总建筑面积约为5500 m^2，其中集中式客栈面积约为2000 m^2、独栋客房面积约为2500 m^2、配套商业为1000 m^2。

设计目标：

（1）延伸城市文脉：随着旅游文化的发展，越来越多的旅游地正在大力建设，而本溪关门山拥有得天独厚的优势，如悠久的历史传说、优美的自然风光、丰富的物产资源等，我们要将这种"山水休闲主题"进一步完善，结合当地的人文风情，打造符合当地文化气息的特色建筑，并与周边其他项目一同形成独特的、具有标识性的区域文化，使之更易被游客接受并成为真正的灵魂栖息之所。

（2）提升区域活力：以特色的建筑风格、鲜明的主题文化，优化现有旅游资源，挖掘潜在旅游资源，打造特色业态，提升区域文化旅游的活力。

（3）高效利用土地：结合地块周边情况合理布局地上建筑，并结合竖向标高有效地开发利用地下空间。

（4）创造舒适空间：一层充分发挥"院落"的围合感以及私密性，并通过合理的布局形式给未来预留足够的延展空间；二层、三层（若有）打造宽敞舒适的观景平台，在室内层高上尽量做高，增加可利用空间以及未来彰显房间装修的个性化。

图2　以墨设计公司潘老师做毕业设计开题，讲解优秀毕业设计图纸

该课程研究旅游度假类建筑设计的基本原理，通过研究与学习，掌握功能较复杂、技术要求较高的酒店类建筑设计的基本要点，培养处理功能要求和环境条件较为复杂的集群类建筑设计的基本能力和规划能力；进一步提高学生的综合设计能力，注重培养综合分析环境、深入理解功能和合理组织空间的能力，提高建筑造型的创造能力；进一步提高学生的建筑综合表现能力，较好地掌握徒手草图、工具草图、建筑模型、计算机辅助设计等综合表现设计的能力；培养学生合理安排工作程序、自觉控制设计进度的能力。

（四）长白山乡村度假民宿酒店方案设计

2021年秋季学期，以墨设计公司与我校开展长白山乡村度假民宿酒店方案设计，建筑学2019级学生参与。

设计课题：在吉林省白山市抚松县抽水乡碱场村抚松国家地质公园内修建一座集餐饮、休闲、住宿、会议等功能于一体的小型假日旅馆，规模为100～120个床位，建筑面积约6500m²（5％增减），客房、服务、交通空间面积为2200～2300m²，公共部分1300m²，餐厅部分1300m²，后勤部分750m²。建筑高度不高于24m，4～5层。地段近邻湖边，风景优美，景区内人文景观丰富。

四、合作成效评估

在产教融合、校企合作模式下，一个研究所对应一个企业，一个学期合作完成一个项目，师生共同参与到实际的工程项目中，改变了学生对建筑设计的认识，提高了学生的学习兴趣，将理论与实践结合为学生今后的发展夯实了基础。

与建筑设计课程教学相比，设计课往往集中在教室内进行，教材知识通过讲授完成，比较枯燥，学生掌握的效果不理想；真实项目实践中，学生可以亲自到项目场地调研，到企业去与建筑师交流，学习理论知识与设计经验，使学生印象深刻，设计知识掌握效果好。学生的设计过程没有严格的时间管理，学生拖图，以致最后集中赶图的现象比较严重；真实项目实践中，严卡设计时间节点，设计过程紧凑，学生能够全身心地投入方案设计。学生学习态度不认真，没有压力感，仅限于完成作业，教学效果欠佳；真实项目的设计成果要符合一定的设计标准，学生转变了学习态度，积极认真地完成项目设计。学生设计成果多流于表面，绘制深度不够，建筑技术与建筑细节考虑不周，表现不足；真实项目中，为满足项目的实际需求，学生对建筑技术与建筑细节有更多的考虑。建筑设计课程的题目有可能教师没有参与过，其讲授指导流于表面；真实项目中师生共同参与，设计过程中互相交流，深入分析设计问题，共同进步。

通过实际项目的锤炼，提高了学生的专业实践能力；拓展了专业知识面，从单一的建筑设计知识扩展到建筑、结构、设备全专业知识的认知；提高了对建筑技术重要性的认知，能够熟练运用绘图软件，为以后的专业实习打下了坚实的基础。

通过实际项目的锤炼，提高了学生的创新创业能力。学生自行组建团队，根据参与的工程项目挖掘创新点，参加大学生创新创业训练计划项目，并获得校级立项。培养了学生的工程思维，学生在建筑设计竞赛中也频频取得好成绩。

通过实际项目的锤炼，有效地帮助学生树立正确的就业观和择业观。在一个项目实践中，不同年级的学生共同参与，在以学长为榜样的互相带动下，学生彻底端正了学习态度，改变了幻想中的工作模式，在企业的工作中也受到了领导的肯定，工作扎实，实操能力强，能够快速地完成学生到职工的身份转变。

通过与企业共同合作实际工程项目，学校在应用型人才培养上实现了"五实"教育的目标，企业解决了纳新和梯队人才选拔的问题，形成了校企双赢的良好局面。

"一（类）项目带动一（类）专业课程"
——以"建筑设计 1"及"建筑设计 3"为例

谢晓琳、许德丽

摘要：通过真题真做能实现社会行业需求与高校人才培养的无缝对接，贯彻和体现学校务实的教育方针，同时可实现校企的双赢，值得深入实践与探索。本文以"建筑设计 1""建筑设计 3"为例，分别与单家村、以墨建筑设计咨询有限公司合作阐述乡镇类建筑设计课程教学中"真题真做"的必要性及设计中所取得的教学成果。建筑设计 1——餐饮建筑设计是二年级课程，建筑设计 3——旅馆建筑设计是三年级课程，两门设计课程设于每年的秋季学期，是建筑学的专业核心课，是重要的实践性教学课程。
关键词：真题真做；乡镇类建筑设计；教学实践与探索

一、一（类）项目带动一（类）专业课程的概念

一（类）项目带动一（类）专业课程是建筑与规划学院"七个一"应用型建筑类人才培养方法中的重要环节，其概念为一个专业设计科研项目，真题真做，带动每个专业核心设计类实践课程。

二、"真题真做"课程教学的理念及课题来源

"真题真做"就是以真实项目作为教学课题，以真实的用户、明确的要求、具体的设计和实施方案为基础，以实现应用为目标，进行实践性运作。既能够使政府或企业直接地获得可用的设计创意与实施方案，也可让院校师生在"真题真做"实践中，真正地运用设计思维、方法、技巧去解决现实项目的诸多问题。

学院的设计课上，"真题真做"的课题主要来源于三个方面。

1. 校企合作的实际工程：学院签订多家校企、校地合作单位，通过与企业或政府的合作，共同完成设计真题，并聘请专家来校授课。在课程中，校内指导教师与校外建筑师共同配合完成教学内容，包括设计原理讲授、现场调研、草图批改、评图等环节。结合学生在绘图过程中出现的问题，专家对每位学生的作业进行点评并提出修改建议，以交流畅谈的形式开展。校内与校外双方教师从不同的角度进行指导和讲解，将理论知识与实践相结合，使学生们能够从实践和社会需求的角度理解并设计建筑。

2. "以赛代课"：为了减轻学生的课业压力，同时也为了鼓励学生参加设计竞赛，学院采用"以竞赛成果代替课程设计成果"的方式，类似"以赛代课"的教学形式，即参加竞赛的学生会有指导教师按照竞赛内容拟定设计任务书，课上正常辅导，最终

设计成果用竞赛设计成果评分存档。

3. 教师的横向科研课题：学院教师每年都会申报一些项目的横向科研，这些真实项目通过论证会将适合的题目引用到相应的设计课中，在与甲方的沟通及教师的指导下，师生共同参与完成的设计概念、设计方案和实施方法等教学成果将用到真实项目中。

校企合作真题设计、设计竞赛、教师的横向科研课题，通过走访企业及教师团队选题论证，每学期的设计课选题的内容、深度均符合教学大纲的要求。

通过上述的课题来源，在教学内容上能及时更新，永远保持教学内容与社会需求及时代发展同步。

本文的课程案例建筑设计1与建筑设计3分别是与单家村及我院校企合作单位合作的科研项目。

三、乡镇类"真题真做"课程教学的意义

（一）　乡镇类"真题真做"设计课程与乡村振兴政策、学院定位及人才培养目标定位有机契合

党的十九大报告提出开展农村人居环境整治行动；2018年2月，中共中央办公厅、国务院办公厅印发了《农村人居环境整治三年行动方案》，提出改善农村人居环境，建设美丽宜居乡村是实施乡村振兴的重要任务；2018年2月，中央农村工作领导小组办公室发布《国家乡村振兴战略规划（2018—2022年)》。《辽宁省"十四五"农业农村现代化规划》中提出：实施乡村建设行动，建设宜居宜业乡村；加强生态保护修复，建设绿色美丽乡村；加强和改进乡村治理，建设文明和谐乡村；巩固拓展脱贫攻坚成果，实现同乡村振兴有效衔接；深化农业农村改革，激发乡村发展新活力。

本学院的定位中提出，坚持应用型办学定位，面向现代化城市建设、美丽乡村建设，依托校企合作，共同构建教学改革研究、科研创新实践指导及"应用型"人才培养三位一体的综合平台。人才培养目标中也提出以城乡建设为实践平台，以乡村振兴和城市更新为主要特色，校企合作、理实结合，培养以服务城乡建设为目的的"善、新、博、专，精绘、通建"的"应用型"人才。

（二）　乡镇类"真题真做"的教学设计，贯彻和体现了"五实"教育方针及"七个一"路径

根据学校"重点服务城市现代化建设、美丽乡村建设和新兴产业"的定位要求，为培养适合基层和工程一线所需人才而构建的育人模式，我校提出"五实"教育，即"带着真实问题学，对着真实技术练，按着真实岗位训，拿着真实项目做，照着真实情境育"的育人模式。

建筑与规划学院以满足地方城乡建设需要为指引，以乡镇服务为特色，以落实学校"五实"教育为手段，按照"七个一"应用型人才培养方法，面向全国培养建筑类应用型工程师。"七个一"应用型人才培养路径中的"一（类）项目带动一（类）专

业"课程是其中的重要环节。

乡镇类"真题真做"设计课程的教学就是实现学校"五实"教育、学院"七个一"应用型人才培养的重要手段。

（三）乡镇类设计课程利于乡村振兴与历史文化的保护传承

自改革开放以来，辽宁省城镇化率逐年递增，农村人口大量涌入城市，农村人口以老人、儿童为主，土地荒芜，人居环境萧条破败，民居空置现象严重。建筑设计课程中乡镇类项目"真题真做"的选题及实践，对乡村振兴及历史文化保护与发展具有非常重要的作用。

通过乡镇类课题的设计，能够唤醒学生对乡村的认知，学生通过调研分析挖掘乡村的传统文化，在尊重历史文脉及保护的前提下，通过合理的创新，使现代文明及现代科技进入乡村，与乡村文化碰撞、融合，形成新的文化认知理念。

通过设计，新建筑与旧建筑结合，在建筑外观、材料和室内装饰、景观设计等方面都体现了地域特色，在一定程度上促进了当地文化的复兴。新建筑的出现，对乡村文化、审美需求、生产生活等方面起到了传播及示范作用。

新的设计综合考量对原有基础设施的改善与补充，对乡村特色景观的保留、修复以及对乡村经济的活化设计，能够改善及提升当地居民的生活质量。

（四）乡镇类设计课"真题真做"对学生实践能力的提高

近年来，学院绝大多数的建筑设计课程一直使用乡镇类真题项目，在授课过程中，对比虚拟课题有很多优点：

第一，以乡镇类工程项目作为建筑设计课程的教学内容，能为学生提供真实的项目用地，强化学生的实践能力。在教学中，要求学生对基地周围环境与气候条件、建筑文化及民俗文化等进行前期的实践调研，加深学生对乡村项目的认识，引导学生从社会需求的角度去分析问题，并提出实用的设计方案。

第二，有利于提高学生的学习热情、学习兴趣，调动设计的积极性。通过真实项目，学生在实地调研的过程中能够清晰地认识到场地设计中要注意的设计重点，学生愿意跟甲方沟通，希望把自己所学到的知识运用到实际项目当中，最终的设计成果能应用到实践当中，能被社会所认可，通过这一训练能培养学生的严谨作风及对社会的责任心。

第三，在实践中检验学生所学到的理论知识和设计方法。通常在课程设计中，如果选题是假题，因缺少基础资料分析，有些学生就会抓不住题目的重点，有些学生在设计构思上很大胆，在教学上往往较难说服他们，但在真题面前，通过实地实测、收集资料等，他们会很自然地发现自己的构思缺点，可以及时调整思考方式和设计方法。

四、乡镇类"真题真做"课程的教学设计

根据建筑学专业人才培养目标与建筑设计课程教学大纲及教学目标，以社会人才

需求及人才培养目标为导向，乡镇类"真题真做"的教学设计主要是为了培养以服务城乡建设为目的的应用型人才。

乡镇类的选题是提供多个设计任务书，根据学生的兴趣采用开放式选题。在教学中，教师引导学生通过实地测绘、问卷采访、旧建筑测绘等调研方式，全面分析乡镇发展的需求，并寻求有利于其保护与发展的设计策略。

课程初期，教师引导学生提出问题，设计过程中，学生会进一步深化问题，最后提出自己的解决方案。

在设计过程中，学生综合利用所学的理论知识，对建筑的功能、空间、造型、结构选型、构造等进行优化更新与设计，同时，注重场地与建筑造型之间的关系。学生通过深入了解乡镇建筑的地域文化特色、民俗文化特点、营建模式等，激发对乡村的热爱及对此课题的学习热情。

（一）课程选题

2021 年 8 月，沈阳城市建设学院承办了以单家村为主要场地的乡村振兴主题设计竞赛。该设计竞赛中的模块 B——"理想乡居"模块重点聚焦创新视角下的乡居环境建设与存续问题。以村庄建设项目方案为载体，规划设计方案的重点是乡村全域范围内的宜居乡村环境整治与优化、建筑改造、历史文化保护与利用、乡居环境艺术、农业设施及市政设施优化等。模块 B 重在鼓励各参赛团队根据所选择的基地和设计对象，体现社会、经济、生态和文化元素的综合考虑，从尊重习俗、保护风貌、提升适用、改善使用的角度提出创新性的设计方案。方案应重点思考与解决自身经济、文化和生态的永续性，且具有技术简易、适用，建造和维护成本低等特点。其中，乡村振兴关于保护与更新设计推荐以下三个方向。

（1）乡村博物馆设计，包括各类农业博物馆、村史馆、民俗馆等具有乡村文化展示功能的室内公共空间设计。

（2）乡村主题民宿设计，包括体现乡村文化主题的民宿设计。

（3）乡村主题餐饮空间设计，包括体现乡村文化主题的餐厅、酒吧、茶馆、咖啡厅等具有餐饮功能的公共空间设计。

"建筑设计 1"餐饮建筑设计的选题：单家村餐饮建筑设计

单家村位于沈北新区兴隆台街道，全村现有 89 户，常住人口 1276 人（其中锡伯族有 74 人）。单家村村域总面积 148hm^2，居民点面积 9.5hm^2，基本农田面积 34.13hm^2，一般耕地面积 101.62hm^2，现已建成"稻梦空间"景区。单家村以水稻种植业为主，有少量的淡水鱼养殖，依托"稻梦空间"景区，逐步自发形成农家乐、渔家乐等乡村旅游产业，目前政府批准单家村作为宅基地改革试点建设旅游民宿。

地块 1：根据设计竞赛提供的基础资料，要求学生根据对村庄的合理策划进行选择（图 1、图 2）。

设计要求：在给定的基地上新建建筑，新建建筑要求结合单家村的发展特点、历史文化、原有周边建筑风貌，尊重村庄发展的客观规律、场地和自然环境特点。建筑

图 1　单家村（稻梦小镇）卫星图

图 2　餐饮建筑地块 1 条件图

主体高度不宜超过二层，局部可设夹层，建筑需要突出田园式乡村餐饮建筑主题，建筑形象应考虑文化艺术性、纪念性和环境特色，考虑室外场地田园景观设计。建筑入口处考虑 4 至 5 辆中、小型汽车泊位以及停放 30 辆自行车的场地。内部出入口处设内院，可停放小型货车。

该选题主要教学目标就是让学生了解餐饮服务性建筑的设计方法，重视由外部环境引导的场地设计。根据基地条件图，场地周围有稻田及池塘，具有非常好的景观环境，设计任务中强调要合理利用周围场地，考虑到观赏视线。通过这个设计，学生能够掌握风景建筑设计的基本原理和空间组合的基本方法以及室内外空间互动设计。通过对用餐区域、厨房区域、公共区域、辅助区域这四大功能分区的设计，提高学生对复杂流线的综合把握能力。

"建筑设计 3"旅馆建筑设计的选题：乡村振兴主题设计竞赛中模块 B——"理想乡居"中的乡村主题民宿设计

建设地点：吉林省白山市抚松县抽水乡碱场村前甸子屯。

设计选址在吉林省白山市抚松县抽水乡碱场村，碱场村附近有露水河国家森林公园、长白山仙人洞、露水河长白山国际狩猎场、抚松中国人参博物馆、新屯子西山遗址等旅游景点，有抚松人参、抚松林下山参、露水河红松母林籽仁、万良镇人参、淑正人参等特产。地理环境优美，适合旅游、徒步、民宿，有着自己的当地文化。在2015 年，万达集团在长白地区建立了万达民宿度假村，提供集休闲、体验、旅游住宿为一体的旅游综合服务。长白地区向外辐射的旅游路线主要有 3 条，其中白山市南部就有一条旅游路线。该项目在吉林省抚松国家地质公园附近，现正在建设国家地质公园管护站。

设计要求：修建一座集餐饮、休闲、住宿、会议等功能于一体的小型假日旅馆，规模为 100～120 个床位。

用地范围：该用地高差 7m，北侧农用地，东侧村道路 4m，南侧村道路 4m，西侧国家地质公园管护站。

用地面积：7265m²，建筑面积 6500m²（5% 增减）。

本课程设计中主要培养学生掌握调研收集资料的科学方法，了解及掌握假日旅馆或民宿建筑的特点，提高学生处理较复杂环境问题的能力，了解历史人文与生态环境和建筑节能方面的知识，提高设计构思及方案表达的能力，初步掌握计算机辅助建筑设计，使学生具备中型建筑方案设计的能力。

（二）课题进程与任务重点要求

在设计中，要求学生综合考虑度假酒店建筑的功能组成；注意对人流、车流等的组织，充分考虑功能需求；充分利用地形；疏散及交通应符合建筑设计防火规范要求，满足残疾人使用要求，做好无障碍设计；制图应遵循有关标准和规范，尽力运用合适的表现方式表达设计意图等。

每个课程设计题目完成时间共56学时，一周两次课，一次课4学时，共7周时间。

课题进程及设计任务安排如下：

第1周：教师讲授相关建筑设计原理，布置调研任务。学生实地调研或网络调研，收集相关设计资料，完成调研报告。

第2周：学生初步建立立意构思，对调研报告、总平面、平面设计的要求及设计分析图等进行汇报、讨论。

第3周：学生汇报总平面功能分区、建筑功能分区，师生探讨。

第4周：学生完成交通空间组织与设计、重点空间组织与设计，建议结合剖面图或剖透视图，汇报及师生探讨。

第5周：学生把握主要使用房间的设计及关系，深化建筑立面、剖面等细部处理，汇报及修改。

第6周：完成各个图的表达及绘制，修改及调整。

第7周：绘图及调整、完善图面，完成设计成果。上交成图并联合评图。

各阶段任务重点要求：

调研阶段：广泛收集资料，认真分析、整理，归纳出特定的功能需求，既包括功能分区与流线布置等物质的方面，也包括空间氛围与视觉感受等精神的方面，并进行方案最初的选址。

草图阶段：正确理解设计要求，分析任务书给予的条件；进行方案构思，完成初步方案及工作草模。学生需要了解各房间的使用情况，所需面积，各房间之间的关系；分析地段条件，确定出入口的位置、朝向；建筑物的性格分析；对设计对象进行功能分区，闹、静分区；合理地组织人员流线；建筑形象符合建筑性格和地段要求等。该阶段应集中精力抓住方案性问题，其他细节问题可暂不顾及。可先做两三个小比例方案，经分析比较，选出较优良者做进一步设计。一草应画出总图、平面及初步立面，比例尺可比正式图小，但要求完整反映其设计构思，并有一定的表现力，做出形体辅助草模。

第二次草图阶段：这一阶段的主要工作是修改并确定方案，进行细部设计。学生应根据自己的分析和教师的意见，弄清一草方案的优缺点，通过听课学习有关资料，扩大眼界，丰富知识，吸取其中有益的经验，修改并确定方案，修改宜在原方案基础上进行，不得再作重大改变。

方案确定后，即应将比例放大，进行细节设计，使方案日趋完善，要求如下：

1. 进行总图细节设计，考虑室外台阶、铺地、绿化及小品布置；

2. 根据功能和美观要求处理平面布局及空间组合的细节，如妥善处理楼梯设计、厕所设计等各种问题；

3. 确定结构布置方式，根据功能及技术要求确定开间和进深尺寸，通过设计了解建筑设计与结构布置的关系；

4. 研究建筑造型，推敲立面细部，根据具体环境适当表现建筑的个性特点；

5. 对室内空间及家具布置进行充分的设计。

在该过程中，应经常草拟室内外局部透视草图，随时掌握室内外建筑形象，进行较为完善的深入设计，计算房间使用面积和建筑总面积。

第三次草图阶段：由于第二次草图设计的时间有限，不可避免会存在一定的缺点，不能充分满足各项要求，学生应通过自己的分析、教师辅导、小组集体评图，弄清设计的优缺点，修改设计，使设计更加完善，其要求与第二次草图相仿，但应更加深入，较妥善地解决各项问题，满足教学要求。此阶段，须在建筑设计已经定型的情况下将室内设计进一步深化，并注重室内环境的气氛烘托。三草图纸要求与正式图相同，细致程度也与正式图相仿，但其重复部分可适当省略，用工具绘制，图纸尺寸和图面布置也应和拟绘制的正式图相同。

正图阶段：注意正式图的构图排版，正式图须正确表达设计意图，无平、立、剖不符之处，并要求通过完成正式图系统地掌握绘制工具或者绘图软件的使用，完成各种图的正确表述。

五、成果分析与改进措施

（一）结合实际工程及师资结构调整进行乡镇类设计教学，贯彻和体现了教育方针

2018年秋季学期开始，建筑学专业开设订单班。订单班培养模式采用校企联合的方式，即企业提供实际工程设计项目，并定期对学生进行培训和指导，让学生在低年级时就能接触到实际项目的训练，并且增加BIM培训，拓宽学生视野，提高学生的兴趣及信心，增强我院学生的专业能力和综合素质（图3、图4）。

图3　校外专家教师讲解设计原理

图4　校外专家教师指导学生

根据实际工程进行的乡镇类设计课程教学，班级授课都是双师，职称较高。部分班级聘请校企合作单位的专家参与教学活动，包括设计原理讲授、现场调研、草图批改、评图等环节。校内与企业双方的教师从不同角度进行指导和讲解，将理论知识与实践相结合。

（二）选择合理的设计题目，使学生得到全面系统的训练

在乡镇类"真题真做"的教学中，选题是首要环节，选择真实项目的出发点是教学，所选的设计题目在内容、规模、深度和设计周期等方面都需要符合教学要求。策划选题时，通常要注意以下几项基本原则：一是选题要针对学生的年级及教学大纲、培养目标的要求；二是合理选择项目的规模，适合学生及教师在授课时使用；三是项目的设计时间要符合教学进度与项目进度；四是选址要合理，方便学生到实地调研，进行考察与测量；五是要有专门的教师协调与政府或者企业之间的沟通与汇报；六是多给学生选择的机会，设计课中有多种设计课题供学生选择。

很多教师反映"真题真做"的课堂因为设计条件限制而约束了学生们的设计构思，不能充分发挥他们的想象力和创造性。针对这个问题，我们在课程中，尤其是在方案设计阶段，不给学生过多的限制，而是结合题目，让他们做自己认为理想的设计方案。教师在授课的指导中，结合不同方案分类点评，比如分为创意类及工程类，也可以融合不同的方案优点来总结点评，公平选择出比较优良的方案，分组合作完成最终的设计。在分组合作的过程中，不仅可以提高学生的设计能力，还能培养团队合作精神。

（三）认真准备，严格要求，保证教学顺利进行

教师在前期做好设计任务书、参考资料准备，学院提倡聘请校外专家举办讲座。除此之外，还有外聘的专家对相关的设计规范、制图标准、设计要求以及常用的设计方法和设计步骤进行专题讲解，介绍他们多年来在设计工作中的体会和经验。在互动环节，专家针对学生的提问，解答分析设计中应注意的问题等。

指导教师认真解读设计任务书，认真准备资料及课件，讲述所选基地周围的环境、功能要求及造型特征等，使学生了解设计意图，并要求学生参照设计院正式出图的标准进行设计。要求学生精心设计，严格按照有关规范、标准及建设单位的要求进行设计，从而保证设计图纸的设计质量和教学任务的顺利完成。

（四）择优评图，调动了学生的积极性和主动性

我们将竞争机制引入课程设计的教学中，采取择优选用的方法，在学生的众多方案中，选取优秀作品。学院邀请企业及乡镇政府相关负责人员开展联合评图，进行深度设计交流。评图专家结合每位同学的设计思路与图纸表达，进行全面点评，分别对方案设计构思、项目策划、历史建筑风格等方面存在的问题提出改进意见与建议（图5、图6）。

图 5　设计课程优秀方案获奖

图 6　设计课集体评图

"一（类）专业课程带动一（类）专业竞赛"

——以辽宁省土木建筑学会高等院校"乡村振兴"主题竞赛为例

郭宏斌、许德丽

摘要： 一（类）专业课程带动一（类）专业竞赛是"七个一"应用型建筑类人才培养方法中的重要环节，旨在以赛促教，以赛促改，以赛促学，不断提高建筑类高校人才培养的质量。希望以专业竞赛为契机，探索出建筑类专业教学体系和教学目标相一致，教学内容符合现代市场需求的教学改革机制。同时，激发学生将学习和实践相结合的兴趣，拓展学生的知识面，提升学生的创新能力，提高学生的综合素质；并结合专业竞赛情况，及时将其反馈到教学中，促进设计类课程及专业教学改革，有利于培养符合社会和行业需求的、具备主动探索创新能力的专业技术人才。

关键词： 应用型建筑类人才培养；以赛促教；教学改革；创新能力

一、实践背景

（一）高校人才培养背景

新工科建设是我国高等工程教育的一项重要改革措施，包括设置和发展一批新兴工科专业以及推动现有工科专业改革创新两个方面。新工科建设对实施工程人才培养的课程、教材、教学模式等提出了新的要求。相对于工科优势高校以及综合性高校而言，地方高校更加强调应用型人才的培养。

现阶段，我国正处于经济结构转型时期，小城镇和乡村的建设与发展是未来几十年中国城乡建设事业的主要任务。在这样的背景下，地方市场经济的导向意识在建筑类专业人才培养中的地位也越来越重要。然而，各个地方的职业需求特点及职业分化的实际情况有很大的差异，因此，为地方经济建设输送合格的建筑类专业人才的地方高校办学条件和学科侧重点也有所不同。但实现实用型、创新型人才培养模式是建筑类专业教育可持续发展的必经之路。

（二）行业发展背景

乡村振兴战略是习近平同志于 2017 年 10 月 18 日在党的十九大报告中提出的战略。党的十九大报告指出，农业农村农民问题是关系国计民生的根本性问题，必须始终把解决好"三农"问题作为全党工作的重中之重，实施乡村振兴战略。

自此，中共中央、国务院连续发布中央一号文件，对新发展阶段优先发展农业农村、全面推进乡村振兴做出总体部署，为做好当前和今后一个时期的"三农"工作指明了方向。2021 年 2 月 21 日，《中共中央 国务院关于全面推进乡村振兴加快农业农村现代化的意见》，即中央一号文件发布，这是 21 世纪以来第 18 个指导"三农"工作的中央一号文件；2 月 25 日，国务院直属机构国家乡村振兴局正式挂牌，要做好乡村振兴这篇大文章；2021 年 3 月，中共中央、国务院发布了《关于实现巩固拓展脱贫攻坚成果同乡村振兴有效衔接的意见》，提出重点工作。

辽宁省在《辽宁省国民经济和社会发展第十四个五年规划和二〇三五年远景目标纲要》中指出，要优先发展农业农村，全面推进乡村振兴。要坚持把解决好"三农"问题作为重中之重，全面实施乡村振兴战略，强化以工补农、以城带乡，推动形成工农互促、城乡互补、协调发展、共同繁荣的新型工农城乡关系，加快农业农村现代化。应着力提高农业质量效益和竞争力，深入实施乡村建设行动，深化农村改革，实现巩固拓展脱贫攻坚成果同乡村振兴有效衔接。

二、实践载体

本研究以"辽宁省土木建筑学会高等院校'乡村振兴'主题竞赛"为例，竞赛举办的宗旨是为了推动深入服务乡村振兴战略的实施，发挥高校作为基础研究主力军和技术创新策源地的作用构建支撑辽宁省乡村振兴的科技创新体系，全面提升高校在乡村振兴领域的人才培养，促进辽宁土木建筑行业创作水平的提升，引导"乡村振兴"事业健康有序发展。首届竞赛的主题为乡村振兴战略背景下的"永续乡村"。

本次竞赛要求从整体性上考虑乡村发展、建设问题，设计团队要具有规划、建筑、景观、生态等多元化视点，系统挖掘目标乡村的资源禀赋，结合乡村现状发展特点、历史文化、原有建筑风貌，尊重村庄发展的客观规律、场地和自然环境特点，体系化地完成参赛作品。鼓励各参赛团队跨专业、跨单位组队。

三、以赛促教的意义

（一）为乡村建设提供真实的规划设计建设方案，解决实际问题

本次竞赛旨在更好地助力辽宁省乡村振兴建设，为省内乡村振兴工作实际面临的多样化问题提供多元化的解决思路。本次竞赛将结合辽宁省国民经济和社会发展第十四个五年规划和二〇三五年远景目标的建议，选题重点聚焦辽宁省乡村发展建设中的产业活力不足、人口流失、乡村环境及基础设施有待完善、乡村资源消耗无序及生态问题等实际问题，为辽宁省乡村振兴工作定向提供解决问题的思路。竞赛选址围绕具备真实政府投资计划和建设需求的乡村项目地展开，并将竞赛创新成果择优转化为实际项目建设的规划设计指导方案，为辽宁省乡村振兴工作的持续、高效开展提供帮助。

（二）提高省内高等院校人才培养质量

乡村振兴的前提保障之一就是人才振兴。高校作为基础研究主力军和技术创新策源地，应发挥高校学科综合优势，提高自主创新水平，推动高校深入服务乡村振兴战略的实施，让高校参与到乡村建设实际工作中，运用所学专业开创性地解决现实存在的问题。

（三）建立专业竞赛新常态合作机制与模式，为政府提供咨询建议

本次竞赛以沈阳城市建设学院获批的省级乡村振兴科技服务智库为依托，充分发挥智库平台的技术支撑作用及沈阳城市建设学院相关校企、校地、校会合作平台资源优势。从校企合作的科研项目中选取真实项目地（有政府投资计划或建设计划的村庄），并联合相关政府部门（项目地主管部门）及相关行业协会进行联合评审，遴选出一批创新性强、适用面广、成功率高、示范性好的创意方案。最终，大赛组委会将汇总落地性强的方案，以提案的形式提交项目地主管部门，作为后期建设项目实施的方案依据。

（四）在高校阵营培养"乡村振兴"思维

围绕乡村振兴战略，结合科教兴国、人才强国、创新驱动发展等战略实施，加快构建高校支撑乡村振兴的科技创新体系，全面提升高校在乡村振兴领域的人才培养、科学研究、社会服务、文化传承创新和国际交流合作能力，为辽宁省乡村振兴战略提供人才支撑。

（五）为乡村振兴战略贡献创新思路

发挥高校作为基础研究主力军和技术创新策源地的重要作用，提高自主创新水平，引领乡村发展新常态，助力提高辽宁省乡村发展的创新力和竞争力，为乡村振兴提供强大的科技支撑。

四、实施途径及方法

（一）设计类课程结合竞赛的原则与思考

目前，很多普通高校都在提倡"以项目带动课程实训"的情景式教学方法，采用"工学结合、项目教学"的教学模式，而传统的工学结合模式，虽然有利于提高学生的实践能力，但不能与市场直接进行交流，很多企业也未能提供给学生与专业真正相关的实践岗位，学生获益程度有限。我国高校建筑类专业教学模式和教学方法急需改革，在传统的教学过程中，学生的主观能动性没有得到足够的重视，课题实训多以虚拟课题为主，学习过程局限于教室和课堂内，没有项目实训与实践，教学评价的模式单一，学生的实践能力跟不上社会的发展，使得毕业后与专业需求脱节。

一门课程的项目训练必须要做到覆盖性强、通俗易懂和实用性强才能真正激发学生的学习兴趣。现在社会上有许多设计比赛的课题均面向高校和社会同时征集，其中不乏知名品牌和特色企业。通过此类比赛，使企业、学校和社会得以沟通，达到双赢的结果。利用国家级、省级各类大赛的命题式设计进行课程项目训练，不仅可以很好地优化实践教学模式，更可以锻炼学生的实际操作能力、创新思维能力、设计能力和团队合作能力。此外，"以赛促教、以赛促学"的教学模式也有利于提高教师队伍的教学水平。指导学生参加专业竞赛的教师需要具有扎实的专业理论知识和较强的专业设计实际操作能力。艺术设计专业的青年教师大多是刚刚毕业就进入学校，缺乏一线行

业工作经验，所以在专业设计技能、设计手法上都不够扎实和全面。而艺术设计的创意方法和设计的发展趋势及潮流都在不断地发展，这就要求指导教师要及时了解和把握设计的流行趋势，把相关的前沿案例带入课堂。同时要求专业教师具有相应的实践能力，使学生毕业即可上岗。通过专业大赛，学校也可以更好地制定出专业教学改革的相关举措，让学生走出校门，让学院派的设计真正融入社会，为学生的就业打下坚实的基础。

（二）设计类课程结合竞赛的具体操作

1. 动员学生积极参加大赛

在大赛开始之初，分析适合参赛的班级和课程，有针对性地发放策略单，介绍大赛的相关规则，分析历年获奖作品，使学生对本次大赛具有足够的了解。首先，由专业教师集中讨论，根据本次大赛的主题和要求确定相关指导教师、调整教学计划、合理安排实践、明确教学重难点等。然后，由指导教师将大赛参赛规定、参赛办法、参赛作品规格及要求、奖项奖金设计、截止时间等信息清晰明了地介绍给同学们，并发放任务书，引导学生按照各自擅长的工作进行小组的分配和组合，科学分工，选定参赛模块。

2. 教学环节的设计

在教学过程中，要针对大赛、课程做相应的教学安排。要求每位参赛同学针对自己所选的课题进行详细的市场调研，分析任务书的核心诉求，引导学生撰写规划策略方案，确定规划创意策略，确定规划设计定位。在课程的理论讲解中，向学生讲授相关的概念，如规划策略、设计创意、规划定位等，同时指导学生运用头脑风暴的思维方法，将能想到的与项目相关的创意点词汇进行罗列、筛选，鼓励学生打破传统思维习惯，指导教师和学生就创意点进行讨论、分析和归纳，并在课堂中进行草图绘制，以争夺竞赛奖项为目标，注重团队合作的引导，开展突破性教学实训。

五、问题与思考

（一）教与学的关系

"以赛促教、以赛促学"的过程和传统的教学相比在教师的"教"和学生的"学"上有很大的不同。教师不仅要把比赛的相关资料给学生作宣讲，更要明确自身"教"的作用定位，从项目的调研、参赛小组的分配、草图方案的绘制、效果图的制作到最后的提交作品，教师要明确自身的指导作用，提供必要的帮助，引导学生进入情境，协调小组各成员之间的分工，严格把控学生的学习状态，直至最终设计方案的实施和评价。

（二）大赛与课程、班级的教学计划的匹配问题

教师在进行竞赛的选择时，要明确知道竞赛的性质和要求，学生的课程以及教学计划的安排，教师在选择竞赛和参赛班级时要根据实际情况，切忌盲目地实施"以赛促教、以赛促学"，要注意竞赛与课程的匹配度。

（三）不断提高专业教师的业务能力

要使"以赛促学"获得良好的效果，必须要有一支能做到"以赛促教"的优秀教师团队。学生在参赛过程中表现出的能力，在某种程度上也代表着专业教师的业务能力。赛的是学生，比的是教师。建筑类专业要着重培养学生的创新意识和实践能力，这就要求专业教师不断更新自己的知识库，开阔眼界，提高业务水平和操作能力，这也是"以赛促教"的集中体现。

六、结语

"以赛促教、以赛促学"的教学模式是对学生的专业技能和教师的业务水平及教学质量的综合。在近几年的教学改革探索过程中，"以赛促教、以赛促学"模式的优势得到了很好的体现，在提高教学质量、提升学校和专业的知名度上都有一定的成效，集中培养了学生的创新思维能力和实战能力，有效地整合了资源，开阔了学生的视野。高校教师要以转型发展为契机，进一步强化"以赛促教、以赛促学"教学模式的效果，紧密结合专业要求，促进课程改革创新，营造一个教师、学生、学校、社会多方共赢的良好局面。

"一（类）专业竞赛带动一（类）专业社团"

——以"谷雨社团发展"为例

吕晶、许德丽

摘要： 建筑与规划学院结合专业特色成立了以建筑学专业、城乡规划专业、园林专业为学科背景的专业性学术社团。专业社团的建立运行对提高学生专业课程学习的兴趣，培养学生的创新精神、创新能力和实践动手能力具有不可忽视的作用。通过专业竞赛的引领，充分发挥社团自身特点和优势，拓宽学生成长成才的阵地和专业教学的深度和广度，从而促进高等学校应用型人才的培养。

关键词： 学生专业社团；学科专业竞赛；应用型人才培养

一、应用型高等学校学生专业社团的建设背景

学生专业社团的建设是应用型高校人才培养的重要载体，可加强学生的专业学习和综合能力的培养。学生专业社团是指致力于某一专业技能提升的学生根据个人专业与兴趣自愿组成的群众性团体，一般是依托院系某一专业（或专业群）组建形成，社团成员来自于不同年级相同专业群的学生。

学生专业社团的发展和建设对于学生专业实践能力、创新创业能力等综合能力的提升至关重要。目前，部分高校对社团建设的重视度明显不高，出现了社团建设参差不齐、成果不多、管理混乱等现象。问题主要集中在制度建立不健全、专业指导不到位、物质条件匮乏、形式单一缺乏创新、社团成员流失等多个方面，从而导致学生社团建设的实效性大大降低，限制了学生社团的长久发展和良性循环，直接影响到学生社团成员综合素质的锻炼与提高，从而使学生群体的学习主动性大大减弱，降低了学校专业教学的质量与水平。因此，如何发挥学生专业社团的作用，在应用型高校中探索出一条由专业社团建设弥补专业课堂教学的有效途径至关重要。

二、以学科竞赛促学生专业社团发展的意义

大学生团体具有活泼好动、乐于参与、爱好表现自我的特点，传统课堂教学不能充分利用学生的特点，学生学习效果不佳。学生专业社团以学生为主体，采用专业教师引导、学生积极配合的方式，通过灵活多样的社团活动吸引学生、调动学生，弥补课堂教学。

学科竞赛，是比拼智力的、超出课本范围的一种特殊的考试和竞赛，是大学生创新实践能力提升的平台。学科竞赛有基础教育阶段的学科竞赛，也有高等教育阶段的

高校学科竞赛。为培养创新人才，专家呼吁高校学科竞赛"升温"。与中小学过热的各种学习类竞赛相比，长期以来，我们的高校学科竞赛似乎太"波澜不惊"了。在"升温"的过程中，高校学科竞赛也出现了一些问题。在高校运行的众多系统中，学科竞赛的地位和竞赛组织的长效机制并未普及或完全建立。因此，应用型高校如何将学科竞赛与专业建设有效、长期地结合起来至关重要，我校积极开展专业社团建设并与学科竞赛相结合，将专业竞赛融入社团活动，以一（类）专业竞赛带动一（类）专业社团发展，让学生在竞赛中比拼较量，能充分调动起爱好专业学习的学生的热情，形成"依赛建团，以团促赛"的良好格局，弥补专业课堂教学的不足，从而达到以赛促团、以赛促学、以赛促教，不断提高建筑类高校应用型人才培养质量的目的。

学科竞赛引领专业社团发展，有助于深化理解专业课的理论知识，培养创新意识，避免知识固化，并能够综合运用自然科学、人文科学及专业知识，分析项目中的复杂问题并提出解决方案，将专业知识拓展到竞赛中应用。目前，谷雨社参加过专业竞赛的同学在专业课程的学习中都有很大进步，在专业竞赛的实践过程中，激发了同学们对专业知识的学习热情，并创新地将专业知识应用到竞赛成果中去，使其专业理论知识掌握扎实并能灵活应用。

学科竞赛引领专业社团发展，有助于学生获得终身学习的能力，并能够持续适应不断变化的自然、经济、社会环境，能够通过多种学习渠道更新知识，具有不断学习、适应社会发展的能力。在竞赛过程中，教师引导，学生为主体，学生需要自主探索学习，逐步形成自学能力。

学科竞赛引领专业社团发展，有助于学生提高独立思考及创新能力，可以熟练使用现代工具表达观点和设计，有效运用建筑设计、城乡规划、景观设计等方面的专业知识和工程技术原理，具备解决建筑设计及相关领域诸多问题的综合能力。

学科竞赛引领专业社团发展，有助于学生培养高度的社会责任感、团队精神，能够在团队中分工协作，交流沟通。在竞赛过程中，能综合考虑法律、环境与可持续发展等因素，具有坚持公众利益优先的素质。

三、以学科竞赛促学生专业社团发展的实施途径及方法

（一）专业社团管理与组织

专业社团是由热爱专业的学生自发成立的群众性学生组织，社团的发展和建设离不开成熟的管理机制，这样才能让更多的同学经过努力参加社团，激发专业兴趣，积极参加社团活动，锻炼综合能力。

以校级专业社团——谷雨社为例，学校坚持党建带团建，加大对社团的指导力度。谷雨社以专业教师为主导，学生为主体，在每学期都会提交本学期的工作计划和总结，定期在指导老师的带领下开展工作。每学期组织社团成员参与一项专业竞赛，争取结合我校专业特色，探索一条以专业竞赛促进专业社团发展的道路。谷雨社以专业竞赛为中心开展社团活动，按照竞赛时间节点，举行专家学者讲座、优秀学长讲堂、竞赛阶段交流会等活动。社团活动采取线上线下混合进行的模式，灵活地规避了各年级学

生参与时间及地点的矛盾。选出专业能力强、沟通能力强、管理能力强的学生作为社团负责人，对普通社团成员起到积极的带动作用。对社团成员进行分组管理，三到五人一组，由高年级带动低年级，由能力强的带动能力弱的，形成彼此互相带动的良好态势。谷雨社建立了一套过程化的考核机制，每学期对社团成员进行考核，使社团活动保质保量进行，同时保证专业竞赛作品的质量。

（二） 以学科竞赛为内容的社团活动架构——以"谷雨杯全国大学生可持续建筑设计竞赛"为例

谷雨社社团活动以学科竞赛为中心，以竞赛时间为主轴，教师充分引导，学生积极参与，践行学院"七个一"人才培养方法。

"谷雨杯全国大学生可持续建筑设计竞赛"是谷雨社参与的常规竞赛项目，目前已经举行了16届，是由全国高等学校建筑学学科专业指导委员会主办，北京谷雨时代教育科技有限公司独家赞助的官方指定的建筑设计专业方向类竞赛。该竞赛旨在为建筑专业学生提供展示自身天赋和才能的平台和空间，通过参数化设计、可持续分析等手段，运用计算机辅助设计、BIM（建筑信息模型）以及建筑性能模拟等技术，完成最终的创意型作品。每年的设计题目都紧扣时代发展的脉搏，聚焦社会热点问题，学生不仅要具有扎实的建筑方案设计能力，还要有独立思考及创新能力，同时兼具社会责任感及团队合作精神。

下面以"谷雨杯全国大学生可持续建筑设计竞赛"为例阐明社团活动架构。

1. 竞赛准备阶段

"谷雨杯全国大学生可持续建筑设计竞赛"时间一般为每年的3月初至7月末，社团活动一般在9月至第二年的2月开始竞赛的准备阶段。竞赛的准备阶段至关重要，是竞赛顺利进行的基础。有些同学一开始参与竞赛的兴趣很高，在竞赛的参与过程中层层受阻，最终放弃，归根结底是竞赛准备不足。谷雨社在竞赛前就会开展一系列的社团活动，做到知己知彼，百战不殆。

（1）建筑设计基本功的准备。参与建筑专业竞赛，学生要具备扎实的建筑设计基本功。除了在课堂上进行专业学习外，在社团里，学生间互相分享喜爱的建筑设计作品，交流专业学习心得，互相对设计课作业进行点评，对于优秀的设计课作业进行展出等，这些活动有助于学生强化建筑设计基本功。

（2）对历年竞赛主题与获奖作品的分析。谷雨杯设计竞赛已经举行过16届，首先要熟知每届竞赛主题和要求，理解可持续建筑的设计理念，带着问题去学习。了解每届竞赛的设计任务书，熟知竞赛的考核要点及应该具备的专业能力，在日常的学习中有目的地学习。其次要充分分析历届获奖作品，积累竞赛经验并寻找个人差距，明确努力的方向。

（3）绘图表达的准备。在建筑设计竞赛中，有好的设计理念固然重要，但如果没有精彩的绘图表现手段，设计作品也不能得到完美的呈现。因此，社团活动非常重视建筑表现的绘图技法训练，平时会有社员们的建筑手绘展、计算机绘图资源及技巧交流等活动。

（4）竞赛创新创意思维的准备。创意思维的培养需要学生具有清晰的头脑及对社会问题的敏感度，并且会综合运用自然科学、人文科学及专业知识，分析项目中的复杂问题并提出解决方案。因此，社团会组织学生参与专家沙龙讲座，学习具体工程项目中创新创意思维的表达过程。

2. 竞赛参与过程

每年的3月初谷雨杯竞赛发放设计任务书，7月末收取竞赛成果，在这个阶段社团指导教师会积极组织学生，把控竞赛时间节点，完成竞赛作品。

（1）解读竞赛任务书。首先社团指导教师会针对竞赛任务书进行解读，深入分析竞赛的设计主题，竞赛设计基地的选取要点，设计成果要求等。

（2）学生组建团队，确定指导教师。社团学生自由组建团队，秉持优势互补，多年级、跨专业组合的原则，团队成员要分工明确，互相配合，积极沟通，增强团队的整体力量。秉持学生与指导教师双向选择的原则，确定每组学生的指导教师，之后进行分组指导。

（3）竞赛创意主题的确定。学生遵循竞赛设计任务书，在专业教师的指导下，立足调查研究，理性分析建筑设计基地条件，明确需要解决的问题，并得出通过怎样的建筑形式来改善，提出具有创新性的设计创意。在调查研究和分析中，引导、鼓励学生创新应用"互联网＋"、移动技术、点云技术、GIS、VR、物联网、云计算、大数据等前沿技术。

3. 竞赛草图阶段

学生依据设计创意展开设计，通过草图设计不断修改深入，真正做到从功能布局、交通流线到建筑空间的完整设计。

4. 竞赛成图阶段

学生根据竞赛任务书完成计算机图纸绘制，并应用BIM参数化软件进行建模，进行建筑设计的数字化展示、传播和应用。

5. 竞赛后总结

学生提交竞赛作品后，社团进行竞赛后总结。各组学生一同展示竞赛设计成果，并对竞赛过程中遇到的问题以及不足进行总结。10月，竞赛结果公布后，对获奖作品进行分析比对。

四、成效与评估

以学生的专业兴趣为引导，有效组建专业社团，并由一（类）专业竞赛带动社团发展的模式，有效地拓展了学生的专业学习，促进了创新创业精神的培养，提升了学生的动手实践能力。谷雨社由当初的十几人发展到现在的四十几人，除了学生对专业学习的兴趣外，更重要的是生动有趣的竞赛活动的引领，学生收获了竞赛比拼的乐趣、专业成绩的进步、社团成员的友谊。

谷雨社社团成员近年在"谷雨杯全国大学生可持续建筑设计竞赛"中获一次优秀

奖、一次入围奖，在其他专业竞赛中也屡次获奖。社团成员的专业学习成绩也普遍提升，获得任课教师的肯定。

在学生专业社团管理与建设的不断摸索中，发现仍存在不少问题。学生专业社团的组建依靠的是学生的专业学习兴趣，如何让学生保持热情并积极参与是社团建设的灵魂。丰富多彩的社团活动、行之有效的社团管理机制是社团建设的不二法宝。但往往由于缺少经费支持，社团活动无法开展，或者开展情况不佳；没有奖励机制，社团成员参加活动不积极、不主动；指导教师授课任务繁重，对学生的竞赛指导时间有限；社团成员来自多年级、多专业，社团活动的时间受限，不能保证所有社团成员参与活动等，以上诸多社团建设问题，都需要不断改进。

参考文献

[1] 杨春花. 浅谈专业型学生社团在职业院校提质培优中的作用［J］. 新疆职业教育研究，2021（3）：25-28.

第五章
辽宁省乡村振兴科技服务智库建设

◉ 辽宁省高等学校乡村振兴科技服务智库建设情况综述

◉ 关于"广泛招募、派驻乡村规划师下乡"助力辽宁省全面
推进乡村振兴工作的建议

◉ 论以文化策划促进辽宁乡村文旅产业振兴

◉ 关于加强乡村规划建设人才培养的建议

◉ 加快开展拯救老屋行动,助力美丽乡村建设

辽宁省高等学校乡村振兴科技服务智库
建设情况综述

郝轶、吉燕宁

辽宁省高等学校乡村振兴科技服务智库（以下简称"智库"）是辽宁省教育厅于2021年公布的辽宁省高等学校新型智库。

习近平总书记提出的"加强中国特色新型智库建设"和"智库观"，是以习近平同志为核心的党中央治国理政新理念、新思想、新战略的重要组成部分。习近平同志2017年10月18日在党的十九大报告中提出乡村振兴战略，并指出农业、农村、农民问题是关系国计民生的根本性问题，必须始终把解决好"三农"问题作为全党工作的重中之重，实施乡村振兴战略。《中共中央 国务院关于做好2022年全面推进乡村振兴重点工作的意见》指出，突出实效改进乡村治理，加强农村基层组织建设，充分发挥农村基层党组织的领导作用，扎实有序做好乡村发展、乡村建设、乡村治理重点工作。民族要复兴，乡村必振兴。坚持学习好、领会好、贯彻好习近平"智库观"，是我省乡村振兴智库健康发展的根本指南和保障，对加快我省乡村振兴具有重要意义。

2013年以来，我省智库建设快速发展，取得不少成果，形成了我省智库建设的春天。一是出台了一系列顶层设计性的智库建设的决定、意见、方案等纲领性文件及配套文件，标志着我省智库建设正迈入制度化建设的新阶段；二是智库建设呈现一派新景象：高端智库建设迈出实质性步伐、传统智库加快转型发展、社会智库表现出极大的活力和竞争力、智库的公共外交功能得到高度重视并主动开拓、专业智库快速发展、智库组织形式不断创新等。

同时，我们也看到，随着形势的发展，智库建设跟不上、不适应的问题也越来越突出。主要表现在：智库的基本理论、基本概念、智库功能等方面还存在许多模糊的认识，因此造成智库实践中有许多误解和混乱，致使智库组织形式和管理方式创新受到制约；一些传统智库囿于正统地位的优势，转型发展迟滞不前；智库的重要性没有受到普遍重视；智库参与决策咨询缺乏制度性安排；缺乏真正有较大影响力和国际知名度的高质量智库；智库提供的高质量研究成果不够多；智库建设整体规划不明确，智库组织形式和管理方式创新流于形式，智库资源配置没有形成合力；尤其存在习近平总书记所批评的"智库研究存在重数量、轻质量问题，有的存在重形式传播、轻内容创新问题，还有的流于搭台子、请名人、办论坛等形式主义的做法"等。因此，我们要进一步自觉用习近平"智库观"武装头脑，指导实践，在中国特色新型智库发展道路上，不断加强中国特色新型智库建设，建立健全决策咨询制度。

智库按照辽宁省教育厅的相关要求进行建设，具体如下：

（1）智库的依托单位为高校，相关高校要按照《辽宁省高等学校新型智库建设实施方案（试行）》的有关要求，认真落实有关支持政策，为智库建设提供场地、设备、人员和经费等必需的条件保障。学院安排大学生创新创业中心的一间办公室作为智库的办公场所，并通过校企合作的方式为 6 个建言组和秘书处配备了专用的电脑设备。学院每年为智库提供 5 万元的经费。

（2）相关高校要创新体制机制，整合优质资源，拓展已有相关平台功能，搭建咨询研究成果生产、发布和应用转化的咨政服务平台，充分发挥智库的战略研究、决策咨询的重要功能和作用，着力提升社会服务能力和服务水平。

智库在摸索中不断地完善和创新体制机制，截至目前，出台了《智库运行制度》《智库成员职责分工》《智库文件文字规定》《智库评价体系》以及《智库经费使用规定》等多项规章制度，并且在逐步进行动态调整和完善；智库积极拓展建言的发布渠道，建立了专属的公众号平台，不定期发布智库活动、学术讲座以及建言情况。

（3）各智库要广泛聚集各类智慧要素和创新要素，组建稳定的具有较强决策咨询研究能力的团队，明确服务对象，积极主动，精准对接需求，建立稳定畅通的决策咨询渠道。

智库现有成员 70 人，其中高级职称以上人员占比约为 36%；智库聘请校内专家 13 名，校外专家 9 名，均具有高级以上职称；同时，充分发挥自己的主观能动性，整合优质资源，已经与辽宁省乡村振兴局、中国民主促进会辽宁省委员会、辽宁省政府发展研究中心等政府机构建立了稳定的沟通渠道，发挥智库的服务能力和服务水平。智库于 2021 年形成了《关于"广泛招募、派驻乡村规划师下乡"助力我省全面推进乡村振兴工作的建议》《关于"广泛培养引导创客人才助推辽宁乡村振兴"的建议》《关于北方严寒地区农村厕所排污技术措施建议》《关于借鉴发达地区推进辽宁省农村绿色建筑促进碳汇和碳中和的建言》《关于"开展全省乡村传统老建筑普查"的建言》5 篇咨政建言，其中《关于"广泛招募、派驻乡村规划师下乡"助力我省全面推进乡村振兴工作的建议》经民进辽宁省委推荐，已经被辽宁省政协于 2021 年一季度采纳。2022 年形成了《关于加快开展拯救老屋行动的建言》《关于加强乡村规划建设人才的建议》《关于辽宁省农村集体经济发展有效路径的建议》《关于推进辽宁省乡村闲置建筑绿色活化利用的建言》《关于乡村集约化公服设施的建议》《关于以文化策划促进我省乡村文旅产业振兴的建议》《关于优化辽宁省农村户厕改造的对策建议》7 篇建言，已经递送到相关的部门。以上通过各种数据的描述对智库进行了一个简单的介绍，事物是不断发展和变化的，智库作为学院的一项新的工作也必将承接自己的工作，通过不断地探索，最终形成产业学院一个新的发展引擎，更好地服务于辽沈大地的乡村振兴工作。

关于"广泛招募、派驻乡村规划师下乡"助力辽宁省全面推进乡村振兴工作的建议

郭宏斌、吉燕宁

摘要： 当前，我国乡村规划工作正面临着巨大的需求和挑战，乡村规划师的重要性也在逐步凸显。乡村规划师是具有规划或相关专业背景的专业人员，既是乡村规划的决策参与者、编制组织者，也是乡村愿景意见的采集员，乡村建设项目的建议员，规划实施的指导员，村庄建设的矛盾协调员和乡村规划研究员、科普员、宣传员。总的来说，乡村规划师的主要职责是帮助带领乡村振兴。这一角色对乡村振兴工作的开展意义非凡。本文主要针对乡村规划师参与乡村振兴工作进行阐述。

关键词： 乡村规划师；乡村振兴；广泛招募；人才振兴

目前，我国各级政府高度重视乡村振兴，同时也对乡村振兴工作的质量提出了更高的要求。乡村振兴工作的高质量开展离不开科学合理的规划与建设指导，村庄作为国土空间规划的最后一个层级，按照当下的行业技术流程及工作模式，在规划编制和实施建设过程中存在一些难点问题。

一、乡村规划工作面临的问题

（一）"上接天气"好做，"下接地气"难做

首先，全省范围内村庄的实际情况各异，各个村庄存在着明显的社会经济差异、自然条件差异及文化差异，对于村庄规划应进行"上接天气、下接地气"的编制。"上接天气"指村庄规划中涉及与上层规划和政策衔接的问题，要注重对上层规划内容的传导；"下接地气"指村庄规划是最接近农村与基层的规划，要尊重村民的意愿，符合村庄的实际发展需求，尊重村庄的演变规律，遵循村庄的实际建设能力。

目前，规划设计院所进行的村庄规划编制，"上接天气"环节一般做得比较完善，但在"下接地气"的规划过程中存在一些问题。规划设计院所的专业人员作为"外来人口"，其项目操作的周期受到限制，村庄调研的次数有限，熟读现场、发现问题的时间受限，对村庄的需求、发展现状、未来发展的突破口理解并不深刻，编制的规划成果缺乏一定的针对性，无法做到"下接地气"。这样的工作模式和成果，对于自然条件相对较好、资源禀赋较充裕、建设基础较完善的村庄来说，影响不大，但对于各方面条件都不完善，尤其是自然条件相对较差的区域（如辽西部分干旱地区、西北部分侵蚀型沙化区域等），这样的工作方式在一定程度上仅能提供解决问题的常规途径，而非针对村庄的实际情况制定切实可行的优化途径，就无法为此类村庄提供实操性强的振兴策略。

（二）"初期建设指导"好做，"长期动态实施"难做

村庄规划的顺利实施离不开合理有序的建设指导。建设单位、监理单位及施工单位，由于专业受限，对规划成果的解读缺乏深度和广度。建设过程中，依赖于规划设计院所的专业性指导，5 年的近期建设指导好做，但国土空间规划体系下的村庄规划实施周期为 15 年，在这 15 年的村庄建设和演变过程中，会面临诸多问题，需要进行多元化的专业调整。这无疑给规划设计院所增加了超负荷的跟踪工作。规划设计人员不能全程参与到多年的村庄发展进程中，对新问题的应对也不充分，不利于村庄建设工作的持续、有效开展。

二、乡村规划工作方法

这些问题在其他省份中同样存在，也探索出了一些切实可行的应对方法与工作机制。以下进行列举：

（一）高校团队充当乡村规划师，实践与理论双双开花结果

2012 年，同济大学杨贵庆教授与他的团队应邀帮助黄岩规划美丽乡村建设。每隔半个月，杨贵庆教授便从上海赶到黄岩，率领师生团队，指导乡村振兴实践，一批古村落的重生激活了人气，带富了村民，其中屿头乡沙滩村入选了浙江省美丽乡村建设"样板村"。在田间课堂实践中，杨贵庆教授还先后出版了多部专著和学术论文，率先提出了"新乡土主义"乡村规划理论。

（二）专职乡村规划师下乡，为乡村发展、建设、决策助力

2018 年 4 月，成都面向社会公开招聘、征集第八批乡村规划师 36 名，年薪 10 万元，录用后将派驻到成都市多个地区从事乡村规划相关工作。成都给这一职位确定了 7 项职责，即规划决策的参与者、规划编制的组织者、规划初审的把关者、规划实施过程的指导员、乡镇规划的建议人以及基层矛盾的协调员、乡村规划的研究员。

（三）多专业乡村规划师下乡，定向解决乡村实际问题

2018 年 6 月，重庆市规划局择优选派了 9 名懂农业、爱农村、爱农民，具有城乡规划、建筑设计、景观设计、道路交通、艺术设计等相关专业背景的青年规划师到 9 个试验示范区县的重点乡村，协助开展乡村规划工作。他们的工作职责包括五个方面：指导当地各层级规划的编制工作；调查了解规划编制和实施过程中存在的问题并形成调研报告；参加相关区县乡村重要建筑设计项目审查、专业技术培训等学术类咨询交流活动；挖掘名镇名村、传统村落的历史文化价值，推动历史文化资源的保护及合理、适度利用；完成全市乡村振兴试验示范区县规划的相关工作。

这些探索都具备一个相同的出发点："村民"比任何人都了解农村、农业、农民的实际情况及发展需求，但他们缺乏专业的规划建设能力。让专业人才常驻乡村，打造

"专业化村民",让这些专业人才通过对实际需求的解读和把控进行专业、合理的规划，并亲自指导相关乡村建设，参与乡村发展决策，不但能够更好地促进乡村振兴，同时也能为乡村振兴探索新思路、新方法。

本案认为，科学规划与指导是乡村振兴的前提保障之一，而人才振兴是这个前提保障的关键因素。乡村人才振兴的关键，就是要让更多专业人才愿意来、留得住、干得好、能出彩。

因此，在全省范围内根据不同区域乡村发展的实际需求（可先以部分地区作为试点），广泛招募各类专业人才，作为"乡村规划师"派驻下乡，打造"专业村民"群体，为乡村发展的科学规划、有序建设、持续探索提供保障，助力我省全面推进乡村振兴工作。

论以文化策划促进辽宁乡村文旅产业振兴

罗健、吉燕宁

摘要：一个地区的建设与当地历史文化的传承息息相关。作为拥有 2 个国家历史文化名城、4 个中国历史文化名镇、1 个中国历史文化名村的大省，辽宁的历史文化内涵丰富，但是辽宁乡村的文化资源开发存在一些问题，表现手段单一、匮乏，其直接原因与文化策划不足相关。通过对历史文化的发掘，以文化策划先行，以文旅产业促乡村振兴，可以将乡村历史文化与当地经济发展相融合，带动当地发展，实现文化繁荣。

关键词：策划；乡村；文旅；振兴

所谓策划，是通过实践活动获取更佳效果的智慧，是一种智慧创造行为。与旅游相关的文化策划则是以文旅资源为基础，通过对文旅市场和环境等的调查、分析和论证，对文旅资源的转化路径进行谋划，创意设计旅游方案，落地实施，使资源与市场得以有效结合，从而获取最佳经济效益、社会效益和生态效益的过程。

实施乡村振兴战略，是党的十九大做出的重大决策部署，是决胜全面建成小康社会、全面建设社会主义现代化国家的重大历史任务。乡村旅游是乡村振兴的重要动力，大力发展乡村旅游是实施乡村振兴战略的重要抓手。因此，坚持"文化赋能，旅游激活"的理念，深入开展文化策划，不仅有助于构建全方位、多层次的乡村旅游品牌体系，也必将激发新时代乡村振兴的内生动力。

一、乡村振兴中的文旅产业发展概况

《辽宁省"十四五"文化和旅游发展规划》提出："推动乡村文化振兴。把文化和旅游发展纳入全省乡村建设行动计划，建设产业兴旺、生态宜居、乡风文明、治理有效、生活富裕的新时代魅力乡村。"乡村旅游是实施乡村振兴战略的重要抓手，而文旅重视传承、利用、发展优秀乡土文化的核心内容，是乡村振兴基本要求中乡风文明的保障。文旅是乡村振兴的"领跑者"。

2022 年 2 月 22 日，中央一号文件《中共中央 国务院关于做好 2022 年全面推进乡村振兴重点工作的意见》中提出："实施乡村休闲旅游提升计划。支持农民直接经营或参与经营的乡村民宿、农家乐特色村（点）发展。将符合要求的乡村休闲旅游项目纳入科普基地和中小学学农劳动实践基地范围。"2022 年 5 月 12 日，《沈阳建设国家中心城市行动纲要》中提出："做强文化旅游业态。挖掘乡村体验游……开展休闲农业旅游和文创农业旅游。"

纵观辽宁省内，不乏乡村文旅资源转化成功的案例。沈阳市沈北新区的"稻梦空间"是国家 AAA 级景区。其独特的地理优势孕育了优质稻田，形成了以稻田彩绘为特色的田园综合体，讲述"一粒米的故事"，是现代农业与乡村旅游结合的代表。目前，"稻梦空间"是我国最大的水稻科普教育基地，有"中国稻田画之乡"和"中国田园"的美誉。而在辽宁省内，拥有历史文化遗产资源的村庄数量非常多，截至 2022 年，全省已有 17 个省级历史文化名镇、26 个省级历史文化名村、4 个中国历史文化名镇（鞍山市海城市牛庄镇、抚顺市新宾县永陵镇、丹东市东港市孤山镇、葫芦岛市绥中县前所镇）、1 个中国历史文化名村（石佛寺村）。此外，一些尚未列入历史文化名村而具备历史文化资源的村庄也为数不少（图 1～图 4）。

　　疫情之下，乡村旅游因为相对开敞、密度较低，正在成为城市居民重要的休闲度假方式，特别是在中长距离旅游受限的情况下，乡村旅游更是成为短距离休闲度假的重要选择。周边乡村游和城市微度假，有足够的复购率，虽然客单价较低，但利润率

图 1　石佛寺村中的锡伯族文化博览园

图 2　石佛寺村中的古井

图 3　沈阳市辽滨塔村辽滨塔

图 4　石佛寺塔

未必低。新的产品需求已发生变革，一个趋势是"旅行不一定要去远方"，从行业发展和企业运营来说，不用去远方的产品，才是疫情后更能让企业长久生存的基础。

二、乡村振兴中的文旅产业发展存在的问题

乡村旅游是利用乡村环境空间开展的特色化村野旅游活动。作为一种依赖文化体验和文化感知的旅游行为，它必须源源不断地为游客提供深层次的文化内容。实施乡村振兴，乡村文旅产业虽有一定发展，但尚处于探索阶段，乡村文旅产业效益尚未真正实现，与"传承发展提升农耕文明，走乡村文化兴盛之路"还存在一定差距。

（一）文化策划明显缺位

文化策划与旅游规划虽然相同，但却区别明显。策划在于谋划和布局，解决的是"能做什么"，而规划则是解决"怎么做"的问题。因此，文化策划是旅游规划的先导和灵魂，规划则是策划的深化和具体化。目前，辽宁一些地区在乡村旅游中的文化策划并未很好地与规划融合在一起。某些地方乡村旅游规划做得很豪华，文本包装也很夸张，但其内容却是资源优势、区位条件、开发布局、SWOT分析等千篇一律的文字，对于目标市场的准确定位、区域形象的特色设计、市场营销的策划都没有详细的论述和设计。可以说旅游规划并没有真正落实的可行路径，文化策划明显缺位。

（二）缺乏针对乡村振兴实行文化策划的专业技术人才支撑

有关文化策划、文旅融合开发等方面的培训课程覆盖面不够。缺乏人才导致很多乡村在业态引入上缺乏正确思路，通常走向两个极端，要么局限在以农家乐餐饮、田园观光为内容的狭义概念中，要么过于贪大求全，完全按照景区的发展思路打造乡村，偏离了乡村建设的初衷。在技术上，很多乡村过度建设景观，使得乡村缺失了乡野味，变得城市化、公园化。

人才的缺失也导致很多地方的项目打着文化特色的旗号，却毫无文化可言。这些项目的策划方式十分单一，盲目跟风现象严重，甚至在胡乱追求着"最大""第一""唯一""最高"等。

（三）缺少有影响力的品牌

因缺乏文化策划的先导，将旅游独立看待导致整体思维缺失，真正的文化旅游资源处于待开发状态或半开发状态，没有形成有影响力的品牌。还有一些地区，由于缺少可持续的科学策划，历史文化古迹遭到惊人的破坏，在过度追求商业利益的背景下，作为文化旅游的精华和核心的人文环境的原真性也受到严重破坏，所谓"皮之不存，毛将焉附"，品牌建立更无从谈起。

三、关于实施以文旅产业促乡村振兴，文化策划先行的建议

（一）强化在旅游规划中的文化策划的先导作用

旅游规划目前发展得比较成熟和系统，而在规划的编制和评审过程中却很少有专业策划人员参与。这需要发挥政府主导作用，在进行旅游发展规划前，在更高层次的战略上重视文化旅游策划的重要性。

（1）通过在相关部门下设文化旅游策划委员会，完善和落实乡村文化旅游相关政策。

（2）进一步加大资金投入，借鉴走在前列的省市先进经验，面向专业策划人员重金征集高水平文化策划方案。

（二）培养懂文化策划的从业人员，强化乡村文化产业人才支撑

设立乡村文化策划发展专项资金，用于以下途径。

（1）联合各大高校，大规模培养既懂文化策划也懂农业的从业人员。通过给予一定的补贴，鼓励各大高校有针对性地开发文化策划相关课程。

（2）开设文化策划实用性培训课程，分期、分批轮训农村文化策划从业人员，提高文化策划从业人员能力。

（3）指导文化策划从业人员对乡村文化旅游开发资源进行整合优化，通过规模效应和模式创新，增加文化旅游附加值，推动乡村文化旅游开发不断升级。

（三）利用各种乡村旅游开发资源打响品牌，形成品牌产业基地

（1）发挥乡村农业发展优势，利用乡村特色旅游文化资源，以乡村文化策划为先导，通过策划去凸显乡村原本的文化特色、生产特色、生态特色，最大限度地展现乡村这一由世代居民共同完成的伟大作品的深刻内涵。保护其乡野味，打破以农家乐餐饮为内容的狭义概念，也杜绝将乡村文旅开发城市化、公园化的盲目行为。

（2）选择有条件的优势区县，提炼符号，选择合理的文化内涵进行外化，实现历史与时尚的适度结合，建立和扩展乡村文化策划产业示范基地，以文化策划树立品牌意识和品牌形象。打造一批成规模、立体化的乡村文旅融合品牌，有效放大品牌效应，带动周边区域形成集中连片的品牌产业基地。

关于加强乡村规划建设人才培养的建议

时虹、吉燕宁

摘要： 随着人口不断向经济发达区域的城市聚集，辽宁省面临着严重的人才流失问题，而在乡村地区由于青年的"逃离"，空心村、老龄化等问题更为严峻。本文在乡村振兴的背景下，针对乡村规划建设中人才振兴的现实问题，从人才培养方向提出四点对策建议。

关键词： 乡村振兴；乡村规划建设；人才培养

一、发展现状

2022年5月23日中共中央办公厅、国务院办公厅印发了《乡村建设行动实施方案》。乡村规划建设人才是乡村振兴人才队伍中重要的一员，是乡村振兴和乡村建设的关键。

当前，规划建设人才在我省实施乡村振兴战略的过程中发挥了不可替代的作用，并取得了一些成效。但相比于其他发展先进地区，我省存在农村人口流失、相关人才的专业性不足等问题，具体的乡村规划建设工作依然存在差距。

二、问题提出

（一）专业人才储备："引不来""留不住"

辽宁省工业化、城镇化程度较高，与城镇相比，乡村存在条件艰苦、基础差、回报率低等现象。分析近年辽宁省人力资源部门数据发现，农村劳动力普遍在35周岁以上，50岁以上的农民已经占据主体地位，很多青年优势劳动力选择离家务工或外出求学后留在城市工作，造成农村人口结构失衡，空巢化现象加剧。

与此同时，很多大学生毕业后扎堆一线城市，工作岗位选择上高不成低不就，导致城市中大学生严重过剩，学历内卷。一边是需要大量人才的乡村，一边是"人才过剩"的城市，形成了巨大的反差。

（二）乡村规划编制："水土不服""千村一面"

许多以城市规划建设为主业的设计人员不了解农业，不了解农村，不了解农民，仅因为单位业务调整就跑到农村做乡村项目，并且在实际编制过程中，轻视实地调查研究，缺乏因地制宜，只是简单地将城市规划建设的套路照搬到乡村中。甚至有些设计单位委托挂靠单位或没有实践经验的毕业学生操刀，后期又把关不严，种种原因导致本应具有"实用性"的村庄规划建设方案水土不服，千村一面，无法达到振兴乡村的根本目的。

（三）传统培养模式："重城市""轻乡村"

目前，我省规划建设类专业——城乡规划、建筑学、景观设计、风景园林等——的课程设置依旧偏重城市。尽管现有的规划建设类专业教育体系发展在乡村振兴战略中发挥了较大作用，然而由于培养体系固有的特点，学生们缺乏相应的乡村规划建设基础理论与实践技能，他们迫切需要适合乡村的相关理论知识和实操技能。同时，现在大部分高校招收的学生都基本来自城市，对乡村文化和生活方式了解较少，与土地、乡村没有感情，缺乏乡土情怀，无法为乡村振兴输送人才。

三、对策建议

（一）针对乡村需求，完善专业设置

2020年，西北农林科技大学基于农、林、水、工、信息和经管的学科优势，筹划建立交叉学科门类下的二级学科"乡村学"。2021年9月，在教育部公布的新版学科建设方案中，"乡村学"作为交叉学科获得批准。学校针对学科服务对象，总结了乡村规划与设计、乡村产业提升研究、乡村生态环境研究、乡村治理与文化研究和数字乡村研究五个研究方向。

因此，我们建议我省应发挥现有高校的规划建设类专业优势，借鉴西北农林科技大学学科建设经验，建立"乡村规划建设"专业，并设置多维度培养方向，如乡村规划与设计、乡村生态环境研究、乡村建筑等。此外，在城乡建设互通人才的培养方案中，加大乡村建设方向的理论与实践内容，实现乡村规划建设发展需求全覆盖。

（二）加强职业教育，完善培养体系

支持应用型高校开展面向乡村建设的职业教育，开设乡村规划建设高、中职等多层次教育专业，鼓励退役军人、下岗职工、进城务工人员、高素质农民、留守妇女（落实我国"乡村振兴巾帼行动"——《中共中央 国务院关于做好2022年全面推进乡村振兴重点工作的意见》）等群体参加乡村建设工匠培训，将技术、技能培训前置化，储备乡村振兴人才。

（三）吸引优秀人才，设立教育基金

今年两会上，全国人大代表朱晶建议，可借鉴"教育部直属师范大学师范生公费教育"政策，实施"教育部直属农业大学农科生公费教育"政策，并通过多部门协同机制、加大扶持力度、创新培养体系、强化情怀教育以及配套就业优惠政策等途径进行全方位保障。

参考"公费教育"模式，我们建议设立"辽宁省乡村振兴教育定向基金"，通过减免学费、设立奖学金等多种方式，探索实行乡村规划建设类专业学生定向培养模式——明确基层服务年限，推动特定岗位计划与人才培养相结合。

另外，可利用省级教育专项资金，支持职业院校（含技工院校）开设乡村建设类专业或培训班，与基层行政事业单位、用工企业精准对接，定向培养乡村人才。

（四）深化校地合作，设立实训平台

浙江省大学生乡村振兴创意大赛由浙江省教育厅、浙江省农业农村厅、浙江省信用联社共同主办，以解决乡村振兴中的现实问题为导向，采用"乡村出题＋高校答卷＋成果落地"的竞赛模式。2018 年，定塘镇成功申请成为省大学生乡村振兴创意大赛竞赛合作基地，2019 年，在此基础上建立了定塘镇大学生乡村振兴实践合作基地。来自省内 16 所高校的近百名师生陆续涌入定塘镇，他们深入田间地头开展调研，针对不同的课题，和乡镇干部一道合作攻关。

借鉴浙江省的成功经验，我们建议我省加大乡村规划建设专业人才培养支持力度，促进校地合作设立乡村规划建设专业教学实习实践基地，切实解决在校乡村建设专业学生缺乏实践技能的问题；在专业技能实践过程中，向学生传授经验、介绍风土人情，培养学生对乡村的深厚感情，为新时代乡村建设储备优秀人才。

此外，我们建议由省政府和教育厅联合相关部门搭建创意实践平台，以解决省内乡村的现实问题为导向，开展针对省内在校规划建设专业大学生的创新创意类竞赛，既能吸引高校人才切实解决乡村现实问题，又能激发学生参与乡村建设的热情，成为知农爱农的专业人才。

加快开展拯救老屋行动，助力
美丽乡村建设

王超、吉燕宁

摘要： "拯救老屋行动"今年被写入了中央一号文件，由此引发了社会各方关注。老屋承载着乡村的多种文化、传统与乡愁，留住老屋，就是留住乡村的根与魂。辽宁省广大乡村范围内遗存的老屋正面临着飞速消失的严峻局面，造成了辽宁省"千村一面"现象的加剧，这不利于当下广泛开展的美丽乡村建设与乡村振兴战略的实施。通过调研辽宁省乡村老屋的现状情况，梳理其形成原因，有针对性地提出保护与利用老屋的策略。

关键词： 拯救老屋；千村一面；空心化；文化遗产

2022年2月22日，《中共中央 国务院关于做好2022年全面推进乡村振兴重点工作的意见》出台，也就是2022年中央一号文件。文件中首次提出了"拯救老屋行动"，这与习近平总书记以往提出的农村要留住"乡愁"一脉相承，旨在强调在乡村振兴中要注重保护乡村的传统和特色。拯救老屋是建设美丽乡村的重要内容与重要举措，留住老屋就是留住乡村的根和魂。我省应尽快开展"拯救老屋行动"，助力辽宁省美丽乡村建设。

一、"拯救老屋行动"的意义

老屋是广泛分布在乡村中的具有历史文化传承价值的民居，也是百姓口中俗称的"老房子"。老屋建造时间较早，多采用乡土材料与手工技艺，并且在其建筑样式及装饰上较多地表达着传统民俗与文化。老屋从一个侧面见证了不同历史时期当地农民生活、农业生产的景象，是农业历史文化遗产的重要组成部分，是我国农耕文明、乡村文化的有形载体。

修复老屋对当下的乡村振兴事业有着极其重要的意义。首先，老屋是无数人的情感寄托，开展"拯救老屋行动"，不仅是修复老屋，更是修复人心；其次，修复老屋可以塑造乡村文化内核，让村民树立文化自信，获得归属感与幸福感，达到乡村文化振兴的效果；再次，很多实践证明：以老屋为源泉来发展文化服务产业，也能实现乡村产业振兴，为农民增收；最后，老屋是乡村地域特色的集中体现，留住了老屋，也就留住了乡村特色，是防止"千村一面"的有效途径。

二、辽宁省乡村老屋现状问题

辽宁省地域广阔，不同的风土造就了各地千差万别的乡村老屋。辽东有青砖硬山

起脊的满族建筑,辽西有囤顶式的海青平房,辽南有青砖碉楼的三合院、四合院,辽北有泥墙草盖的宽敞农家大院;山区民居多利用石材,平原民居又有土坯房;民居的屋脊、门窗、火炕、烟囱以及室内家具陈设在各地均表现出地域差别。

这些老屋中,一部分因为历史及艺术价值较高,被列为各级文物保护单位,但又由于私人产权的缘故,多数老屋即使列为文保单位也很难得到足够的保护。而更多的老屋不具备较高的价值,不能列入文保单位,其状况就更加堪忧了。笔者团队实地走访了省内多个乡村,总结了辽宁省乡村老屋现状的三个问题。

现状问题一:存量少且分布不均。由于乡村经济及现代建筑工业的快速发展,乡村建筑被大量更新,取而代之的是现代的新式建筑,如铝合金门窗取代了手工实木门窗,这固然是乡村的进步,但这也导致遗留下来的传统老屋数量越来越少,乡村传统风貌逐渐丧失。以沈阳王士兰村为例,两百年历史,539 户村民,已经没有一处有价值的传统老屋了;石佛一村是沈阳唯一的国家传统村落,有 545 户,仅有 7 处有价值的传统民居;建昌蒿子沟村约 320 户,仅有不到 30 处较为完整的老屋。虽然全省范围内老屋的数量还是个未知数,这需要大范围的普查才能得到,但见微知著,笔者团队估算,全省范围内乡村老屋的数量已经远远不足总数的一成。从调研中,我们同时也发现乡村老屋的分布也是不均匀的:城市近郊的农村老屋存量稀少,远离城市的乡村老屋存量较多;富裕的辽中、辽南以及沿海地区老屋存量稀少,相对贫困的辽西、辽东山区乡村老屋存量较多。

现状问题二:流失速度快。笔者团队调查得知,大量的乡村老屋基本都是在 1990年后流失掉的。这段时间也是辽宁省乡村经济发展最快的 30 年,农民的经济收入大幅增加。富裕起来的村民对原有破旧的老房子不满意,急迫地想提高生活质量,但由于老屋改造成本高、技术难度大等原因,推倒重建就成了唯一的办法,这也成了乡村老屋流失的主要原因。

现状问题三:保护工作滞后。辽宁省目前关于乡村老屋保护利用的研究与实践均很少。浙江、云南、江西等多个省份从 2016 年就已经开始了拯救老屋的实践活动。浙江松阳是"拯救老屋行动"的第一个整县推进试点,并开展了建设国家传统村落公园的实践活动;江西金溪县已经将"拯救老屋"写进了《金溪县中国传统村落集中连片保护利用传统建筑维修实施方案》。辽宁省较有成效的实践是开展了古村落与传统村落的遴选。截至第五批公布的中国传统村落保护名录,全国总计 6819 处传统村落,最多的省份是贵州,有 724 处,而辽宁省仅有 30 处,相比之下还是存在较大的差距。

中央提出"拯救老屋行动",是认识到了此时此刻就是拯救老屋的抢救性节点;中央及时回应了民生关切,这是扎实稳妥推进乡村建设的重要举措;同时,也体现了对中华优秀传统农耕文化的自觉、自信和对其保护利用的时代担当。因此,我们建议辽宁省有关部门即刻行动起来,响应中央部署,开展"拯救老屋行动",保护辽宁省乡村文化遗产与特色景观风貌。

三、"拯救老屋行动"实施策略

策略一:加强组织领导,成立"拯救老屋行动"工作领导小组,全面负责组织实施本行动。

建议领导小组由乡村振兴局牵头，城建、规划、文物、旅游、财政等多部门联合成立，组成高效有力的领导部门。领导小组负责统筹协调相关工作，建立技术支持、项目管理、资金整合、考核督查等工作机制。全省各乡镇成立相应的领导小组，负责组织开展本辖区传统村落修缮整治工作，要明确责任领导，负责项目实施过程中的宣传发动、调查摸底、政策处理、项目推进、后续利用、材料收集等工作。

策略二：开展全省范围内的老屋普查工作，摸清家底。

开展广泛的普查工作，建立"老屋名录"，可以摸清辽宁省及各市县乡村老屋的数量和质量。根据名录总结分析其类型结构特征、时间与空间分布特征等内容，这些资料将有利于相关部门制定更有针对性的、切实可行的保护和管理措施。可以说，普查行动本身就是保护工作的开始，也是保护工作的基础。

策略三：制定"拯救老屋行动"行动方案，并建立示范基地。

目前，"拯救老屋行动"已经在南方很多省份开展过或正在进行，有较多的样板可供借鉴，辽宁省可派出考察队实地调研并总结经验，制定适合本省的行动方案。同时，也应该在省内选择条件优越的市县率先开展"拯救老屋行动"，我们建议朝阳县可结合其"传统村落集中连片保护利用示范县"的契机，将"拯救老屋"融入其规划与行动，起到示范作用。

策略四：强化政策支持，建立多元的维修资金渠道。

加强资金支持，积极向上争取专项资金与专项支持，设立省、市、县、村多级专项奖补资金和经费，统筹整合涉农资金，重点用于保护和拯救行动。同时要加强金融支持，鼓励和引导各类金融机构积极参与，争取或吸引各类乡村振兴基金、中国文物保护基金、华侨基金、生态发展基金等参与，鼓励有情怀的企业家设立相关基金。

同时，要积极探索"老屋"的产权与使用权、资本投入与收益之间的分配机制，鼓励乡贤等社会力量参与，拉动更多社会资金投入保护和拯救行动。

策略五：建立专家团队，培养工匠队伍。

要成立专家委员会，负责保护发展规划评审、项目审查、技术指导、效果评估等。组建专家智库，邀请国内传统建筑、传统村落等方面的专家学者，聘请优秀的规划师、建筑师、景观师等提供技术支撑。要充分发挥建设、文物、旅游等专业部门的力量，因地制宜地研究老屋再利用途径。同时要以项目为依托，培养高素质的本土建筑师和工匠队伍，实现以传统工艺修缮老屋，保证遗产的原真性。

策略六：构建"以村民为主体，全民参与"的老屋保护机制

不论何时，村民才是"老屋"的主人，在老屋的保护过程中，必须尊重村民的意愿，必须本着公平、公正、公开、自愿的原则，引导、动员房屋产权人自发进行申报评估与维修保护。要对村民进行必要的科普教育，提高村民对老屋的认识，树立自信，使村民能够自觉投入对老屋的保护行动，成为老屋保护的主体。

同时，要在全社会范围内营造舆论氛围，利用好"互联网＋"，多渠道、多角度、多层次展示辽宁各地传统村落和老屋的文化魅力，大力宣传加强传统村落保护和"拯救老屋行动"的重要意义，广泛吸引社会各类人才参与，群策群力，积极推广传统村

落保护和拯救老屋的鲜活经验，将乡村各类老屋当作文化遗产，暴露于公众视野中，让老屋得到更好的保护。

四、结语

当下，中国乡村正处于一个深刻的转型时期，对乡村中的老屋，我们要以"遗产"的新观念看待它们，它们饱含着祖先的智慧与情感，是祖先留给我们的宝贵遗产，我们有责任看护好它们，将它们完整地传承下去，让子孙后代也能看到我们祖先的精彩作品，能够从这些遗产中不断地汲取灵感，滋养我们当代及未来的社会文化。

我们期待在美丽的乡村中，传统与现代织成令人神往的诗画田园，保留住我们的乡愁。

第六章
乡镇建设产业学院
服务乡镇之科研建设

◎ 乡村振兴背景下东北乡村建筑更新和再利用
　　——以海城中小镇后三家村为例

◎ 苏家屯陈相街道沈阳市民主政府旧址纪念馆改造设计项目

◎ 沈阳市沈北新区马钢街道中寺村村庄规划

◎ 新民市大红旗镇控制性详细规划设计

◎ 乡村人居环境改善，构建村庄健康可持续发展
　　——以庄河市桂云花项目为例

◎ 庄河市明阳街道端阳庙村美丽乡村景观设计

◎ 朝阳北票市上园镇田园综合体景观设计

乡村振兴背景下东北乡村建筑更新和再利用

——以海城中小镇后三家村为例

张立军、许德丽

摘要： 文章以乡村振兴战略为背景，用可持续发展的理念来指导东北地区的乡村建设，结合东北地区建筑现状的特点、地域气候、风土民情，提出"可持续"乡村建筑改造的设计理念。文本以海城中小镇后三家村为例，结合地域特点，以环保、绿色、节能、低碳为设计目标，继承当地的历史、人文特征，探索出适合东北地区乡村建筑更新和再利用的新途径，以期助力东北地区乡村振兴的发展。

关键词： 建筑更新；东北地区；乡村振兴

一、建筑更新和空间优化与乡村振兴的联系

中共中央办公厅、国务院办公厅出台《关于推进以县城为重要载体的城镇化建设的意见》，全面系统地提出了县城建设的指导思想、工作要求、发展目标、建设任务、政策保障和组织实施方式。这些部署表明，推进县城建设对促进新型城镇化建设、构建新型工农城乡关系具有重要意义。乡村中的建筑作为乡村振兴中乡村文化的重要载体和组成部分，其发展与更新对乡村振兴的顺利实施可起到关键的作用。

随着我国乡村振兴战略的实施和推进，乡村中的建筑将迎来"巨变"，一座座新建、更新改建的乡村建筑不仅有着惊艳的外形，而且更注重与当地环境融合展示，与当地的历史文化相融合，与当地的经济发展相融合，更与当地人们的生活习惯相融合，进而焕发出乡村建筑独有的活力和感染力。这样的更新不仅仅体现在建筑的外表上，更注重建筑内部功能的合理完善以及空间的合理与使用的舒适。

二、乡村既有建筑现状

东北地区地域辽阔，地势平坦，多民族融合，形成了独具特色的东北区域文化。农村建筑呈现组图式分散布置，住宅的形式和村落面貌体现了当地的特色。在我国经济高速发展的新形势下，东北地区农村建筑伴随着国家乡村振兴战略的实施，也开始有了新的发展。目前"砖瓦房"已经取代了过去的"草房"。建筑布局从一院一户逐步发展到"一户多房"，个别经济发展较快的地区，已经出现别墅建筑，形成了一个质的飞跃。

海城中小镇后三家村以传统民居建筑和少量的基础服务设施类公共建筑为主。建筑具有典型的东北乡村建筑样式，均是坐北朝南的建筑，以独立的三间房最为多见，

而两间房或五间房都是在三间房的基础上加以演变而成。房子坐北面南最根本的原因就是采光和取暖的需要，这一由所处气候自然区域以及环境造成的建筑格局最后演绎成了一种人们在意识形态上的风俗习惯。

在布局上以平房最为常见，个别会有二至三层建筑，平面整体形式上多采用对称布置，通过房间围合成"四合院"或"三合院"。而近期新建的建筑平面则采用了更为灵活的非对称布置形式，或以正房（北房）配东（或西）房，或只建一排正房。院落则一般可分为前院、后院或前、后两院兼有。

居住类乡村建筑多为居民组织家庭生活和从事家庭副业生产的场所。建筑形式和内容，随自然条件、建设材料、自家经济水平和地域风俗习惯的不同而各不相同；同时又因乡村居民生产生活的基本要求、民俗民风的一致性而具有共同的特点。除卧室、厨房、贮藏间等生活用房外，还包含一些其他辅助房间。

目前，整个后三家村的公共建筑包括组织、宣传、教育和服务群众等方面的公共建筑。这类建筑包括：行政管理建筑，如党政办公建筑；教育福利建筑，如小学校、幼儿园、敬老院；文化科学建筑，如科技站、文化站（文化中心）、体育活动健身设施（目前以室外的公共活动广场为主）等；医疗卫生建筑，如卫生院、医疗站、防治站等；商业服务建筑，如供销社、超市、收购站、集贸市场以及邮电所、储蓄所、旅馆、饭店和综合服务店等；公用事业设施，如水运站、变电站、加油站、消防站、供水设施、污水和污物处理站等。

在建筑材料和构造方面，现有乡村建筑的建造以就地取材为主，采用传统的构造方法。主要形式为混合结构，材料以黏土砖和混凝土制品为主，因具有坚固耐用、节省木材等优点，成为乡村建筑推广的主要建房材料。

后三家村现状建筑空间存在的问题主要有：村庄环境相对杂乱无序，整体的村庄风貌有待提升；公共基础设施建筑空间缺乏统筹规划管理，形象风貌相对较差，沿村道两侧景观效果不理想，且个别位置还被农作物侵占，缺少经济作物种植；公共建筑缺乏特色，建筑风格上，公共建筑与民居建筑各自特征不够明显，空间形态、颜色、材质单一。

三、乡村既有建筑更新和空间优化方法

（一）更新原则

在当今社会经济高速发展的过程中，一些传统的文化，包括古建筑文化有逐渐消失的趋势，一些优秀的、有一定代表性的"老建筑"均为经济发展让路而被拆除，不复存在。另外，富裕起来的农民群众以及各类群体对现有房屋建筑的要求不断提升，纷纷新建各类房屋建筑。我们在既有建筑的更新改造利用上可遵循如下原则。

（1）整体性原则：乡村既有建筑更新考虑的不仅仅是一栋建筑或是一组建筑，而是从村庄建筑整体布局、地域建筑文化及民俗民风整体出发考虑问题，与村庄规划和设计并行，进而发掘建筑在乡村形态层面所起到的作用，发挥建筑的特色，让建筑融入环境之中，与之形成统一的整体。

（2）可持续性原则：目前，我国各种建设均秉持着"可持续"的发展理念，建筑的发展同样适合该理念。乡村在振兴、在发展，与此同时，乡村既有建筑的更新发展也需要充分考虑到其未来使用的可持续性，符合"低碳建筑""绿色节能建筑""生态设计"等相关要求，进而降低各类资源在建筑中的消耗，减少环境破坏，保持生态环境的和谐。

（3）创新性原则：乡村既有建筑的更新发展不代表守旧，还需要打破一些传统的束缚，推陈出新，在充分遵循建筑设计改造利用原则的基础上，进行大胆的创新尝试，以此来进一步完善建筑内部功能、建筑外观，优化规划空间布局、环境景观，以满足现代乡村振兴的需要。

（4）情感原则：建筑的本质在于建筑的移情作用，建筑是寄托人类情感的物质结构。无论是有一定历史价值的文保建筑，还是普通民众的山野村屋，里面都深深地寄托着人们丰富的情感。对旧建筑的改造再利用，就是一次"寻根""寻情"的过程。这种在空间和时间上的文化认同、情感认同更是我们更新建筑时不可缺少的，对建筑、环境和人都有一定的意向作用。

（二）更新方法

更新改造，开辟"新功能"的场所。结合新农村建设，对闲置房进行重新规划，合理利用，大力兴办农村公共文化事业，建立老年活动中心、养老中心、村图书室等，为农民提升文化水平提供配套设施，从而活跃农村群众的文化生活。

（1）整体保留，局部改造：保留既有建筑原有的结构体系以及建筑空间、内容，延续其文化内涵、情感内涵，在保持新旧建筑统一性的前提下，改造建筑外部的局部特性，重组内部空间流线，体现可持续发展的理念。

（2）原址新建：对于实施拆除的建筑，可归纳集中拆除，如质量存在隐患的既有建筑、对空间规划布局有重大影响的建筑。拆除的同时，记录、保留下原有的建筑风格、空间布局及特色等，异地采用新型设计理念及手法，科学合理地进行重新设计和建造。

（3）功能置换：利用一些闲置的既有建筑，通过建筑内部功能属性的变换，对其再次进行设计利用，实现"动态保存"，赋予建筑新的生命，以适应现代生活的需要。

（三）空间优化

（1）内部功能优化：在既有建筑主体结构不变的情况下，对内部空间进行重新划分，最大限度地再利用其空间。同时，建立新建建筑与既有建筑之间的有效连接，并在改造过程中充分考虑内部空间容纳未来事件所需的适应性、兼容性、通用性以及可调节性。

（2）外部造型空间优化：尊重既有建筑的历史空间形态，建立整体环境的新型逻辑关系。在运用新材料、新技术改变既有建筑外观的同时，结合景观改造，促使外部空间达到协调统一的目的。

（四）技术性能指标优化

（1）建筑节能改造优化：充分利用太阳能，遵循绿色的设计理念，在不增加额外的空调负荷的前提下满足室内的采光需求；在投资允许的条件下，尽可能地替代电能的使用。通过充分利用绿色的新风能源、夏季的主导风向及规避冬季的主导风向来减少空调和供暖的使用，时刻优先考虑利用免费的绿色能源。采用节能的建筑围护结构及设备和适应当地气候条件的平面形式及总体布局。在建筑设计、建造和建筑材料的选择上，均需考虑资源的合理使用和处置。要减少资源的使用，力求使资源可再生利用。节约水资源，包括绿化的节约用水。绿色建筑外部要强调与周边环境相融合，和谐一致、动静互补，做到保护自然生态环境。舒适和健康的生活工作环境是建筑内部不使用对人体有害的建筑材料和装修材料；室内空气清新，温、湿度适当，使建筑内人员感觉良好，身心健康。

（2）建筑文化符号优化：传统的建筑材质特性的表现方式是地域建筑文化的基本语汇。在当地人长久的历史生活中所积累的建筑处理手法，有其现实性和科学性。建筑师在虚心向民间建筑学习的过程中，应学会如何充分利用建筑材质特性及建筑因素，使建筑与地域环境更加紧密地联系在一起，形成对地域建筑文化的延续。

四、后三家村建筑更新和空间优化

（一）项目概况

海城中小镇后三家村位于辽宁省鞍山市海城市中小镇境内，拥有丰富的历史文化和民俗文化，周边拥有海城白云山风景区、仙人洞遗址、白云洞、三岔河湿地、小孤山人类遗址、东四方台温泉、西柳老栓动物园等景点、景区，以及海城皮影戏、海城高跷、海城喇叭戏、岫岩单鼓等民俗文化，以及海城馅饼、九龙川香菇、感王韭菜、枫叶肉枣、海城南果梨等特产。现状为传统自然村落。

村域内现有两条公路，是后三家村对外交通的主要道路。全村土地总面积为564.45hm²，共有居民714户，人口2551人，其中党员84人。村庄建设用地面积为108.09hm²，非建设用地面积为456.36hm²；耕地面积约为420.47hm²，占村域总面积近74.49%。

现状基础设施配套情况相对比较薄弱，村内公共服务设施不足，不能满足现代农村生活生产需求，存在较为明显的短板。村内产业情况比较单一，以水稻、玉米种植为主，但所处地域气候条件优良，适宜培育清水大米。居民点周围的文化娱乐生活资源不足。通过新一轮的村庄规划设计，进一步整合资源，提升产业联动，打造具有特色的新农村。依托自身良好的文化、产业、环境优势，未来将以休闲研学、现代农业为主导，发展成为海城市西部产业兴旺、生态宜居、乡风文明、治理有效、生活富裕的集聚提升型特色示范村。吸引投资，逆转村庄空心化的发展趋势，吸引返乡创业人群和本、外地投资，以人才振兴带动村庄复兴。产业空间引导：一产农业——形成西北粮、东南特的种植格局；西北部形成以稻米生产为核心的粮食生产功能区，东南部形成由新型农产品科研区、特色作物种植区、生态景观区构成的特色农业发展片区。二产工业——依托村庄东西发展轴，保留现有服装厂，结合农业生产在庭院经济区打造农产品粗加工集聚区，提升农产品附加值。三产服务业——以风情漫步游览道为轴线，串接农产品博览园、农业示范区、定制农业区、亲子体验区、田园风光区等功能区。发展品质化乡村旅游产业，推动一、二、三产融合发展。进一步完善路网体系，处理好内部交通与外部交通的衔接，拓宽主路，打通尽端路，均衡优化公共服务设施，加强村庄设计与风貌引导，合理规划村民用房的建设，打造独有的地域文化特色，提升村庄绿色生态的自然环境。

（二）设计理念

在乡村整体规划过程中，以原生态保护为前提，以保护农民权益为出发点，以不轻易改变农民正在使用的房屋的现状为准则。

（1）规划层面：保留原有的聚落形态的乡村总体布局，多功能空间相组合，尊重原有和现存格局，优化后形成具有特色的道路骨架和建筑布局，摒弃大拆大建，以疏通地脉、顺应肌理、因势利导、错落有致为基本理念，有效地保护村落原有形态。

（2）建筑层面：地域性与时代性并存发展，保留多种当地传统元素。建筑围合尺度适宜、体量得当、错落有致，形成更好的空间效果，进一步保护利用乡土建筑。对于新建建筑，从地方乡土建筑特色出发，结合生产与生活方式的改变，遵循小体量、分化的原则；在建筑用料上，突出环保化、未来化和生态化；在建筑风格上，应与原有建筑保持一致。在不破坏原有氛围的前提下，有选择、有步骤地整旧如旧，或新旧协调。

（3）景观层面：整体性与多样性并举原则，自然要素和人工要素复合原则。体现景观形态的多样性和功能性，人工要素与自然要素协调统一、有机融合。

（三）既有建筑更新

具体设计以后三家村新建"村行政服务建筑用房"为例。在建设用地范围内新建建筑，同时通过功能置换的方式，对原有村行政办公用房进行改造利用，使之成为村基础设施用房的一部分——村级养老服务设施。

（1）建筑平面功能：首先应满足人的使用需求，包括安全需求和精神需求，还应充分考虑人的交往空间，为办公人员之间形成良好的人际关系创造条件。交互式空间设计打破了传统固定、规整的办公空间设计，为办公空间增添了生机与活力，建立起了人与室内外空间的互动联系。自然、建筑与人和谐统一，建筑单体保持着相对通透，自然光线成为室内空间的重要因素。不同的功能空间都随着天气、季节的变化产生不同的氛围。

（2）建筑立面：本项目设计在满足基本功能要求的基础上要充分考虑地域文化特点，挖掘固有建筑文化，分别以后三家村的历史文脉和现阶段产业发展为切入点，展开思路。单体设计上，主要尝试用褐、白、灰三种颜色来塑造一个个宁静却个性鲜明的建筑。通过石材的"硬朗"、玻璃的"宁静"以及"木材"的自然，形成明快而又具有亲和力的立面形象，给人以亲切感和深厚的文化韵味。

（3）外部空间形态：建筑围合形成合院空间。这种合院组织空间，一改以往同类建筑组团布局所带来的距离感，营造出了活力与亲民的氛围，在满足建筑对空间的特殊要求的前提下，植入了亲民、友善的公共空间。同时，加强建筑与街区的互动，在人与外在的自然之间建立了一个中间地带，避免将建筑内部的人与自然割裂开来。

（4）建筑装饰、材料的选择：采用简洁的设计手法塑造简约、雅致的建筑形象，充分利用天然材料，并尽量使用天然建筑材料（石、木等），以契合整体绿色、自然的风格，使人身在建筑空间中，能够很好地和自然建立联系。项目中以浅灰色、仿木色及白色作为整个空间环境的基调颜色，在具有较强辨识度的同时能够给人以明快、祥和的心理感受。

五、结语

目前，我国正在实施令人瞩目的乡村振兴发展战略，在这个大的前提下，在一些乡村既有的传统建筑的保护与改造问题上，首先需要与乡村整体规划、乡村经济发展相结合，进而挖掘乡村地域建筑文化，为乡村注入新的无限生机，同时还要在不断的实践中探索保护和改造乡村传统建筑的新方法，形成多方参与、多元参与的新局面，充分发挥高新技术特点，挖掘人民内心的精神需求，最终为乡村经济发展的良性循环起到引领的作用，更好地保护乡村传统建筑，传承乡村文化，留住"乡愁"、留住"老屋"，实现我国乡村振兴的伟大战略目标。

参考文献

[1] 张鑫锋，徐筱婷. 乡村既有建筑更新与空间优化探讨：以浙江省武义县大田乡乡政府建筑提升改造为例［J］. 城乡建设，2019（21）：25-27.

[2] 李晶，李琳，梁骁. 乡村振兴背景下现代乡村建筑的传承与创新［J］. 城市建筑，2021，18（17）49-52.

[3] 黄彦. 旧建筑适应建筑功能更新［J］. 建筑技术开发，2020，47（21）：19-20.

苏家屯陈相街道沈阳市民主政府旧址
纪念馆改造设计项目

刘一、许德丽

摘要： 2021年是中国共产党成立100周年，是"两个一百年"奋斗目标的重要历史交汇点，也是"十四五"的开局之年。本文阐述了在乡村振兴背景下，高校以公利性及丰富的技术资源为抓手，结合课堂教学内容，根据区域的地理、交通、人文、历史情况，充分利用地区红色资源特色进行建筑项目科研，并形成了科学合理且具有前瞻性的乡村改造策划设计方案。项目实施过程既体现了"五实教育"目标、"七个一"办学理念以及实用型人才培养的教育特点，又为乡村振兴在建筑设计范畴提供了有效的支撑，预期将形成良好的教学收益与社会效益。同时，也为后续相关项目提供了重要的实例支撑和参考借鉴。

关键词： 乡村振兴；科研；改造设计

一、项目缘起

（一）"七个一"教学理念

沈阳城市建设学院建筑与规划学院秉承学校一直以来的"应用型"人才培养方针，以高校教书育人、科学研究、服务社会的社会责任为方向，深耕教育方法的同时又注重科学研究，提出了"七个一"的教学理念。

七个一的内容为："一所一专业，一所一企业，一所一学期一项目，一个项目带动一门课程，一门课程带动一项竞赛，一项竞赛带动一个社团。"贯穿其中的就是学校和企业合作，在互惠互利的基础上寻求与教学契合的项目，利用项目来满足教学、科研的需求，以此获得具有一定社会效应的成果，同时进行学科建设、课程建设，最终达到培养应用型人才的最终目标。

（二）苏家屯陈相街道沈阳市民主政府旧址纪念馆改造设计项目

沈阳市民主政府的历史虽然短暂，但在中国近代历史上具有标志性意义。"忘记过去，就意味着背叛"，是这段历史更为重要的内涵。加强党史教育，增强党员的党性，提高全民的民族自豪感和自信心，我们的社会迫切需要对这类历史不断重温，而诸多与历史事件相关的建筑便成了重要的物质载体。

我校秉承着服务乡村振兴战略的科研方向，对沈阳周边乡村进行常态化、持续的调查研究，通过对苏家屯、陈相街道的调研、访谈，我们了解到这个项目的特点，经过多轮的讨论，论证了项目的可行性与社会意义。因此，在2022年1月，我校BIM

建筑设计研究中心和风景园林设计研究中心便开始与苏家屯区政府、陈相街道领导开展项目前期的交流和讨论，对该地区进行了多次调研，确定了项目的人文、自然条件，并在同年2月开始了沈阳市民主政府旧址改扩建项目的方案设计。目前，方案得到了苏家屯区政府的高度认可，并与相关设计企业开展了联合设计的配合工作。

二、项目背景

（一）陈相街道

陈相街道，隶属于辽宁省沈阳市苏家屯区，地处苏家屯区东南部，东南与姚千街道接壤。作为沈阳对外开放的前锋和战略门户的苏家屯区，是沈阳市委市政府实施大浑南战略的产业承载区，是沈阳建设国家中心城市的重要功能区，也是沈阳经济区的战略枢纽，全省唯一新型城镇化示范区，后发潜力巨大。此外，陈相还有十分丰富的红色历史文化资源，1945年，在中华人民共和国成立前夕，沈阳市民主政府便设立于此，在这短暂的一年里，根据中央精神，深入发动群众，领导城乡人民进行了剿匪除霸、清算减租、救济贫民、恢复生产、复工复教、安顿民生等一系列工作，并在斗争中培养了地方干部，发展和壮大了党的组织。

（二）沈阳市民主政府旧址历史

"一幢房子，一段历史。一类展品，一段传承。"英雄的中华儿女经过14年艰苦卓绝的抗日战争，终于在1945年8月15日迎来最后的胜利，日本宣布无条件投降。1945年11月25日，中共沈阳市委、市政府和部队分两部分撤至南北郊区。一部分由孔原带领，撤到北郊财落堡；一部分由焦若愚带领，撤至南郊。沈阳市民主政府进驻陈相屯。1946年2月15日沈阳市第一届临时参议会隆重开幕，大会选举白希清为市长、焦若愚为副市长。1946年3月，苏联军队全部撤出沈阳，根据中共中央东北局指示，中共沈阳市东南郊分委继续向本溪方向撤退并随即解体。

沈阳市民主政府旧址位于沈阳市苏家屯陈相屯靖山路。在1945年11月至1946年3月间，沈阳市民主政府就设立在这里。1945年8月，百万苏联红军携火炮辎重秘密调集至远东，对关东军展开攻势，8月19日占领了东北最大的城市沈阳，9月9日八路军正式接手沈阳，成立沈阳市临时人民政府。1945年11月，按照国民党与苏联签订的《中苏友好同盟条约》，苏军要求中共交出已接手的城市以及沿线铁路并撤出沈阳，由国民党政府接管东北政权。11月下旬，中共力量撤退至沈阳郊区陈相屯，设立沈阳民主政府，在这里，我党政军蛰伏数月，革命重任牢记于心，东北终见黎明的到来。

（三）标志人物——焦若愚

焦若愚，原名焦常治，1915年12月生于河南叶县；1936年9月参加革命工作并加入中国共产党；1937年8月参加抗日游击队，曾任冀热辽边区第十八地委书记；1945年9月受命接手沈阳，先后任沈阳市副市长、市委代理书记；1948年11月起，历任沈阳特别市市委常委、副市长，辽宁省沈阳市市长、市委第一书记、省委常委；

1965 年 8 月起，先后任中国驻朝鲜、秘鲁、伊朗大使；1979 年 10 月任第八机械工业部党组书记、部长；1981 年 1 月起，先后任北京市委第二书记、北京市市长、中央纪委委员、北京市纪委书记、北京市顾问委员会主任、北京市人民对外友好协会名誉会长；1996 年 12 月离休；2020 年 1 月 1 日在北京逝世，享年 105 岁。

三、项目概况

（一）项目区位

项目位于陈相街道，隶属于辽宁省沈阳市苏家屯区，东南与姚千街道接壤，南与辽阳市搭界，西南与大沟街道毗邻，西与十里河街道为邻，西北与沙河街道相连，北接浑南区，东北连佟沟街道，辖区总面积为 91.6km²。

（二）项目现状

整个场地坐落在大陈相屯村居住用地中央，南邻佟陈公路，为地块的主要交通道路。场地东南侧为村委会。整个场地的边界形态，西、北两侧相对规整，东南角因既有村民住宅的存在形成了阶梯式的用地边界特征。沈阳市民主政府旧址位于场地的西南角。

整体地势平坦，现状建筑较多，现状景观面积约 6700m²，设计应考虑周边环境的协调和视线关系。

建筑现状方面，此院房屋是四合院，原为孟广德开办的商号"德盛和"，原建筑物为三间草房，当时是机关工作人员办公室、会议室、伙房和食堂，后有少部分进行过重建，大部分仍保持原貌，曾经居住的两户人家也不在此居住了。现在西侧部分房屋坍塌，东侧房屋完好（图 1）。

通过对现状的调研，我们发现了如下问题。

图 1 建筑现状

（1）对现存遗址保护利用不够。对历史文化遗址不够重视，致使有价值的文物建筑、历史街区等文化遗产遭受了人为的破坏，弱化了历史氛围。

（2）老旧危房存在隐患。该处建筑为多年老房，由于屋脊塌陷，结构老化，存在重大安全隐患。

（3）街道界面凌乱。商铺门面破旧，店招杂乱无章，管网电线乱拉，破坏了天际线。

（4）交通组织混乱。停车空间匮乏，乱停车、乱摆摊现象严重，造成了人流、车流的混杂。

（5）缺乏规划管理。没有对该处的历史文化价值进行充分的挖掘与开发，现代风格建筑杂糅其中，使街道风貌没有整体感。

基于此旧址的重要历史意义和建筑形制意义，方案设计需要从既有建筑保护的角度着手。

四、项目策划

（一）区域的旅游资源

陈相街道交通路网发达，红色文化气息浓厚，为开展人文旅游奠定了基础。区内拥有省市级文化遗址 10 处，分布在陈相街道办事处所辖的四个村和一个社区；应进一步挖掘文化资源，让红色故事和历史文化在陈相街道办事处得到传承与发扬。

塔山山城址位于沈阳苏家屯区陈相屯镇以东的塔山上，高踞山顶，山城四周城墙用土沿山脊筑成，周长约 1000 余米，东低西高，呈簸箕形。城址内到处可见红褐色和灰色的绳纹、布纹砖瓦及莲纹瓦当，是典型的高句丽遗物。如今城址受损，环绕北城墙，因当地农民开路，形成了 10m 左右的断壁。

奉集堡位于苏家屯区东南部，是座有千年历史的古城，拥有丰富的历史遗迹，它北依塔山、甲宝山，南邻北沙河，从古至今都是战略要地。

河山村两个烽火台形成大约在唐代，薛礼征东时期就有了这两个建筑，也许更加久远。在陈相街道南部就有 4 处类似的烽火台，分别坐落在马耳山、崔家沟、东河山沟、西河山沟，方位是东南方向 45°，相隔大约 2km，纵向排列。现在的面貌只有一个小山丘。河山村已收集锡伯族民族物件，需要建设展厅集中展示，并制作相关展示展板和锡伯族文化介绍。

蛇山村两处烽火台与河山村基本相同。满族风情展示后期开发需要在现有蛇山村文化墙的基础上增添满族文化元素，可收集满族文化物件进行集中展示。

胡老村日俄战争纪念碑，具体文物情况还需要进一步挖掘考证。现状纪念碑周围环境保持良好，有道路和台阶、碑文和简介等，后期开发需要对其进行完善、修整，以展板的形式增加故事情节。

（二）串联资源，形成合力

包含沈阳市民主政府旧址在内，本区域有着诸多优质的红色历史旅游资源，但是均呈点状分布，每个资源都呈现出内容过于单一、体量小的特点。因此，在策划之初，设计团队确定了将诸多点状资源进行串联，形成合力，由此形成了"陈相一日"红色历史旅游线的概念（图2）。

功能集聚、主题鲜明、区域联动1+5的红色文化专列概念也越发清晰，包含了区域旅游集散中心、青少年研学基地、青年干部培训基地、民俗文化体验中心、革命文化体验区五个部分，增加了文化专列的内容，提高了体验感，从而达到更好的研学效果。

通过红色文化旅游布局和特色旅游产品设计，准确定位区域发展目标，突出红色教育环境，依托纪念馆文化产业的发展，完善馆内基础设施，推进纪念馆文化环境营造，吸引全国旅游者，体验红色文化之旅。

（三）建筑规划定位

在建筑规划范畴，根据项目红色旅游专线概念的确立以及目标场地的人文历史特征和建筑价值，设计团队确定了"红色基因重铸，六位一体的村镇文化景象"的主题设计思路，并且凝练出了传承精神、开发内涵、突出教育、运用科技、体验娱乐的多层次体验愿景。

沈阳市民主政府旧址纪念馆的特殊性是承载红色教育精神、体现馆区精神特质，规划的前提必须是很好地保护遗址及其生存的自然环境，以文化环境营造为突破口，保护历史文化环境，传承文明，依托独特的文保资源，着力发展特色文化，宣扬遗址特殊事迹和英雄人物，激发爱国情怀，将中华民族不屈的精神代代相传，使保护、传承和创新红色教育文化成为规划的核心内容和主题。

在建筑设计范畴，基于陈相街道的民居形态传承，进行了大量对满族民居风格以及原有建筑特征的研究，利用现代建筑技术对原有历史建筑进行修缮更新，形成古房新韵。

（四）景观规划定位

完善旅游线路，提升区域服务配套（游客服务、餐饮服务、研学站、停车、文创体验），强化入口景观标识，扩大风貌协调区范围。通过科学合理的规划设计手段，在保护既有建筑的过程中提升整个区域的文化娱乐水平。

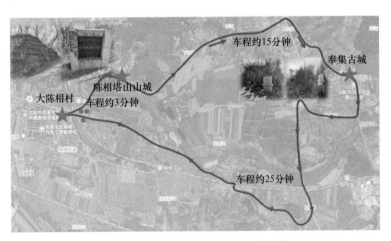

图2　"陈相一日"红色历史旅游线

五、设计成果展示

（一）总体规划设计方案

通过合理利用现代建筑技术对沈阳市民主政府旧址建筑（德盛和）进行改造更新，使其在保存原有风貌的基础上能够适应现代建筑空间和内容的要求，即展览建筑的功能要求。

根据基地边界情况和周边建筑环境以沈阳市民主政府旧址为基点朝北向进行合院式发展，确定建筑入口位于基地西北侧，可引入视线展现良好的建筑形象，合院形态与用地边界有良好呼应，后退广场增加了建筑的开放性（图3）。

（二）单体建筑设计

建筑单体设计充分考虑了地块特征，对现有建筑进行保留、移动、复原和拆除，形成了完整、有效的建设场地。调查历史原有建筑的位置与现存新建、违建房屋情况，以此为进行保存和拆除的主要依据（图4）。

平面设计上，合理地对历史建筑进行了更新恢复，形成了明确的展览流线，序厅空间主从尺度适宜，展厅及展廊空间丰富，封闭院落具有时代感。

立面设计上，以历史立面原貌为设计基础，结合现代建筑功能需求，加入现代元素，形成了丰富的院落天际线，利用富有年代感的建筑材料形成了具有历史韵味的建筑院落。

（三）景观设计

景观设计充分结合场地特征以及建筑内涵展开，在塑造浓厚的历史氛围的同时，公共场地兼顾了党史学习教育以及市民休闲活动功能。其中，"胜利的冲锋"主题雕塑树立了红色文化主题纪念广场形象，再现了战争时期革命伟人、热血青年的革命气魄与陈相人民淳朴、奋斗的革命精神（图5）。

本次设计充分考虑了植物在不同季节的季相表现，包括春夏的花期选择、秋季的色彩搭配以及冬季观赏植物的运用，以营造出不同的季节景观效果（图6）。

图3　总体规划

图4　单位建筑设计

图 5　"胜利的冲锋"主题雕塑　　　　　　　图 6　植物的布局

（四）修旧如旧的实施策略

收集基地整理拆改产生的建筑材料（灰砖、屋面瓦、山花、屋脊、梁、檩），利用现代工艺处理形成更新建筑立面的饰面材料。

对建筑的能耗重新进行设计，在屋面、墙体等部位利用新型建材、设备结合传统结构形式，提升建筑室内环境的舒适度，降低运维费用，并且在智能防盗门禁、房间温湿度监控系统、互动讲解系统、电子阅览系统等方面考虑智能化设计，以实现新建筑空间宜人高效的参观体验，增加参展观众的沉浸感，为了解党的历史，提高党史教育水平提供重要的实体支撑。

六、项目评价与展望

苏家屯陈相街道沈阳民主政府旧址改造项目体现了苏家屯区政府对历史的尊重和对历史建筑遗产保护的远见卓识，通过对历史建筑的挖掘、修缮和建设既让旧房产生新韵，又能够唤起人们对历史的审视和反思，从精神文明层面提供了非常有意义的建筑空间场所。同时，该项目的设计及后续建设也必将推动该地区的红色主题旅游文化的发展，在物质层面促进乡村发展以及当地旅游产业升级。

对于高校研究所来说，这次设计实践也为研究所的科研工作提供了重要的支撑和技术积累，提高了高校的科学研究水平。在课程建设上，呼应我院"七个一"教育策略及"五实""四转变"的教学理念，为设计课程真题真做提供了重要素材。

沈阳市沈北新区马刚街道中寺村村庄规划

王琳琳、许德丽

摘要： 基于"城乡规划设计 4"课程平台，利用沈北新区马刚街道中寺村实用性村庄规划作为横向科研项目，将"产学研"理念引入村庄规划设计课程教学中，教师带领学生开展项目实操。让学生们从专业的视角去体验行业实践的全过程，从分析问题到解决问题，从团队协作到专业分工，从编制成果到联合专家团队评审考核，这个过程有助于未来学生毕业后直接与工作无缝对接。此类科研实践在培养合格的应用型建筑类人才的同时，为应用型人才培养教学改革提供了多元化探索思路，也促进了教师的科研能力进阶，强化了学院科研队伍建设，也为服务地方发展与建设提供了支撑。

关键词： 产学研合作；应用型建筑类人才培养；村庄规划

一、产学研合作背景下村庄规划课程结合科研项目真题真做的意义

新的时代背景下，产学研合作已经成为推动科技产业化的重要举措，高校作为从事科研工作的核心部门正在逐渐成为推动社会进步的中坚力量。产学研合作结合了高校、企业以及科研机构各部门的优势，在发挥各自优势的同时，能够极大地促进科技和经济的发展，达到"多赢"的有利局面。

党的十九大报告提出实施乡村振兴战略，开启了新时代美丽乡村建设的新征程。村庄规划是实施乡村振兴战略、推进美丽乡村建设的重要依据。基于"城乡规划设计 4"课程平台，在村庄规划设计课程教学中实现了真题真做的全周期探索。同时，为了实现按照真实情景培育学生的专业素养，课程开展了"G4 专家联合评图"，评审团队构架设置为"政府主管部门＋规划企业＋高校学者＋项目地使用者"，为即将赴企业实习的大四学生构建一个真实的规划成果评审过程，让学生了解不同层面审视规划成果的角度及实际需求，为他们赴企业实习预热，体现了"七个一"人才培养方法在教学工作中的全方位落实。

二、产学研合作背景下中寺村村庄规划与实施途径

（一）项目概况

1. 区位及交通

马刚街道位于沈北新区最东端，距离沈阳中心城区 35km，东与浑南区接壤，紧邻国家 5A 级景区沈阳棋盘山风景区。马刚街道地处沈阳东部山区，是沈阳大都市区"东山西水"的大生态格局中"东山"的重要组成部分。

中寺村村域总面积约 431.5hm²，整体地势较为平坦，距离沈阳森林公园仅 1.7km，距离怪坡风景区 14km，处于市民周末乡村旅游出行的适当范围内，村庄距离沈哈高速清水台出口约 3km，距离 107 省道 1.5km，县级公路董老线东西向延伸，与省道 107 交会，对外交通非常便利。

2. 公共服务设施

中寺村的公共服务设施主要分布在横穿本村的董老线两侧，主要有公交站、农家乐、商店、村委会等。村委会位于村庄西侧，现状建筑为平顶建筑，占地面积 920m²，房屋质量情况较好。现有卫生室一处，位于村西侧，沿主路布置，占地面积 60m²。村庄有一处广场，是村民休闲娱乐的主要场所，但是广场并未配套相应的休闲娱乐设施。村中缺少图书室、活动中心等休闲文化设施。村内商业设施以村小卖部为主。

3. 基础设施

中寺村大部分道路已硬化，部分路面破损，质量较差。村庄内部县级公路与省道交汇，对外交通便利，为工业企业交通运输提供了保障。

村内支路主要为宅前路，路面宽度多为 3~4m。道路设施比较匮乏，缺乏指示系统。道路较窄，错车不易。村内停车设施较为缺乏，村内车辆基本为分散停车。

4. 村庄特色资源

1）文化资源

"中寺村"名字的起源：很早以前曾发现两个泉眼，约在明嘉靖年间，泉眼旁修建了一座庙宇，取名"双泉寺"，并沿泉水流向的沟旁分别修建三个小庙，最上面是老爷庙，中间是财神庙，最下面的是土地庙，随着烧香祈福者的增多，逐渐形成了三个村落，分别叫"上双泉寺、中双泉寺、下双泉寺"，后来简称上寺、中寺、下寺。时光荏苒，现今只存中寺村和下寺村。

中寺村因寺得名，拥有百年历史积淀，并且尚存枫树、财神庙、仙人洞（三大宝）等历史遗存，增加了村落的文化底蕴。中寺村的满族人口占全村的 52%，有满族风情园、满族农家特色风情街，未来发展要注重满族文化传承，打造满族特色村庄。

2）种植资源

目前，省内一家企业已包下该村 3188 亩地，建设猕猴桃基地，按照计划，这 3188 亩猕猴桃第二年就能部分结果，届时，这里将被建成集观光、旅游、采摘于一体的现代化种植园区，成为游客亲近自然、感知农耕人文的好去处。

3）旅游资源

农家乐项目：随着沈阳国家森林公园的对外开放，中寺村积极转型，大力发展以"住农家屋、干农家活、吃农家饭、享农家乐"为核心内容的农家乐旅游项目，让城里人乐此不疲，流连忘返。一段时期，该村开办了 20 多家"农家小院"，农家小院一次性可接待四五十人，户均年收入都在 10 万元以上。

（二）规划理念与编制思路

在全面分析村庄发展优势和瓶颈的基础上，合理确定村庄发展定位与目标，进行人口和土地资源供需预测，调整土地利用结构，合理划分生产、生活、生态"三生空间"，进行科学规划。完善农村社区基础设施与公共服务设施，全面提升村民居住环境，同时将特色文化元素融入村庄规划建设全过程。严格落实上位规划中确定的生态保护红线、永久基本农田划定、城乡建设用地增减挂钩指标要求，积极盘活村庄存量闲置土地与闲置民房。规划要高度重视产业规划，综合考虑一、二、三产深度融合。要结合提升人居环境品质、保护生态环境、打造农业生态旅游的目标进行规划。充分考虑环境、资源和生态的承受能力，实现自然资源的可持续利用，实现社会的永续发展，最终依托现有山水脉络等独特风光，让农村进一步融入大自然，让居民望得见山、看得到水，通过编制村庄规划，全面引领美丽新农村建设。

（三）项目编制流程

1. 前期调研

前期调研工作重点在于对村庄现状及周边环境的掌握，在后面的设计阶段也要求学生根据设计需要进行补充调研。调研中，王洪光、高明两位村书记为师生详细介绍了村庄目前在发展中存在的实际问题及未来的设想，并针对规划设计成果的侧重内容提出了自己的看法，为未来的规划成果编制提供了全面、翔实的上位指导信息。

同时，师生深入乡村农户，充分调研和征询村民意愿，并对村庄新增产业进行考察，让学生们深度认识村庄发展中实际存在的多元化问题及发展契机，理解村庄发展的客观规律，以便于后期编制落地性更强的规划设计成果。通过调研，学生们增强了现场调研工作的实践能力，师生更加深入地了解村庄发展的实际问题与需求，为开展本地区乡村振兴相关工作和研究探索提供了强有力的基础支撑，也让大家更加明确了本专业的社会使命与责任（图1）。

2. 规划设计

1）发展定位

马刚街道位于观光农业发展带东端，山林资源丰富，农业特色突出，根据区位条件以及现状建设条件，结合《沈阳市实用性村庄规划编制导则》《沈阳市村庄布局规划（2019—2035年）》等，重点围绕林果种植、畜牧养殖，营造山地特有的农业空间环境，

图1　前期调研

让农业与山水格局相融，打造"山林境"主题功能。将中寺村发展定位为人居环境品质高，群山环绕、树木茂盛，山林资源丰富，以满族风情、祈福文化为民俗特色，集特色农业、乡村旅游、生态保护于一体的宜居、宜养、宜游的综合型美丽乡村。

2）空间结构

以中寺村为发展核心，以中寺村南北走向的中寺路为发展主轴进行规划，村镇的东侧有大片的林地，适合发展畜牧业，基本农田作为耕地向田园风光区的方向发展，给游客提供良好的田园风光的展示。基地的西南部分，因为有大量果园用地和林地，向为游客提供休闲娱乐的林果采摘区的方向发展，让游客拥有更有乐趣的游玩体验（图2、图3）。

3）规划策略

第一，产业发展布局。依托中寺村的交通优势，结合乡村振兴建设的要求，在有

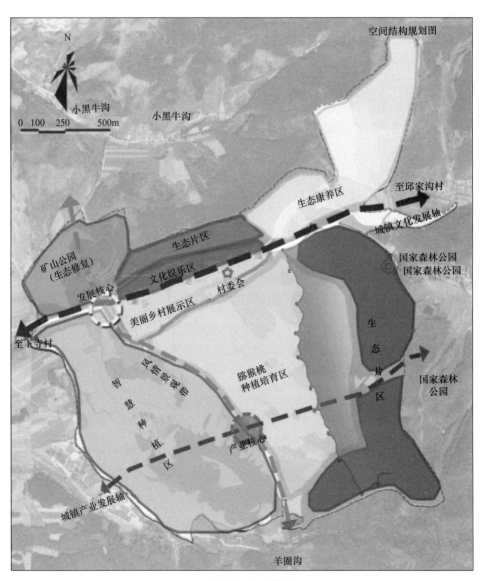

图2　中寺村空间结构规划

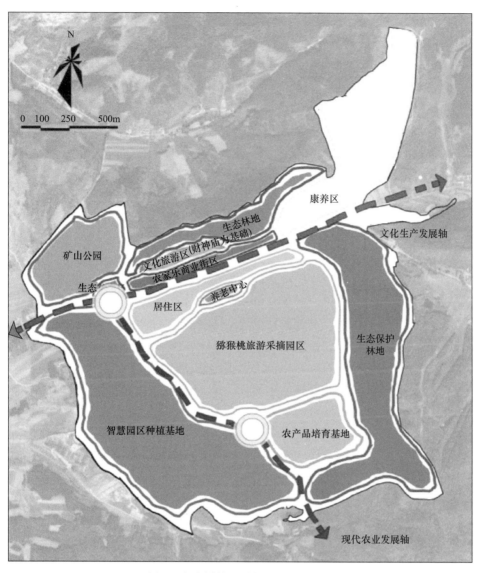

图 3　中寺村林果采摘区规划示意图

序提升村庄生态环境质量的同时，大力发展生态农业，合理利用本村生态资源，积极开发第二、第三产业，促进多产业融合发展。通过升级农业，提升工业，激活旅游，构造一、二、三产业"互利共生"的格局。首先，升级农业，推动传统种植业、养殖业向高效农业、生态农业升级；其次，提升工业，利用村内的农产品资源发展绿色农产品加工业；最后，激活旅游，激活自然田地水资源与休闲度假资源的潜力。利用品牌塑造、"互联网＋"等方式，构建多方服务营销平台。在进行品牌塑造时，可以通过产品培育，打造村庄特色产品品牌，主打有机蔬菜品种。通过"互联网＋"，充分利用网店等形式售卖产品，在新型信息服务平台上实时更新产品信息，通过电脑、手机传输信息，多方营销。

　　第二，产业开发项目。随着沈阳国家森林公园的对外开放，中寺村积极转型，大力发展以"住农家屋、干农家活、吃农家饭、享农家乐"为核心内容的农家乐旅游项目，因此我们提出"休闲驿站"的概念，新建休闲农庄旅游中心，打造满族风情主题的民宿，提供旅游住宿、娱乐餐饮、垂钓等服务。在发展特色种植业的同时，可开拓相关产业，如田园观光、有机水果和水产养殖业等。

中寺村主要发展特色种植产业。软枣猕猴桃是特色种植，其他农作物如干梅子、洋芋、葱、草菇、茼蒿等是基础种植。中寺村林果栽植面积达 8000 余亩，其中，苹果梨、寒富苹果 6000 亩左右，软枣猕猴桃 2000 亩左右，林果产业已成为沈北新区东部山区发展的一张金字招牌。

第三，村庄环境整治。中寺村的景观绿地系统以生态保护为核心，结合自然环境，利用现有的山水格局及自然地形，将林地、山体、河流串联起来，并设置沿路景观，构建具有山水园林特色的绿色景观系统。在景观植被的乔木配置方面，可在庭院和道路两侧种植相应的乔木，丰富道路景观，优化人居环境，推荐种植海棠、银杏等乔木，既是经济林，又是美化风景的首选观赏树，有极高的观赏价值。除乔木外，可配置灌木对景观进行点缀，在庭院内，可通过种植瓜果蔬菜来增强景观效果，推荐种植月季和二月兰等灌木。庭院硬化以水泥硬化为主，在铺砖选材方面，有条件的群众可以选用户外防滑瓷砖等材料。在沟渠整治规划方面，对需要整治的沟渠进行疏通清淤，增加生态护坡，改善水渠两侧的景观环境。渠道整治措施主要包括：清理杂草、水渠底部铺鹅卵石；在水渠两侧增加绿植，渠道之上为地被草坪，顶部（沿路）为灌木，用鲜花装饰点缀，水岸边种植柳树等近水植物。

第四，公共设施建设。由于村里大部分青壮年劳动力外出务工，目前村里常年居住的老年人较多，因此规划新建一所敬老院，其空间要能够满足老年人对于养老居住、老年活动、文艺交流等方面的需求，从而为老年人提供丰富多彩的老年生活；同时，增设综合服务站、幼儿园、卫生室、文化展示馆、快递站、消防站各一处，增设商店两处，并将原有民宿及农家乐面积扩大。结合村内道路建设绿道，完善村内的步行系统，同时在绿道两侧和节点处增加景观小品和游憩休闲设施，丰富居民的游憩空间。

3. 成果表达

由于一套完整的村庄规划内容多、工作量大，一个人在 8 周的课程设计时间内是难以全部完成的，因此进行小组分工，每组 4~6 名学生，最终成果包含全组必须完成部分和根据工作量要求的自选专题内容。必须完成部分为现状问题分析、规划目标定位、人口产业发展预测、用地布局规划、道路交通规划与产业布局规划等，自选专题包括乡村绿化景观设计、风貌整治规划、乡村住宅设计等（表 1）。

乡村规划作业的内容与成果表达   表 1

	文本与说明要求	图纸要求
必须完成的规划设计基本内容	现状问题归纳与 SOT 分析	村域土地使用现状图
	规划依据、年限、目标与村庄定位	
	人口及产业发展预测	
	用地布局规划	村域发展与村庄建设规划图

续表

文本与说明要求	图纸要求
根据工作量要求的 专题性内容	道路交通规划	村域道路交通规划图

（将上面理解为合并的单元格结构如下）

	文本与说明要求	图纸要求
根据工作量要求的 专题性内容	道路交通规划	村域道路交通规划图
	市政规划	村庄市政设施规划图
	公共服务设施规划	村庄公共服务设施规划图
	绿化景观规划	村庄绿化景观规划图
	乡村住宅设计	乡村住宅设计相关图纸
	其他	相关图纸

（四）项目展示与实施效果评价

为落实学校的"五实教育"，践行学院的"七个一"人才培养方法，建筑与规划学院城乡规划专业"城乡规划设计4"课程坚持用一类真实项目带动一类专业课程的建设。课程紧靠乡镇建设学院"乡村振兴"方向，依托课程平台，带领学生编制了实用性村庄规划。为了实现按照真实的情景培育学生的专业素养，"城乡规划设计4"课程举行"G4专家联合评图"，评审团队构架为"政府主管部门＋规划企业＋高校学者＋项目的使用者"，邀请了省乡村振兴局吕宏伟局长、辽宁省规划院规划编研中心马健主任、沈阳建筑大学李超教授、沈阳城市建设学院建筑与规划学院吉燕宁院长、沈北新区马刚街道中寺社区王洪光书记参与点评。

同学们分组对自己的规划方案进行了汇报。在点评环节，各位专家从规划成果的规划理念、空间布局、生态框架、文化传承、产业定位、风貌管控、公共服务等多方面耐心地对每个作品进行了点评和指导，从乡村振兴的理论及实践层面深入剖析，引导学生理解乡村发展及村庄规划的实际需求及意义，倡导学生立足实际，探索乡村振兴的新模式、新策略（图4）。

联合评图展示的规划成果，受到了专家团队的一致认可，表示建筑与规划学院依据自身专业特点探索的"七个一"应用型人才培养方法符合当下行业发展和国家发展的需求，同时"城乡规划设计4"课程在落实"七个一"应用型人才培养方法时，依托课程结合真实项目，为学生专业实践能力的提升提供了一个很好的平台，学生们立足真实项目，认识到了乡村振兴及国土空间规划体系下的实用性村庄规划的内涵及意义，

图4　学生汇报

直观地展现了学生在规划过程中的优势与不足，鞭策学生们不断充实和完善自己的专业素养。

三、成果应用与未来展望

伴随着第四次科技革命带来的新经济、新技术，我国出现了实践人才不足、高技术应用型人才短缺等现象。面对新时代的机遇与挑战，教育部于 2017 年 2 月发布了《教育部高等教育司关于开展新工科研究与实践的通知》，提出工程科技人才要满足国家战略发展要求和以新技术、新业态、新模式、新产业为代表的新经济的发展要求。通知中还提出，地方高校应充分利用地方资源，推动传统工科专业改造升级，更加注重学科的应用性、创新性与综合性，培养符合产业需求的新工科人才。

设计类课程"真题真做"作为我校城乡规划专业本科课程模式的改革，如何贯彻上述要求，构建出实现产教融合、符合城乡规划专业特点的应用型人才培养模式，是我校城乡规划专业转型的切入点。

为了学生毕业后能更好地就业，更加适应这个多变的社会，使我们的大学课堂真正做到学以致用，利用沈北新区马刚街道中寺村实用性村庄规划作为横向科研项目，将产学研理念引入村庄规划设计课程教学中，进行产学研合作背景下设计类课程"真题真做"教学体系的探索，希望给我校城乡规划专业的老师和学生提供一个开放式的、相互作用性及操作性强的教学模式，以培养专业应用型人才为目标，以期有效提高城乡规划专业毕业生的工作能力与适应能力，进而为规划行业培养更多的应用型人才。

新民市大红旗镇控制性详细规划设计

钟鑫、许德丽

摘要：本文通过对新民市大红旗镇镇区现状的调查研究，从镇区建设、用地分类、道路交通、公共服务设施等方面对新民市大红旗镇中心镇区进行控制性详细规划设计。提出建设目标及建设方向，立足于大红旗镇未来发展，将大红旗镇打造成新民地区示范镇。

关键词：镇区建设规划；新民市大红旗镇；乡镇控规

一、大红旗镇现状基本概况

（一）自然条件

大红旗镇地处新民市域的西部，镇区现状建设用地地势平坦。据《新民市志》载，新民市土质属于下辽河中新断陷带。新民市域的土壤只有六个土类，其中碳酸盐草甸土和草甸土是新民市的主要土壤亚类。土壤土层深厚，绝大多数为无障碍层；填充土地多为壤质土，pH值为5.6～9.0，多数为7.0～7.5；有机质平均含量为12.9%；全氮平均含量为0.81%；速效磷平均含量为5ppm；速效钾平均含量为97ppm。新民市域地震基本烈度为7度。

大红旗镇区的气象条件参照新民市气象资料：属暖温带大陆性季风气候区，其特点是四季分明，冬冷干燥，夏热多雨，春秋多风；年平均气温7.6℃，最热月为7月，平均气温24.3℃，最冷月为1月，平均气温－12.2℃；年平均降水量608mm；年平均蒸发量1.743mm；年平均日照时数2753.1h；年主导风向为南风，夏季盛行南风，冬季盛行北风、西北风。

（二）经济条件

大红旗镇域内未见可开发利用的矿产资源，镇内主要经济作物有玉米、水稻、大豆、花生、杂粮、棚菜等，第二产业以一类工业为主，以集市为主的第三产业发展比较发达，2004年全镇社会总产值约62900万元，第一、二、三产业结构比为27：46：27，人均年纯收入约3400元；大红旗镇区除作为全镇的行政、经济、文化、交通、信息等中心外，还辖有镇内少数骨干工业企业和大部分商业店铺及一个集市，因此，镇区三次产业的收益以第二、三产业为主导产业，2004年镇区总产值约2415万元，第一、二、三产业结构比为1：45：54，人均年纯收入约4000元。

（三）镇区建设

大红旗镇区现状建设用地面积约183.49hm²，按现状户籍人口和暂住一年以上人口两项合计 5932 人计，人均建设用地约 309.32m²。现状镇区建设用地沿过境铁路（沈山线）两侧布置，其中，以铁路西北侧为主。镇区居住建筑用地在铁路及其他用地的分割下，形成三个片区，其中，两片在铁路西北侧，用地合计约 112.03hm²，占现状镇区建设用地面积约 61.05%，居住建筑都是北方农村传统院式平房，极特殊的几幢 2 层住宅散布在各处，绝大部分建筑质量仅属一般，镇区人均居住面积约 188.86m²，住宅楼房比例约 0.3%，住房成套率为零。镇区公共建筑用地主要集中于过境乡道马前线及粮库北道交叉口，以现状镇政府及集市为中心布置，合计用地约 13.38hm²，占现状镇区建设用地面积约 7.29%，主要公共建筑有镇政府、镇中学、镇小学、镇卫生院、供销社、银行、工商所、村委会等，有集贸市场及各类商业店铺和饭馆、酒楼若干个，其中，除村委会及少数店铺、饭馆和辅助用房外，大部分公共建筑都是二三层楼房。镇区人均公共建筑面积约 22.55m²。镇区生产建设用地分布在镇中心过境铁路两侧，合计用地约 10.38hm²，占现状镇区建设用地面积约 5.66%。在镇区现状镇政府南侧有粮库一座，用地约 7.64hm²，占现状镇区建设用地面积约 4.16%，粮库多为单层建筑，储粮以席囤式为主。过境的县道金梁线和乡道马前线是镇区的主要对外交通道路，在镇区规划区范围内用地约 7.34hm²，占现状镇区建设用地面积约 4.00%。县道金梁线路基宽度约 20.0m，乡道马前线路基宽度约 10.8m，县道和乡道路面均为黑色柔性路面，镇区内道路均为土路或街基，在南部片内条数稍多，有形有序，在北片内则较杂乱，用地合计约 31.70hm²，占现状镇区建设用地面积约 17.28%。

二、大红旗镇镇区发展目标

（一）规划目标

1. 社会经济发展总目标

以推进现代农业建设为重点，以增加农民收入为核心，以深化农村改革为动力，着力提高农业综合生产能力，全面发展本镇社会事业，实现本镇经济持续、快速、健康发展。调整完善一、二产业结构，逐步形成以一产为主，二、三产为辅的布局合理、设施完善、功能齐全、环境优美，能带动全乡与周边地区进步、发展的新型集镇。

到 2024 年末，预计镇内生产总值达到 1 个亿，年均增长速度为 10%，人均年收入 8000 元。到 2029 年，预计镇内生产总值达到 2 个亿，人均年收入约 15000 元。

2. 第一产业发展目标

在 2019—2024 年间，订单农业面积 1400 亩，出口创汇面积 8000 亩，新品种推广面积 2600 亩，经济作物面积 15000 亩，大棚菜面积 5000 亩，裸地菜面积 7000 亩，地膜盖面积 6700 亩，绿色无公害食品面积增加 105000 亩，绿色论证达到 20 个（含有机食品），发展畜牧业小区 30 个，养殖业出口创汇 100 万元，畜牧业招商引资 1500 万元，科技示范园区 40 个，建立一支高素质农业经济队伍，人均养殖收入 1000 元，使农产品商品率不低于 90%，到 2010 年，农业总产值达到 49000 万元，粮食总产量达到 80000t，农民人均收入 8000 元。

到 2024 年末，增加耕地面积，提高耕地质量，更加注重农业资源的整合、土地生态平衡的维护。建立平整土地、桥涵站闸、深水井改电井、浇滴灌配套等高标准示范区，其中水田发展 5 万亩，地膜覆盖 15000 亩，棚菜 10000 亩，发展小杂粮面积 500 亩。

3. 第二产业发展目标

在 2019—2024 年间，引进投资在 500 万元以上的大型企业 10 个，发展壮大本镇水稻深加工、龙峰饮品、绿色产品深加工等产业的龙头企业，树立自己的品牌。到 2020 年，工业总产值达 6 亿～8 亿元，工业增加值 4 亿元。

到 2024 年，大红旗镇将引进 80 余个企业，5 个工业园区，发展农副产品，扩大产品精加工，不断延伸产业链，实现多层次的加工增值，提高农产品附加值和商品转化率。工业总产值为 10 亿元。

4. 第三产业发展目标

至规划期末，大红旗镇将建设成为一个有综合区、工业区、政治文化卫生区、生态环保节能居住区、大田区、经济发展区，功能清晰、完备的现代化新农村。

5. 社会发展目标

严格控制镇区人口自然增长，提高人口素质，规划期内镇区人口自然增长率控制在 7‰以内，镇区人口和产业劳动力增长、补充以市、镇域内合乡并镇和撤村并屯后，因产业结构调整和农业产业化产生的富余劳动力向包括本镇区在内的小城镇集聚，从而带来的机械增长为主，镇区人口占全镇人口比例到 2024 年约达 25％，到 2029 年约达 40％。

优先发展教育、文化、科技等事业，提高居（村）民的文化水平，在普及九年义务教育的基础上，使高中教育的普及率接近 80％；发展卫生保健和体育事业，提高居（村）民的健康水平，建立一所设施较完备的乡卫生院，千人拥有医生人数不少于 3 人，千人拥有病床数不少于 3 张；逐步建立、健全社会保障制度，力争在规划期末使社会综合保障覆盖率达到 80％；搞好广播、电视等传媒、信息事业，继续开办广播和电视差转，使广播、电视覆盖率达到 100％。

（二）规划原则

（1）依照《新民市总体规划》，着眼于全镇及周边地区社会经济的实际与发展，远近结合、统筹兼顾、综合部署。

（2）结合镇区现状和自然条件，以利于民族社会团结、进步为根本，因地制宜，集中布局，突出特色。

（3）节省用地，合理用地，在逐步推行生活城镇化、产业现代化的过程中，使镇区旧貌换新颜。

（4）妥善安排内外交通，在保证各级公路和村镇道路畅通的前提下，协调和拉动沿路社会经济良性发展。

（5）切实注重生态、水土的保护与治理，强化以山洪为主的灾害预防、疏导，为镇区的生活、生产创造良好、安全的环境。

（6）坚持可持续性发展战略，贯彻"为两个文明服务"的方针。

三、大红旗镇镇区控制性详细规划

（一）规划范围

根据大红旗镇区现状和建设发展需要，划定镇区规划区范围，四周基本止于现状镇区建设用地边缘，镇区规划区范围用地面积约 $179.09hm^2$，其中，在东部划入了少量空地，其余均是现状镇区建成区。

（二）人口规模

大红旗镇区现状户籍人口 5432 人，暂住一年以上人口约 500 人，两项合计约 5932 人，为镇区现状人口，另有通勤、流动人口约 200 人/日。

预测镇区人口将由以下三方面人口构成。

（1）自然增长人口。据大红旗镇人民政府相关部门近些年的人口统计，镇区人口自然增长率约为 5‰，依照市、县、乡各级政府对当地人口发展目标及有关计划生育的政策，在本规划期内，镇区人口自然增长率将控制在 7‰ 左右，自然增长后镇区人口为：

近期至 2024 年，$5932×(1+0.007)^5 ≈ 6143$ 人；

远期至 2029 年，$5932×(1+0.007)^{10} ≈ 6360$ 人。

（2）机械增长人口。大红旗镇域现有 10 余个大、小建制村，户籍人口 26000 人，随着农业逐步产业化和农业产业结构的调整以及合乡并镇、撤并村屯工作的落实，本镇、县域内以农业为主的剩余劳动力人口的就业安置等，都要选择包括本镇区在内的产业集中、人口聚居和有发展潜力、城镇化水平相对较高的中心及次中心地区；此外，对于邻近的外省（区）、外县（旗）不发达地区的移民来说，本镇区也有一定的吸引力，仅按本镇域现有户籍人口预测，近期至 2024 年约 25%、远期至 2029 年约 40% 的人口将落户镇区，机械增长后镇区人口为：

近期至 2024 年，全镇自然户籍人口：$26000×(1+0.007)^5 ≈ 26923$ 人，

镇区户籍人口：$26923×0.25 ≈ 6731$ 人；

近期至 2029 年，全镇自然户籍人口：$26000×(1+0.007)^{10} ≈ 27878$ 人，

镇区户籍人口：$28868×0.40 ≈ 11547$ 人。

（3）暂住增加人口。随着镇区建设规模的逐步扩大和产业、社会事业的相应发展，商贸集散功能的完善提高，尤其是第三产业的兴起，势必招引外来经商、务工的暂住人口进一步增加，预计将增加到：近期至 2024 年，约 600 人；远期至 2029 年，约 1000 人。

比照"沈阳市计委"制定的《沈阳市小城镇发展规划纲要》（1999～2015 年）和沈阳市村镇建设办公室"沈村发〔1999〕第 10 号通知"等相关文件对小城镇人口的预测情况，本次大红旗镇区建设规划人口规模确定为：近期至 2024 年为 7000 人，其中，机械增长人口约 588 人，暂住增加人口约 600 人；远期至 2029 年为 12000 人，其中，机械增长人口约 4961 人，暂住增加人口约 1000 人；远景至 2030 年后为 15000 人左右。

（三）用地布局

1. 居住建筑用地

规划镇区居住建筑用地均匀地分布在镇区内，除在过境铁路南有 5 个组团外，铁路北侧约有 6 个组团，在东部的过境县道金梁线两侧各布置了 5 个组团，合计用地约 75.94hm²，占规划镇区建设用地面积约 42.40%，人均约 63.28m²。

规划镇区内居住建筑按西高东低安排。西部以多层居民住宅为主，辅有低层村民或居民住宅，且作北高南低安排，也便于村民到南部劳作，居民就近上班；东部以低层村民住宅为主，辅有低层居民住宅，便于村民到东、北部劳作。规划镇区远期人均居住面积不小于 20m²，安排在西部各组团内可容纳 7120 人，在东部各组团内可容纳 4880 人，总计容纳 12000 人。规划镇区居住建筑分类及标准如下。

（1）村民住宅建筑。每户宅基地 280～300m²，以 2 层庭院式住宅为主，单层庭院式住宅为辅，住宅建筑面积 60～120m²，住房成套率不低于 50%，设组团级绿地，宅区绿地面积不少于 3m²/人，绿地率不低于 35%，除高档低层住宅底层自备机动车库外，每 30 户设 1 个机动车停车位。

（2）居民住宅建筑。以多层住宅为主，低层住宅为辅，建筑面积每户 90～150m²，多层建筑正面间距 1：1.7，住房成套率不低于 95%，设组团级绿地，宅区绿地面积不小于 6m²/人，绿地率不低于 40%，低层住宅为 2～3 层庭院式，除高档低层住宅自备机动车库外，在多层住宅底层集中每 20 户设 1 个机动车停车位。

（3）其他居住建筑。主要是多层集体公寓式住宅，每户建筑面积 15～45m²，建筑正面间距 1：1.7，住房成套率 100%，设组团级绿地，宅区绿地面积不少于 3m²/人，绿地率不低于 40%。底层集中每 40 户设 1 个机动车停车位。

2. 公共建筑用地

规划镇区公共建筑包括行政管理、教育机构、文体科技、医疗保健、商业金融、集贸设施等六类，用地合计约 15.03hm²，占镇区建设用地面积约 8.39%，人均约 12.53m²。规划镇区公共建筑面积按人均不少于 8.0m² 规划，主要布设在规划镇区中部、过境乡路周围和居住用地中部，以镇政府、镇中学、镇小学等为基础改扩建，并在南面居住用地中部布设部分公建用地，镇区主要公建布局如下。

（1）行政管理建筑。在规划镇区西北部、县道金梁线东侧，以现状中心小学为规划镇政府用地，将分散的镇级公建全部迁入，改扩形成镇区和全镇行政管理中心；将大红旗村委会均匀地布局在镇区南部、东部居住用地中，合计用地约 2.30hm²。

（2）教育建筑。规划镇区东部镇中学迁移到镇区北部原新民市第二高中校址，规划镇区南部的镇小学保留，西北部现状镇政府用地就地改扩建，形成主要为铁路北侧居民提供服务的中心小学。另在规划镇区东部、南部、西部与规划的三个村委会毗邻的居住用地各配设 1 所幼儿园，合计用地约 5.87hm²。

（3）文体科技建筑。规划镇区的文化站、科技活动站、图书馆等站、馆类建筑集中在规划的中学前，合计用地约 0.67hm²。

（4）医疗保健建筑。在现状镇医院原址，就地改建，用地约 0.7hm²。

（5）商业金融建筑。在规划镇区西北部，邻乡道马前线集中设置镇级商业金融公建，另在规划镇区东部乡路北侧设置为村民住户服务的商业建筑，合计用地约 2.36hm²。

（6）集贸设施建筑。在规划镇区西部，道路马前线北侧，在现有镇区农贸市场的基础上改扩建，用地约 3.13hm²。

3. 生产建筑用地

在规划镇区的西北缘及南部，分别设置 5 个生产建筑团地，合计用地约 22.30hm²，占镇区建设用地面积约 12.45%，人均约 18.58m²。其中，在镇区南部的 2 个生产建筑团地，作一类工业生产建筑用地；在镇区西北部的 3 个团地中，邻近规划镇区居住用地一侧布设一类工业，北部可适当安置二类工业企业，但要禁止三类工业企业和有烟尘、气味、增强噪声及排污的二类工业企业及农业饲养类企业进入。

4. 仓储设施用地

规划镇区利用现状中心的粮库，改建仓储设施用地，使其用地完整，也便于长远发展可由单一的粮食收购、储存等向粮食深加工的多元化生产转轨，用地约 5.79hm²，占规划镇区建设用地面积 3.23%，人均约 4.83m²。

（四）道路交通规划

规划镇区对外交通用地主要是过境的县道金梁线和乡道马前线，本规划基本保持县道金梁线的原路线，镇区规划区内路段用地红线宽度采用 34.0m；规划为乡道马前线依旧经过镇区，其用地红线宽度采用 24.0m。规划镇区对外交通用地面积约 11.64hm²，占规划镇区建设用地面积约 6.50%，人均约 9.70m²。

规划镇区内共设置主干道路约 25 条。其中，一级路 1 条，用地红线控制宽度采用 24.0m；二级路大约 5 条，各二级路规划用地红线控制宽度均采用 20.0m；三级路 20 条，规划镇区三级路用地红线控制宽度采用 14.0m。

（五）公共设施规划

1. 给水工程

（1）水源及水厂：规划镇区开发一处水源地，根据供水能力的要求进行水厂建设，向规划镇区供应达标水。

（2）用水量测算：规划镇区生活用水量标准，近期为 120L/人·d，远期为 150L/人·d，镇区总用水量，近期约为 1225t/d，远期为 3000t/d。包括生产（非农业生产）、公共建筑、市政设施、消防和民用等的用水。

（3）管网布置：地形将供水区分成南北两区，分别沿镇区东西主干道敷设三条给水干管，形成较完整的环状给水管网，规划中道路用地及工业地区以枝状管网敷设，规划期末，形成混合式系统。

2. 排水工程

（1）排水量及排水体制。根据规划镇区人口及用水规划，预计规划镇区排污水量约为：近期 980t/d，远期 2400t/d。镇区雨水量 Q 计算采用沈阳的降雨强度公式：

$$q = \frac{1825 \times (1 + .774 \times \log P)}{(t+8)\,0.724}$$

$$Q = q \times F \times \psi$$

其中，q 为暴雨强度，单位 L/s·hm²；重现期 P 为 0.33～0.5 年；径流系数 $\psi =$ 0.5；F 为汇水域面积，单位 hm²；t 为降雨历时，单位 min。

根据镇区现状条件，排水体制采用雨、污分流制系统。

（2）污水处置：现状镇区中部有沈山铁路，已形成两个排水区域，考虑城镇规模及天然水体位置，在城镇北部设一座污水处理厂，集中处理城镇污水，镇区控制区规划水域面积，近期约为 26hm²，远期约为 62hm²，所设污水处理厂的污水处理能力，近期不小于 245t/d，远期不小于 1920t/d，近期为物理处理，远期为生化处理。

（3）管网布置：排水管网采用截流式布置。污水管网北部东西走向设两条主干管，南部设一条主干管，从铁路下桥涵穿过与北南干管连接，与北部污水一起汇入主干管后排入污水处理厂，集中处理达标后排入北部的龙湾河。规划区雨水管网系统与污水管网系统设置大致相同。沿道路中心埋设较多，以自流方式，南区汇入西南角的低洼地，北区汇入龙湾河，东、西各设一个雨水口。南部大坝上的雨水，左侧汇入排水沟，每隔一定距离设排水管引下大坝。道路右侧的边石每隔一定距离设开口，道路右侧的雨水经此排出。

3. 供（变）电工程

（1）负荷预测：依照本镇区建设规划布局，进行负荷预测。预测方法：系采用规划单位建筑面积容量法，并参照城市新区用电负荷预测标准测算，其用电指标见表 1。

用 电 指 标　　　　　　　　　　　　　　　　　　　　表 1

用地分类	综合用电指标	用地面积/hm²	统计负荷/kW
居住用地	4kW/户	75.94	2743
公共建筑	700kW/hm²	15.03	2135
生产建筑	200kW/hm²	22.30	1981
仓储	50kW/hm²	5.79	58
对外交通	250kW/hm²	11.64	25
道路广场	20kW/km²	34.17	35
公用设施	840kW/km²	5.20	366
合计			7343

表 1 中除道路广场、公用设施属于全区考虑的用电负荷密度外，均为每万平方米建筑面积上的负荷指标，并考虑了同类负荷的同时率。按上述指标，利用需用系数法得出本镇区总用电负荷为 7343kW。

（2）电力规划：按上述预测负荷，镇区内的二次变电所应选用两台 8000kVA 电力变压器。中压配电网：为保证镇区内供电的可靠性，10kV 系统采用环网及双回线路。有条件时，主要路线上的 10kV 线路采用电缆沿沟或直埋敷设方式。镇内架空线路导线全部采用绝缘层导线。镇区内的 10/0.4kV 配电变压器，逐步用箱式变电站，取代杆架式变压器。

（3）通信规划：①电话数量预测：按人口普及率预测，远期电话普及率为 40%，镇区电话数量为 4800 部；②通信支局交换机容量，应满足镇区 4800 部及所辖周边村落的电话的任务，主要路段上的通信线，按管道方式布敷，实现网络通信一体化，主干逐步用光缆取代电器。

4. 燃气工程

（1）燃气选择及燃气站：规划镇区设三座生活燃气站，选用液化石油气，设组瓶式气化装置，以集中管道化方式向居民用户供气，也可为居民用户提供罐装液化石油气。

（2）用气量测算：规划镇区液化石油气用气标准采用每户日用 0.5kg，镇区总用气量：近期约为 263kg/d，远期约为 850kg/d。

（3）管网布置：规划镇区燃气管网布置采用环状加枝状的混合系统，在用气负荷较大区域，沿规划道路敷设主干管。

（六）镇区环境、卫生、绿化规划

1. 环境保护

首先将镇区生产建筑用地集中和部分镇区公用工程设施用地安置在镇区的西北缘，处于镇区的下风侧和低处。其次在规划的镇区生产建筑用地中，严格控制入建企业的生产类别。第三，对镇区内河沟的槽岸实行整治、绿化，达到防灾和治理水土流失及为镇区增添靓丽风景带的目的。镇的生活垃圾场可统筹考虑垃圾场的选址与建设，以利全镇的垃圾处理。按照国家颁布的相关标准建设控制和保护镇区环境，规划镇区建设用地应采用防治大气、噪声二级标准。

2. 环境卫生

规划镇区设置环卫管理站（队），站（队）址设在镇区西北部，与规划镇区污水处理场（站）等毗邻，按清洁面积指标 $1.5hm^2$/人，清扫保洁镇区建设用地核定站（队），需配置清扫保洁工约 10 人。镇区公共活动中心和集贸市场附近以及居住小区或组团内，也要根据需要配设公厕。

3. 绿化

在规划镇区的中部及东南部，利用现已弃用的库塘（池）及其周边场地，连同河沟一起进行整治，逐步建立镇区两个绿水相间的公园；也使镇区内的居（村）民就近有了游玩的去处，镇区生态、经济、社会都将受益；在镇区内的过境铁路和公路两侧均设带状绿化，既固化堤岸、降噪减尘，又可改善因道路穿插、分割镇区而造成的不利界面，使镇区平添多道景观绿地。

四、小结

建筑与规划学院成立乡镇建设学院以来，全系师生立足专业，服务辽沈经济、社会发展，推动辽沈乡村振兴。对接学生就业的工作内容，锻炼了学生的应用实践能力，同时为我院教师专业能力的提高提供了较大的机会和平台。本次《新民市大红旗镇控制性详细规划》得到了大红旗镇镇长、书记、村委会主任等相关领导的高度认可。学院将继续秉承服务辽沈经济、社会发展，推动辽沈乡村振兴的宗旨，继续按照学院"七个一"学科发展路径，服务地方，推动乡镇控制性详细规划发展研究。

乡村人居环境改善，构建村庄健康可持续发展

——以庄河市桂云花项目为例

刘天博、许德丽

摘要： 乡村振兴战略规划是在国家宏观政策提出的实施乡村振兴战略的基础上产生的，具有一定的历史渊源性和时代必然性。在乡村振兴战略的发展背景下，农业、农村和农民问题始终是关系我国经济和社会发展全局的重大问题，统筹区域和挖掘文化特色，制定符合农村发展的特色功能类型，以集聚类村庄发展模式为前提，以文化、乡村康养、新型农业为核心，产业为依托，旅游为纽带，民族为特色，健康为亮点，建成生态宜居、乡风文明、生活富裕、服务功能完善、各项基础设施配套齐全、环境优美的美丽宜居的乡村。"美丽乡村"创建是升级版的新农村建设，既是美丽中国建设的基础和前提，也是推进生态文明建设和提升社会主义新农村建设的新工程、新载体。整治的重点从重数量向重质量转变，更加突出生态文明理念，重视指导村庄实际建设。

关键词： 乡村人居环境；可持续发展；美丽乡村

一、庄河市桂云花满族乡北屯概况

（一）区位分析

桂云花满族乡隶属于辽宁省庄河市，是北黄海中心节点城市，也是辽宁省沿海经济带重要节点城市。桂云花满族乡位于庄河市西北部 305 国道 46km 处，是大连市碧流河水库上游乡镇，地处庄河、普兰店、盖州三市之交，南与长岭镇、荷花山镇两镇毗邻，北与盖州市接壤，东面是步云山乡，西面隔碧流河水库与普兰店、盖州两市相望。境内交通便利，主要公路干线为市、县级公路庄茧线、崔桂线，305 国道的庄盖线，横贯东西，路经各村。

岭东村位于庄河市桂云花满族乡东部，北屯位于岭东村东北部，碧流河水库上游，桂云峰脚下，邻近崔桂线、崔西线、西跃线、岭峻线，交通便利。规划范围为桂云花满族乡东部岭东村北屯范围，蛤蜊河以北，桂云峰以南，三个自然屯聚集的居民点，山朱线及崔桂线贯穿用地。

（二）交通条件分析

北屯交通条件优越。铁路：与庄河火车站的空间距离约为 58km；高速公路：村庄与 G305 庄西线出入口的空间距离约为 40km；省道：村庄东部有省道 203，通过省道 203 连接蓉花山镇和仙人洞镇；乡道：山朱线及崔桂线贯穿用地，交通较为便利。

（三）自然条件和自然资源

桂云花满族乡位于庄河的丘陵地带，地貌兼有丘陵和平原的特点，地势东高西低。境内最高山是桂云花山，主峰海拔751.2m。地震烈度为6度。

桂云花满族乡林业和淡水资源丰富，盛产苹果、板栗、蓝莓等多种果品。特色种植业以冷棚西瓜、生姜和露地辣椒为主。养殖业则包括绒山羊、大骨鸡、黄牛、梅花鹿等。

全乡林业资源比较丰富，林业用地总面积为243000亩，森林覆盖率为75%。动植物种类繁多，国家二级保护动物10余种。区内有100多个树种、1000多种草本植物、200多种药用植物。旅游资源得天独厚，集河、山、林、田于一体，人文风貌与自然景观兼备，民族特色鲜明，具备开发潜质的沟域较多，发展旅游产业条件优越。现已开发的旅游项目包括：岗岭生态园、石佛山生态园、和尚沟拓展基地、银月湾民俗生态园、三道湾运动俱乐部、西阳庵生态园以及芳林峪生态园。

岭东村山高林茂、土壤肥沃，村政府大力发展旅游观光业，沿蛤蜊河两岸绵延崔桂线公路打造了17km长的水果林业观光带，栽植蓝莓、桃、梨、苹果等水果3600亩。游客可在游山玩水、避暑度夏的同时，品尝、采摘水果。蛤蜊河是大连的主要水源地碧流河水库的二级水源保护区，岭东村的26个自然屯分布在峡谷中的蛤蜊河两岸，奇山秀水，山高林茂，存有辽南不多见的自然风貌。丰富的地下水资源更为岭东村带来了商机，因富含锶等矿物质，先后有两家企业来此建厂。

岭东村附近有冰峪沟、庄河天门山风景区、银石滩国家森林公园、庄河海王九岛、庄河圣谷美地步云山漂流等旅游景点，有庄河大骨鸡、庄河牡蛎、庄河大米、庄河草莓、庄河滑子菇等特产。

（四）村庄定位分析

北屯的实际发展面临着前所未有的重大战略机遇，应加快城乡统筹发展进程，推进美丽乡村建设任务与农村人居环境改善工作，科学指导村庄健康可持续发展，编制实用性村庄规划。2019年辽宁省自然资源厅办公室下发文件，辽宁省启动村庄规划促乡村振兴，2019年底完成全省村庄分类任务，加快推进村庄规划编制试点工作。因地制宜、分类指导，制定建设计划，按照村庄的特色进行规划设计，实现村庄的环境美、产业美、精神美、生态美的发展目标。

二、村庄产业规划

（一）村庄现状总结

随着国家工业化和城镇化快速推进，农村人口大量向城镇，特别是大城市转移，导致农村空心化现象日益严重。通过对北屯进行详细规划，发展特色产业，进而破解农村空心化问题成为重中之重。通过现状分析可知，北屯属于人口集聚程度低的中度空心化类村庄。如何解决空心化问题？规划主要从五个方面进行探索：建筑方面进行风貌改造，景观方面进行整治提升，道路方面进行梳理补增，产业方面进行优化提档，公共设施方面进行完备增设。

（二）主要问题

现状发展：有资源，缺特色；有空间，缺产品；有风貌，缺亮点；有交通，缺联系；有客流，缺配套。产业发展过于保守，未能形成农副产品产业链；农业发展仍以传统形式存在，种植技术落后，农民缺乏果、蔬管理知识，注重产量，不注重质量，造成商品价值偏低；工业发展过于保守，招商效果差；旅游业开发程度低，宣传力度差。

（三）第一产业

大力发展特色果蔬采摘产业，巩固特色农业类型，创新发展模式，使传统农业再升级，积极发展立体农业；优化调整，产业化经营。

巩固大棚种植和蓝莓、软枣猕猴桃种植等特色农业。对传统农业进行升级，引进农业新技术，形成高效农业转变。同时，部分传统农业回归，在不改变原有耕种模式的条件下，采用立体式生产。结合村集体发展意愿，规划在村域东北侧以果园为主，结合观光等发展特色水果种植，提升第一产业种植多样性。

注重保持村庄的田园、山水风光，不破坏村庄现有的自然环境和历史文化，延续村庄现有的空间结构。

加强农业产业化经营，实质就是用管理现代工业的办法来组织现代农业的生产和经营，形成以市场牵龙头，龙头带基地，基地连农户，集种养加、产供销、内外贸、农科教于一体的经济管理体制和运行机制。

（四）第二产业

规划拟结合特色水果产品、农产品的生产，以及乡村康养产业的发展，适度加强招商引资力度，发展农副产品加工。

针对传统农业的发展和新型农业的崛起，可以进一步发展村庄的农产品加工和手工业品作坊，由此带动村庄的活力与发展，同时能够改善村民的就业环境，增加村民的收入。对空闲地块加强招商引资，确保招商产业类型符合北屯的产业发展。

（五）第三产业

通过对村庄文化的深入挖掘，结合村庄环境建设和乡村康养产业发展，积极提高村庄服务设施水平和接待能力，做大做强乡村品牌，壮大康养旅游业，打造生态服务旅游基地。

规划充分利用村内的历史文化资源，依托良好的自然生态环境，围绕"满族文化"主题做文章，积极引导乡村康养发展，同时加强文化体验，打造文化康养产业核心，推进康养产业的提升。

发展农家乐、满族风情民宿等服务产业，以现代农业采摘业态为基础，彰显农村文化，服务项目主要实现体验、休闲、娱乐等功能。打造具有地方文化特色的民宿，特色民宿主要为农户自主经营，政府挂牌统一管理，利用当地村民的房舍，对其家庭服务设施进行适当的改造，主要活动是住农家屋、吃农家饭、干农家活、享农家乐。

发展以观光、体验、采摘为主导功能的绿色果蔬采摘园，吸引城市人口前来消费，带动农村经济发展。

规划最终形成"两轴五区"的产业布局结构，以贯穿北屯的村级北屯道为发展纽带，主导产业区布置在两侧，构成有机、紧密的产业发展体系。

三、村庄建设发展目标

以满族文化为基础，以乡村振兴战略为发展核心，以桂云峰、蛤蜊河为自然本底，以乡土文化为人文魂脉，将北屯打造成为市级乡村振兴示范村、庄河市乡村旅游示范村，使其成为桂云花满族自治乡的点睛之笔，充分利用各种资源，把北屯建成结构合理、经济繁荣、社会文明、服务功能完善、各项基础设施配套齐全、环境优美的宜居示范村。

（一）经济发展目标

将加速种植业结构调整，逐步实现传统农业的升级与回归。在保证传统种植不减产的同时，重点发展经济作物的种植。鼓励剩余劳动力进行劳务输出，以增加农民收入。依托现代农业，大力开发生态乡村旅游业。

（二）社会发展目标

提高村民的文化水平，发展卫生保健和体育事业，提高村民的身体健康水平。逐步建立和完善村民的社会综合保障制度，在无线广播、电视覆盖率达到100％的基础上搞好广播、电视等传媒和信息事业。

（三）环境建设发展目标

规划期内，村庄垃圾无害化处理率、农村污水处理管道收集率、粪便资源化利用率、道路硬化率排水边沟汇水面积率、集中供水率达到100％；绿化覆盖率35％，电话普及率30部/百人。

四、乡村振兴战略背景下的规划策略

（一）系统梳理生态、村落、人三者的关系，形成生态和谐乡村

以保护生态环境及尊重生态环境为原则，通过科学规划，利用先进的施工技术，将自然生态景观和人类社会有机融合到一起，真正形成一个生态和谐、人与自然和谐相处的美丽乡村环境。应制定合理的开发制度，以保护资源和环境为原则，对乡村自然资源进行可持续建设、经营和开发。

（二）尊重地域文化，建设红色教育，树立良好的景观效果

乡村地区保留着我国较为完整的特色农耕文化，乡村地域文化主要包括历史传统、

民俗风情等，是当地农民最大的精神财富。规划中，按照充分发挥地域特色和保护地区文化的原则，突出不同地域的特点。

（三）尊重传统乡村肌理，构建聚落温馨格局，实现景观功能的有机结合

乡村是居民生活的核心地带，乡村环境影响着居民的生活质量，因此，在景观规划中应尊重传统乡村肌理，构建聚落温馨格局。一是从村落的原始形态入手，不断深入挖掘对维护村落景观塑造起主要作用的节点元素、空间肌理、景观素材等，以构成乡村聚落的温馨格局；二是保护好传统乡村建筑、当地特色等。因地制宜地规划道路、广场布局，实现乡村景观与功能营造的有机融合。

（四）构造尺度宜人的乡村生活空间，方便居民生活

规划中注重公共服务半径的合理性，方便步行，使广大居民出行方便，充分体现美丽乡村中以人为本的理念。以美丽乡村为基点，撬动产业发展。

（五）恢复乡村活力以带动产业发展、推动特色产业发展

通过美丽乡村建设，恢复乡村活力，在现有产业的基础上，实现生态宜居、环境优美、特色突出、文化深厚，进而带动乡村旅游、绿色健康产业发展。

五、工作成效

（1）推进项目工程建设，构建生态宜居空间，传承地方传统文化，树立品牌形象

目前，桂云花满族乡北屯美丽乡村规划设计已取得了良好的成果，尤其是项目在工程建设实施后，使广大村民获得了良好的居住环境。建设得到了当地村民、村镇领导及上级的认可，表示该村的美丽乡村规划设计及实施使当地的村落面貌、生态环境、文化凝聚、地域特色、经济发展、品牌形象等诸多方面都有了极大的提升和改善，极大地支撑和推动了乡村振兴、产业兴旺发展，表示以后还会持续在美丽乡村建设方面加大投入，推动相关建设的持续开展。

（2）对村庄产业进行统筹，挖掘历史文化，实现产业振兴，实现生活富裕

在帮扶乡村的过程中，将村庄产业进行融合，促进乡村产业振兴。农业种植销售收入是村民主要的经济收入来源，未来务农人群年龄的增长、青壮年人群外出务工数量的增加、市场的波动，都将影响农业的发展，在规划过程中推进产业融合，借助现代康养文化产业实现乡村振兴，提升村民的归属感进而解决空心化问题。规划充分挖掘、恢复历史遗迹，将文化元素应用到村庄建设和产业发展当中，形成主题产业与乡村康养产业联动，一、二、三产相互融合的产业发展模式，进而推动产业振兴，提高村民收入，提高村民的幸福感。

（3）充分利用自然优势，打造景观生态系统，完善基础设施建设，改善村民生活条件

在生态景观规划中，坚持对村庄内农田、植被、水体等文化与自然要素保护、利

用、充实与发展的原则，充分利用现有的自然环境优势，创造生态良好的人居环境和景观特点。

在规划中，对服务功能设施进行完善，使各项基础设施配套齐全，创建环境优美的宜居乡村。实现社会经济与生态环境的有机融合，建成具有完备的生活功能、良好的自然生态环境、现代的服务体系的现代生态新村，在改善村民生活条件、优化居住环境的同时，有效节约土地资源，促进村庄经济发展和农民增收，探索辽宁南部村庄规划建设的新模式、新机制。

六、总结美丽乡村建设的成功案例

（一）充分尊重美丽乡村规划设计的作用和价值

美丽乡村建设工程的具体建设内容虽然不是很复杂，但牵涉的领域却十分广泛，包括生态、民生、文化、产业等诸多方面，包含的专业有城乡规划、建筑学、风景园林、市政、道路、水利、勘察、国土、旅游、林业等，需要在充分调研、深入分析的基础上，系统考虑，统筹安排，而后开展美丽乡村规划设计，这样才能建设出良好的美丽乡村成果。

（二）软硬结合、挖掘内涵

美丽乡村建设不仅是物质层面的建设，如道路、广场、水渠、景墙等，还包含了精神文化层面的复兴与塑造，如地域文化、乡土文化、传统优秀文化、爱国主义情怀等，这些不仅是美丽乡村的组成部分，更是乡村振兴的内涵体现之一。

（三）尊重地域、体现特色

美丽乡村建设，是乡村振兴的重要组成部分，也是今后区域建设的重点。然而，美丽乡村建设不仅是要实现村庄复兴，而且要体现地域特色、村域特色，这样才能体现原本的特点，实现文化传承。

（四）近远结合、产业带动

美丽乡村的建设，不仅是近期投入取得良好的生态、环境、文化成果，还要考虑远期产业发展，带动人流、物流、钱流的可持续流入，实现美丽乡村建设的良性循环，真正做到乡村振兴，产业兴旺。

（五）理论结合实践、深入挖掘内涵

目前，美丽乡村建设相对来说属于新生事物，除了项目实践以外，还需要在政策层面、理论层面加强认识和研究，充分认识我国的国情、历史阶段、城乡差异，以及乡村振兴这一伟大战略，才能真正将美丽乡村建设开展好。

七、推广实施价值

目前，桂云花满族乡北屯村的美丽乡村规划设计成果良好，未来考虑与辽宁省内更多的乡镇开展校地合作，为更多地方开展美丽乡村规划设计服务。在美丽乡村规划中，结合当地产业特点，积极开拓农村的其他功能，如大力推动"互联网＋农业"，发展农村电商、休闲农业与乡村旅游、健康养生等新业态，延展产业链条，提升产业价值，从而实现乡村产业振兴。改善农村供水、供电、道路、网络等基础设施，完善教育教学环境与设施设备，引入先进的医疗器械，实施农村"厕所革命"，改造农村人居环境，推动农村各项事业全面发展。

深入贯彻落实党的十九大精神，以建设宜居乡村为目标，以提升农民生活品质、推进农村生产生活方式转变为核心，一切从农村实际出发，尊重农民意愿，按照构建和谐社会和建设节约型社会的要求，组织动员和支持引导农民自主投工投劳，改善农村最基本的生产生活条件和人居环境，促进农村经济社会全面进步。将农村环境整治与创建全国文明城市相结合，将设施完善提质、宜居示范创建与城乡一体化发展相统一，积极推进农村基础设施和生态环境建设，着力改善农村人居环境，使城乡全体居民共享现代化建设成果。同时，考虑召开美丽乡村论坛、乡镇产业论坛、美丽乡村建设成果分享会、美丽乡村建设专题培训会等活动，推动辽宁省美丽乡村建设的发展。

参考文献

[1] 李登昌. 乡村振兴战略背景下农村经济发展现状及对策研究 [J]. 现代农业研究，2019 (7)：18-19.

[2] 王德禄，赵慕兰. 中国新经济发展之路：脉络，经验与前瞻 [J]. 新经济导刊，2019，274 (3)：11-17.

[3] 李军国. 实施乡村振兴战略的意义重大 [J]. 农村财政与财务，2018 (1)：2-6.

[4] 王晓敏，邓春景. 基于"互联网＋"背景的我国智慧农业发展策略与路径 [J]. 江苏农业科学，2017，45 (16)：312-315.

庄河市明阳街道端阳庙村美丽乡村景观设计

刘成学、许德丽

摘要： 乡镇建设学院在乡村振兴的背景下，为大连庄河市端阳庙村开展了美丽乡村规划设计实践服务。此次设计服务有力地支撑了学院的"七个一"产学研建设与"五实"教育，促进了学院的学科建设与发展，同时也创新梳理了以美丽乡村为基点，撬动产业发展的新路径。

关键词： 乡镇建设；产学研；美丽乡村；"七个一"

一、背景概况

（一）政策与定位

党的十九大谱写了新篇章，新时代乡村振兴战略上升为国家战略：到 2020 年，乡村振兴取得重要进展，制度和政策体系基本形成；到 2035 年，乡村振兴取得决定性进展，农业农村现代化基本实现；到 2050 年，乡村全面振兴，农业强、农村美、农民富全面实现。

（二）项目定位

将庄河市明阳街道端阳庙村打造成一个符合空间优化形态美、绿色发展生产美、创业富民生活美、村社宜居生态美、乡风文明和谐美的"五美"要求的传承文化、生态良好的新型现代化的美丽乡村，农民的幸福家园。

（三）规划愿景

回归田园：你将重温早已淡忘的二十四节气，领略不一样的田园风光，沉醉于梦幻般的场景，体会别样的农业创意理念，感悟传统的乡村文化。山林、花海、田园、水库、农庄，来此享受，便是拥有。自由的色彩激发着画家创作的灵感，流畅的线条指引着摄影师捕捉的方向，静逸的氛围安抚了流浪者的心灵，清新的空气净化了都市人的呼吸，奇特的活动驻足了来者的脚步，新鲜的食物丰富了美食家的味蕾，浪漫的气息吸引了有情人的目光。孩子们可以在稻田里撒野，扑蝴蝶、编花冠；年轻人可以远离城市的喧嚣，活动僵硬的身躯，体验低碳健康的休闲活动；老年人可以寻觅一处宁静温馨之地，回忆过往岁月，感受时光流淌。在这里体验一块杂粮工坊新鲜出炉的面点，一份亲手采摘的蔬果特产，一杯当地酿出的果实美酒和一片芬芳四溢的花香。

二、基地概况

(一)基本区位条件

明阳街道端阳庙村位于辽宁省庄河市境内,丹大高速、高铁东西纵横,毗邻滨海大道。养殖业发达,尤其以海参养殖著称。本案所处之地,山水环绕,农田万亩,海产汇聚。基地山清水秀,风景优美,原始村落形态完整,周边农田视野开阔,毗邻万立方米水塘,坐拥千亩山林秀色。基地交通便捷,基础设施条件一般(图1)。

(二)气候条件

气候温和,雨量充沛,地处北温带,属暖温带大陆性季风气候,具有一定的海洋性气候特征,四季分明,皆宜旅游。历年平均日照为 2415.6h,日照充足,日照率在56%左右;历年平均降水量为 757.4mm。气候条件适宜,属于东北地区,植物资源丰富,种类繁多。

三、总体方案设计

(一)问题与策略

1. 如何为美丽乡村打造一个特色地域景点?

因地制宜、量身打造:

凸显项目自身特质,与周边景区拉开距离,错位发展;将当地各土生元素融入基地设计中,使其在同类产品中彰显自己的独特性。

2. 如何利用基地资源?

水系处理、微景观改造、天际线重塑、观景氛围营造:

图 1　基地交通现状

利用现有的地形及水环境，将生态可持续技术应用其中；结合现有场地特征，打造自然的古村韵味；近、中、远三景结合，丰富景观层次。

3. 如何选择合理的植物配置？

植物专题研究：

根据当地气候、土壤及水文条件，合理选择植物品种，并做好详细的季节选种及搭配。

（二）方案设计

1. 概念特色与总体设计（图2~图4）

概念特色关键词：

红色主题性、美丽乡村建设、山水景观性、宜居生活性。

2. 方案节点设计

1）红色主题广场，如图5、图6所示。

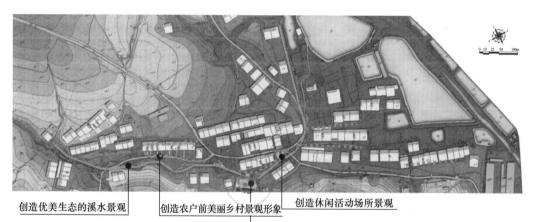

创造优美生态的溪水景观　　创造农户前美丽乡村景观形象　　创造休闲活动场所景观

创造红色主题活动广场景观

图2　主题分析图

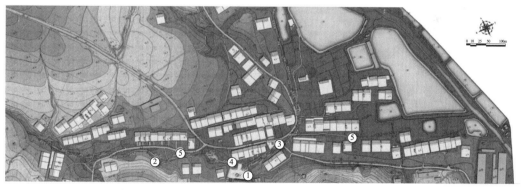

①红色主题广场；②生态溪流景观；③文化休闲场所；④路灯夜间照明(广场周围)；⑤农户前矮墙与绿化

"红色情结"——红色情怀、环境优美、便民惠民的情感寄托

图3　总平面图

图 4　总体鸟瞰图

红色主题广场平面图　　　　　　　　　　　　红色主题广场意向图

①红色主题雕塑　②弧形景墙　③景观大树　④健身器械　⑤文化长廊　⑥室外公厕　⑦景石（篆刻书法）

图 5　红色主题广场

图 6　效果图

2）溪流景观

结合现有场地规划设计景观溪流，长 1000m 左右（另有 500m 支流也需整治），采用缓坡驳岸形式打造，溪流宽 2.5～4m，水深 0.4～0.6m，局部段考虑运用毛石驳岸，布置景石、滨河景观树木、水生植物（绿化种植 6000m²）等，创造出宜居、自然、生态的溪流景观。

3）农户前矮墙与绿化，如图 7 所示。

4）村内其他节点，如图 8 所示。

3. 生态可持续设计（如图 9 所示）

农户前矮墙与绿化

农户前矮墙意向图

农户前院落杂乱参差，缺乏统一美感形象，在农户前统一景观矮墙，采用花卉地被种植(绿化宽2~2.5m)美化村落，形成特有的美丽乡村形象。矮墙、绿化长1680m左右。花卉地被植物考虑使用地被菊、长夏石竹、太阳花、松果菊等

图 7　农户前矮墙与绿化设计

搭配开花小乔木和地被

排水沟保留采用毛石与石板村道呼应

道路空间整理后形成各家院落，材料与物品就地取材

图 8　节点效果图（一）

图 8 节点效果图（二）

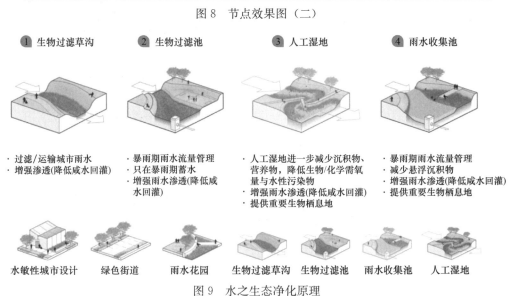

图 9 水之生态净化原理

4. 植物专题设计

1）配置原则

因地制宜、适地适树原则：根据立地条件，结合植物的自身特点和对环境的要求来安排，使各种植物生长良好。保留现状优良树种，多选用乡土树种，保证效果的稳定性，突出地方特色。

景观艺术性原则：植物配置不是绿色植物的堆积，也不是简单的返璞归真，而是审美基础上的艺术配置——"源于自然而高于自然"。考虑园林艺术构图的需要，做到植物形象优美，色彩协调，景观效果良好；植物配置要与总体艺术布局协调，要考虑四季景色的变换，充分发挥植物的形、色、味、声效果及植物的文化寓意。

经济性原则：在美观的基础上兼顾经济性，选用既可观赏又有经济价值的树种，如樱桃、桃、刺槐等。

生态保护原则：以保护自然，改善和维护生态平衡为宗旨，以人和自然共生为目标，达到生态效益和社会效益的统一；合理的乔、灌、地被复层配植型的绿地生态效益最高，注重植物品种的多样性和整体生态环境的和谐。

2）种植分区

村：为突出村落的静谧、淳朴，种植以乡土树种为主，宅前屋后以桃、杏为基调和主调，适当使用朴树、刺槐作为点景树以及自然式种植八仙花、萱草、鸢尾等。

塘：打造生态、灵动的优美水景，河岸处栽植垂柳、碧桃；临水处栽植芦苇、香蒲、千屈菜、荷花等。

花：增加开花地被二月兰，片植开花林，形成季节标志性景观。

田：大片金灿灿的稻田，点缀少量大乔木，如香樟、榆树，田埂边可种植野花，如波斯菊、金鸡菊、向日葵等。

四、思考与创新

（一）专业发展建设

美丽乡村规划设计项目不仅是乡镇建设学院服务地方建设的重要横向课题，同时，在学院"七个一"产学研建设发展中，起到了重要的支撑作用，成为"景观规划设计""乡村振兴规划设计"等课题及毕业设计的"真题真做"项目选题，同时也带动起了"乡村振兴"社团的火热和"乡村振兴"竞赛的蓬勃发展，有力地支撑了学院的"七个一"产学研建设与"五实"教育，促进了学院的学科建设与发展（图10）。

（二）系统梳理生态、村落、人三者的关系

1. 注重以保护生态环境及尊重生态环境为原则

通过科学规划，利用先进的施工技术，将自然生态景观和人类社会有机融合到一起，真正形成一个生态和谐、人与自然和谐相处的美丽乡村环境。

2. 构造尺度宜人的乡村生活空间

规划中注重公共服务半径的合理性，方便步行，充分体现美丽乡村中以人为本的理念，以美丽乡村为基点，撬动产业发展。

3. 通过美丽乡村建设，恢复乡村活力

在现有产业的基础上，实现生态宜居、环境优美、特色突出、文化深厚，进而带动乡村旅游、绿色健康产业发展。

图10　学院学科建设与发展

朝阳北票市上园镇田园综合体景观设计

唐丽琴、郝轶、许德丽

摘要： 随着乡村振兴战略的提出，全国各地纷纷响应党中央的号召，加强了乡村振兴的建设力度。本文以北票市上园镇田园综合体项目为例，以乡村振兴为建设背景，采用理论与实践相结合的方法，将文化和地域特色融入乡村景观设计工作，加强对乡村景观设计生态与地域文化的重视，不仅体现出个性化的乡土特色，还有助于为乡村发展注入丰富的文化内涵，促进乡村经济的稳定性发展。

关键词： 生态景观；乡村景观；地域文化；集群化

一、研究背景、意义及目的

城市化的发展进程加快了景观设计行业的发展，而对于乡镇景观设计的发展而言，城镇化进程一方面加速了城市与乡镇地域文化的交流，另一方面却对当地原有的地域文化形成了一定的冲击，乡镇生态环境遭到破坏，乡镇景观设计呈现出过多的城市化特征。随着美丽乡村与乡村振兴战略的提出，国家对乡镇建设的生态环境保护、基础设施建设与发展当地特色农业等方面也提出了更高的要求。实施乡村振兴战略，是党的十九大做出的重大决策部署，推进乡村绿色发展，打造人与自然和谐共生发展的新格局[1]，乡村振兴战略的第一点就提到了"青山绿水，就是金山银山"，因此，生态宜居是关键。

当前时代背景下，乡村自然景观与独特的人文环境吸引着城市居民越来越向往乡村生活，乡镇社区的角色发生转变，逐步演变成多样化的新型乡镇村落，居住养老、旅游休闲、生态环保等多样的功能在乡镇景观规划中的占比已越来越大。景观设计如何推动乡村振兴的发展，在乡镇景观设计中，如何落实乡村振兴战略，实现从新型城镇化到能留得住乡愁的村落转型发展，是景观设计师们亟须思考和解决的问题。相比城市景观设计，营造乡镇景观时，设计师们更专注于用自己的态度和认知为美丽乡镇的发展创造出新的生活空间和意义，通过乡镇景观设计改造使乡村景观呈现其独特的价值。乡镇景观的保护与发展研究需要从理论与实践两方面入手，结合国内外成功的设计案例，融合当地的本土文化及地域特色，为实现美丽乡村景观规划设计的成功蜕变提供新思路。

二、国内外的相关研究动态

国外的乡镇景观研究自 2000 年以来已整体进入相对成熟稳定的发展阶段，在乡村景观生态系统服务、乡村景观规划设计、乡村旅游景观、相关政策以及乡村景观的评价与保护方面各有侧重[2]，尤其在生态文明、美丽乡村及乡村振兴的政策背景方面为国内的乡镇景观研究与发展提供了方向，对乡镇景观的规划设计起到了推动作用。

（一）国外研究现状与研究动态

1. 欧洲

欧洲乡村的地域特点是地广人稀，随着退休人群养老族的落户，城市人口逐步向乡村迁移，乡镇经济由单一的农业经济转变为居住、养老、度假休闲以及生态保护的多功能的角色，而政府长期参与景观保护，颁布了一系列法律法规以协调景观规划设计的实施。

1）德国

德国强调保持农村活力和特色，提供更多新的就业机会，以求实现农村社会的整体效益。在制度发展方面，"二战"后村镇居民自发组织美化家园活动，随着自然环境的逐步改善，该活动逐渐向全国展开，从 1961 年开始，其后的 40 年里，自发的改造活动变成了有组织的美化家园乡村竞赛并形成了竞赛制度[3]。德国的美丽乡村竞赛每三年举办一次，在参赛资格、参赛目标、组织单位、分级制度及评审方面已形成完备的制度体系[4]，发展至今，历时半个多世纪，尤其在生态环境及设施方面，传统建筑与村庄基础设施得到更新与扩建，村庄与周边自然环境相互协调，因地制宜地结合当地地域特色，综合发展文化旅游、休闲经济等，规划流程体系完善，德国逐步实现了美丽乡村的永续发展模式。

2）英国

英国作为欧洲最发达的农业国之一，完成了由传统农业到近代工业的社会转变。为了消除可避免的浪费，为野生动植物引入新的保护措施，让更多的孩子与大自然交流，英国政府于 2018 年 1 月 11 日宣布了一项具有里程碑意义的 25 年环境计划《绿色未来：改善环境 25 年规划》[5]，同时，在绿色基础设施方面，更注重乡村的地方特色保护，将乡村景观与历史保护编入法律条文，注重乡村环境保护与循环发展，乡村特色保护采用的方法由自然与文化要素相结合的景观特征来评估，对乡村的风貌特征形成管控与保护，以此来保护国家及地方的人文地貌与自然景观。

2. 日本、韩国

日本、韩国等亚洲国家，也通过开展一系列的实施活动，因地制宜地挖掘本土资源，转变发展模式，通过政府与民众的互相配合，激发当地民众的创新精神，创造舒适宜人的居住环境，人们高昂的积极性与参与性，为美丽乡村的发展打下了良好的基础。

（二）国内研究现状与研究动态

我国地理环境多样，城乡结构复杂，而乡村基础设施陈旧，整体规划设计仍处于探索创新阶段。我国对乡村景观的发展研究起步较晚，更需要结合自身的国情特点，借鉴优秀的相关案例与制度，形成适合我国国情的乡村振兴发展策略。目前，我国已经从国家层面到各地级市都提供了积极的政策支持，已陆续确定并开展了美丽乡村试点项目，对当地及周边地区具有指导借鉴意义。例如浙江省针对美丽乡村建设制定了

《浙江省美丽乡村建设行动计划》，广州以及安徽等省也纷纷效仿参与并出台了系列管理办法，这些举措对我国乡村景观规划设计帮助极大。

田园综合体概念的形成与发展。2017 年 2 月 5 日，《中共中央 国务院关于深入推进农业供给侧结构性改革 加快培育农业农村发展新动能的若干意见》中第 16 条第一次提出"田园综合体"这个概念。田园综合体是以企业和地方合作的方式，在乡村社会进行大范围整体、综合的规划、开发、运营，形成的是一个新的社区与生活方式，是企业参与、农业＋文旅＋地产的综合发展模式。该模式以农业生产为基础，由企业承接农业生产，以产业园的需求带动并提升现代农村产业；田园综合体融合当地的人文历史与风土民情，通过展示及互动使参与者感受农村的本真，体验乡村农耕生活的苦与乐；田园综合体模式结合农村特色产品的售卖形成小商品市场，贴近生活，感受收获的愉悦；田园综合体通过具体的空间形成城市与乡村人的交融互动，形成真正的文化交融。田园综合体的模式不仅成为文旅资本的投资新宠儿，也是贫困农户脱贫致富，加快推进农业农村现代化的新途径。

在田园综合体的实施方面，无锡田园东方、成都多利农庄、河北青龙农业迪士尼等项目可谓先行者，分别集现代农业、休闲旅游、田园社区等产业于一体，倡导人与自然和谐共融和可持续发展，通过主题酒店、有机蔬菜种植、示范农庄、生活体验馆、童话果园、农艺景观等多种互动性的模式，结合当地丰富的文化元素，打造了趣味多样的综合体空间，整体提升了当地的区域综合价值。

鉴于对国内外乡村景观发展现状的了解与分析，结合我国乡村景观规划的现状研究与实施情况，笔者认为当前我国对乡村景观的设计研究在自然资源的价值观上需要充分体现生态效益与社会效益，景观规划与整体空间规划并行。在方法策略上，乡村与城市需要区别对待，避免用城市规划的思路去规划乡镇的发展，不能统一照搬，更需要注重地方特色的挖掘与发展保护，避免乡村地方特色的流失。

三、实际案例——北票市上园镇田园综合体项目

（一）项目区位概况

北票市上园镇田园综合体项目位于北票市上园镇柳黄屯。上园镇，隶属于辽宁省朝阳市北票市，位于北票市城区南 35km 处，北邻大板镇，南邻义县，东接常河营乡，西接巴图营乡。锦承铁路穿越境内，设有上园站，距离锦州港 100km[6]，地理位置优越，素有"文化底蕴丰厚"的美誉。

北票市上园镇柳黄屯，属中温带亚湿润区季风型大陆性气候，温差大、积温高，年平均气温 8.6℃，年平均降水量 509mm。无霜期 153 天左右，年平均日照 2983h[7]。境内林木树种及动物资源丰富，金丝王大枣已获"辽宁特色经济林产品"称号，成为国家地理标志产品；野生动物以鸟类居多，辽宁省北票鸟化石群自然保护区是国家级古生物化石自然保护区[6]。

项目所在地柳黄屯，坐落在白石水库东南部，西接上园镇。场地左侧为沙滩荒地，以大面积农田为主，地势平坦，内有沿白石水库及大凌河河水自然形成的小湖泊，湿

地生态景观优势明显，右侧紧邻大凌河，河对岸为自然山体，自然环境优美，景观视野开阔，为建筑布局及景观规划提供了良好的基础。

（二）项目定位及规划背景

根据乡村振兴、生态农业、健康辽宁等政策要求，依托白石水库下游大凌河与常河两河汇合处的荒山河滩资源特点，着力建设一个集生态农业、古渡文化遗址保护、观光旅游、养生休闲、娱乐体验、田园采摘、药膳鱼宴等内容于一体的生态农业健康产业园，属乡村振兴项目范畴，以绿色生态与可持续发展为设计目标，提倡人与自然和谐统一的设计理念。项目实行分期规划设计，集中开发和长远发展相结合，整体分三期完成（图1）。

（三）项目实施措施

一期项目位于大凌河与常河交汇点，为龟图山（天鼋岩画）景区做规划设计，结合当地自然风貌，融入地域文化特色，打造龟图山文化旅游区。

文化振兴是乡村振兴的核心工程，在龟图山文化旅游区入口处设计龟文化广场，传播"化石文化"及康养常识，让化石鲜活起来，激发公众，特别是青少年热爱自然的科学情怀；同时，通过"化石小镇"民宿村落的建设，运用化石的知识性、文化性、观赏性和趣味性吸引人们关注化石之乡，发展化石研学旅游，从而带动化石同旅游产业相融合的特色发展，打造化石文化品牌战略，积极推进地区经济发展；利用景观设计展现地域文化，全面推动乡村的振兴和发展（图2）。

以龟图山"天鼋岩画"为核心景点，"天鼋岩画"位于海拔500m左右，被当地人称为"王八盖子"的山顶处一山石斜面上，因錾刻着使用硬器点状而成，且分外传神的大龟而得名，龟身长约1.5m，宽约1m，龟身非常完整，其头部指向正北方，另有若干只小龟，分布在大龟内外，所朝方向不一。该岩画展现了曾经的远古文明，据当

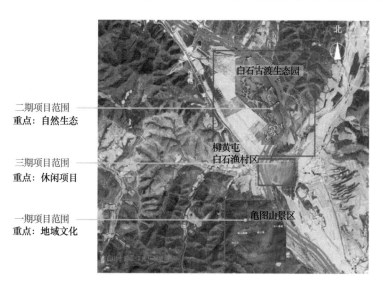

图1 项目分期规划图

图 2　一期（龟图山文化旅游区）总平面

地民众的介绍和专家推测，岩画距今有五千年左右历史，可能与上古时代的图腾崇拜有关，因此得名"天鼋"岩画。

　　一期项目规划设计中，充分利用自然山体设计健康登山步道，根据时间与人体步行速度、人体体力消耗情况的关系进行分析设计，结合场地范围设计出 1.5 小时及 3.5 小时人行活动圈。沿途有药王洞、仙人指路等自然遗迹景观，由于药王洞的地理位置及其特有的天然山洞形态，将其设计为休息茶室、休息活动区，同时，为达到较好的游览效果，采用围绕山体地形的方式，创造出蜿蜒曲折、此起彼伏的观景路线，结合自然山体的高差，合理设置观景休息平台。而在项目东侧沿大凌河畔规划有民宿村落，依山而建，就地取材，同时最大限度地凭借当地自然景观传播地域文化。

　　二期项目为白石古渡农业生态健康园，该地块是综合体项目的主体设计部分，白石古渡农业生态健康园占地面积 71hm²，以大凌河为界，左侧荒滩地势平坦，河对岸山体面陡峭，隔岸观景视野开阔（图 3）。

　　白石古渡农业生态健康园根据场地现状与功能的需求，在景观功能的划分上设计了五大功能区，由北至南为漂流体验区、生态农村科普区、溪流生态体验区、广场形象区以及水上娱乐体验区（白石古渡）。充分满足生态健康园区的基本活动要求，以白石水库下游为起点，有漂流戏水、生态种植、垂钓、赏荷、科普及农特产品市集等多样的活动体验（图 4）。

　　白石古渡农业生态健康园的景观设计，以"点—线—面"的形式整体串联空间，进行合理的空间规划及功能分区，依据其自身的地域特点，不做过量的设计，原汁原味地再现当地的乡土气息，主要实施设计内容如下。

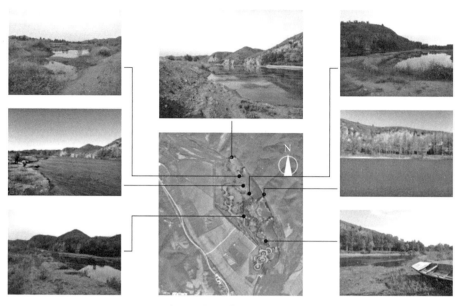

图 3　项目二期现状分析图

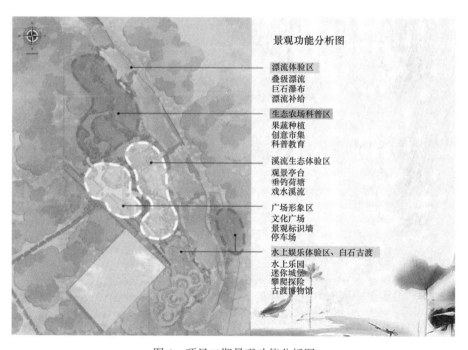

图 4　项目二期景观功能分析图

1. 实施建设内容

通过在荒山栽植果树、在平坦的荒滩区域种植中药和花卉植物，形成植物科普游园，在自然形成的荒滩湖泊中修建鱼塘，发展集观赏与体验于一体的生态农业，以此扩展形成养生休闲、旅游观光等文化旅游内容，实现环境保护、产业发展、带动就业、促进乡村振兴等综合经济效益（图 5）。

2. 生态因素

　　场地现状生态环境优势明显，充分利用大凌河的水源优势，在原有的滩涂荒地基础上打造湿地生态景观，极大地保护了当地生态系统，为动植物，尤其是当地常见的白鹭提供了天然的休憩空间。通过大凌河与雨水的滞蓄，利用自然微地形，设计对候鸟群生态友好的滩涂岛屿、石笼围堰，结合多样的植物空间层次，创造更丰富的湿地系统，同时从植物空间的层次阻隔与人行步栈道的引导两方面，保护候鸟栖息地鸟类活动不受干扰，形成植物空间、湿地空间与人行亲水步道空间相互交融的生态体系，可听可看，引人驻足（图6）。

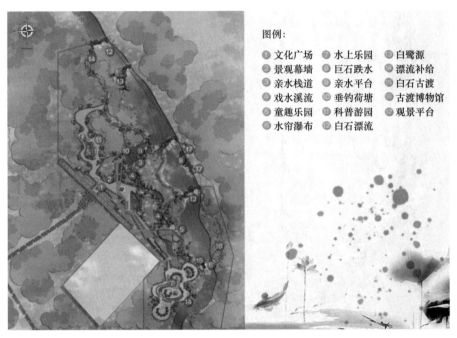

图例：

① 文化广场　⑦ 水上乐园　⑬ 白鹭源
② 景观幕墙　⑧ 巨石跌水　⑭ 漂流补给
③ 亲水栈道　⑨ 亲水平台　⑮ 白石古渡
④ 戏水溪流　⑩ 垂钓荷塘　⑯ 古渡博物馆
⑤ 童趣乐园　⑪ 科普游园　⑰ 观景平台
⑥ 水帘瀑布　⑫ 白石漂流

图 5　项目二期景观总平面图

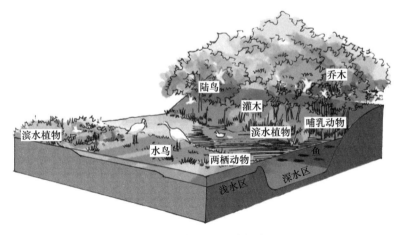

图 6　候鸟栖息地设计概念图

在水系形态与功能的设计上，左侧的荒滩区域引大凌河水，形成一条细小的支流，蜿蜒顺势而下贯穿整个生态园区，局部结合垂钓及儿童戏水的捕鱼体验活动，水系宽窄做适当的收放处理，竖向设计上形成 300～500mm 的跌水景观，丰富视觉与听觉的感官体验（图7）。

3. 经济因素

发展生态农业和旅游业，丰富白石旅游区整体服务内容，中药材等植物生态种植既可观赏又有产出，符合农业种植业产业结构调整政策，与渔村、漂流等项目相互促进发展，为上园镇和常河营乡提供就业岗位，对上园镇、常河营乡乡村振兴具有积极的促进作用。

4. 文化因素

场地周边已有的特色小镇项目没有形成集群化效应，尤其在历史文脉方面存在欠缺，因此，应充分利用区域内的白石传说与古渡遗迹，宣扬辽西美丽的自然景观，通过古渡博物馆的文化宣传活动，对产业集群多元的文化元素形成有效补充，打造区域文化名片。通过北方饮食与辽西丰富的民俗文化活动的推广以及在一些必要的公共服务配套设施的造型设计上，比如入口处的标识牌坊、风雨廊、公告栏以及休息长凳等细节处融入文化元素，既改变了往日村里的单调和乏味，同时也营造了"游、住、食、赏、文"一体的特色景观。

三期项目为后期长远发展目标，预期打造悬崖栈道、"白石碰子"、沙滩娱乐项目共3个项目，设计内容从整体规划上考虑，为一期、二期的衔接部分。

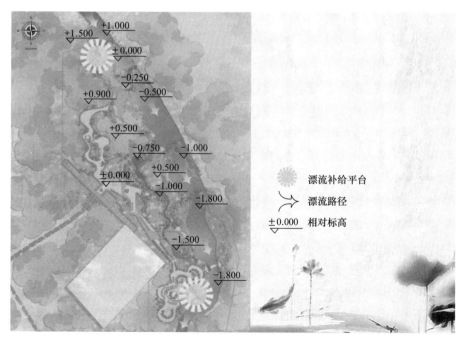

图7　项目二期景观水系竖向分析图

四、结论和建议

（一）主要结论

高质量和可持续的乡镇景观建设是推进乡村振兴工作的重要支撑。乡村振兴战略提出后，大量的乡镇村落都将进入乡镇更新的发展模式，乡镇景观规划设计的未来发展趋势广阔，然而也面临着许多限制条件，如复杂的生态背景以及人文历史条件等，如何打造具有特色的农业乡镇景观，突出和保护乡镇传统地域特征和生态特征，是当代乡镇景观设计必须思考的问题。通过北票市上园镇田园综合体的项目实践，基本呈现出了乡镇独特的景观价值，基于乡镇景观设计的持续发展这一设计理念，要想打造良好的农村乡镇景观，必须与当地自然生态环境、自身资源等多重因素相结合，才能创造出具有地方特色的乡镇农业景观。

（二）乡镇景观设计的实施性建议

1. 田园综合体助力乡村振兴

乡村振兴的发展趋势以及城乡居民新的消费需求已成为振兴美丽乡村的主要推动力，而"田园综合体"是较好的模式之一，多方面地解决了当前农业增效、农民增收、农村绿化等问题，既保证了经济的发展，也达到了乡村振兴的目标。

依据当前我国现有的乡镇资源特征归纳其建设模式，大致可分为三类：

（1）以田园景观设计为核心，借田园景观带动旅游产业的建设模式，建设绿色生态、休闲、旅行、养生相结合的农村新型景观和农业集成示范区，将农村农业景观规划、果蔬采摘、休闲观光旅游融入田园综合体的重点规划，完善景观结构，保证景观功能的合理性与完整性。

（2）以产业发展为核心，通过产业建设展示乡村自然以及农业资源的建设模式，农村转型必须实现农业、加工业及服务业三产业一体化发展的基本方式，将农产品加工、休闲、旅游作为田园综合体的重点产业，运用创新方式的结合，打造特色产品，依据地域特点整体规划产业发展，促进田园综合体的发展，从而助力乡村振兴。

（3）以乡村环境提升为核心，通过乡村局部景观提升、改造，展现乡村地域文化以及景观资源的建设模式，通过村级重要景观节点的改造，挖掘、整理历史文化的传统智慧，指导乡村振兴的发展。

2. 可持续的绿色生态理念助力乡村振兴

传统的城市景观设计强调应用人工的力量来对景观环境进行改造，在这一过程当中需要耗费大量的人力物力，在短期之内可能会达到一个很好的效果，而从生态的角度来看，无疑是对自然环境的破坏，并且需要不断投入大量的资金进行维持。可持续的绿色生态理念运用的是充分发挥环境的能动性，使景观能够实现自我增益。生态的多样性能够有效地形成一种"栖息环境"，这种环境能够自行生长并且成熟，同时具备一定的抵御外来影响力的能力，在这种环境当中建造的景观即使遭到了破坏，也能够自我更新并且复生，这样就意味着能够极大地减少相应的人力物力，从而形成景观的可持续发展，助力乡镇景观的长远发展[7]。

参考文献

［1］　自然资源部办公厅关于加强村庄规划促进乡村振兴的通知［EB/OL］.（2019-05-29）［2022-01-01］. http://gi. mnr. gov. cn/201906/t20190606_2440234. html.

［2］　赵人镜，刘家睿，李雄. 2000—2020 年国内外乡村景观研究热点［J］. 风景园林，2022，29（3）：12-18.

［3］　王俊豪，刘小兰，江益璋. 德国乡村竞赛制度之评析［J］. 台湾农学会报（台北），2010（4）：301-324.

［4］　中华人民共和国民政部. 中华人民共和国政区大典·辽宁省卷［M］. 北京：中国社会出版社，2016：0416—0417.

［5］　引自北票市人民政府网站，"走进北票"栏目，"气候河流"专题。

［6］　引自北票市人民政府网站，"魅力北票"栏目，"四合屯古生物化石自然保护区"专题。

［7］　李周谦. 浅析乡村景观规划设计在乡村振兴中的应用［J］. 建筑工程技术与设计，2018（34）：10.

第七章
乡镇建设产业学院
服务乡镇之学生实践

◉ 基于红色精神传承推动乡村振兴创新研究
　　——以"智建筑梦"暑期社会实践团为例

◉ 辽宁省乡村发展状况及发展趋势调查研究
　　——以"乡村振兴"暑期社会实践团为例

◉ 辽中地区乡村文化墙绘现状调查与研究
　　——以"美丽乡村墙绘"暑期社会实践团为例

◉ 暑期社会实践振兴辽宁乡村专项调研行动
　　——以"探乡"暑期社会实践团为例

◉ 走进助农实践一线，讲好乡村振兴故事
　　——以"星火乡助"暑期社会实践团为例

基于红色精神传承推动乡村振兴创新研究

——以"智建筑梦"暑期社会实践团为例

夏海杰、李妍伶、蔡可心

摘要：中国人民在长期的革命实践中形成了特有的红色文化精神。分布在我国各个乡村地区的红色文化精神，是乡村振兴战略中的隐形优势资源。为挖掘乡村红色文化精神宝藏，助力乡村转型振兴，实践成员到沈阳市高坎村、盘锦市曾家村、朝阳市下营子村开展实地实践活动并发放调查问卷。基于调查结果发现，各地运用蕴含丰富精神文化的特色景观广场吸引外来游客，并发展特色产业实现增收。但是各地仍面临着基础设施建设差、人才大量流失、收入低下等问题。在后续的发展中，笔者团队建议：加强基础设施建设，整合乡村资源，建设规划新农村房屋建筑；出生于农村，又在城市里学习和工作过的年轻人正是中国乡村振兴的生力军，制定相关政策，吸引人才返乡；因地制宜，充分利用红色资源发展乡村旅游特色经济与外部市场。传承红色文化精神，夯实乡村红色文化根基，充分激活乡村的生命力，让中国乡村深度振兴而不是逐渐消失在历史的岁月中。

关键词：红色文化；精神宝藏；激活；生力军；深度振兴

一、实践背景

（一）实践目的

国者，天下之大器也，重任也。为深入贯彻落实习近平总书记关于"三农"工作的重要论述，紧紧围绕"国之大者"深刻领会感悟为什么要推进乡村振兴、如何推进乡村振兴等系列重大理论和实践问题。乡村振兴是党的十九大提出的重大战略，是解决"三农"问题的重大行动。作为青年大学生，我们深入学习了解乡村红色文化精神，促进乡村精神文明建设；以建筑为载体带动乡村产业发展，改善基础设施；美化乡村环境，助力实施生态文明建设，促进乡村振兴，用专业知识积极助力巩固、拓展脱贫攻坚成果，同乡村振兴有效衔接。

（二）实践选址

"智建筑梦"实践团开展暑期"三下乡"社会实践活动，经过多次调研、讨论，选择了沈阳市革命传统教育基地——为纪念毛主席视察高坎并教育后人，永远怀念在解放、建设高坎的过程中流血牺牲的革命先烈，在毛主席视察过的电井工地建起的二一三纪念馆和高坎村，盘锦市大洼区红海滩国家风景廊道旁有古渔雁民间故事、上口子高跷秧歌等民俗文化的曾家村以及位于建平腹地，凌河支流蹦河左岸拥有国家级非物质文化遗产——黄河阵祭祀活动的朝阳市建平县下营子村，一起探索美丽乡村的概念，助力乡村振兴。

二、理论依据

2018 年，中央一号文件强调要"挖掘乡村多种功能和价值"。2021 年，中央一号文件又强调要"依托乡村特色优势资源"。根据中国城乡建设统计年鉴，从 2000 年到 2020 年的 20 年时间里，中国平均每天减少 160 个村庄，其根本原因是乡村难以容身，缺乏产业，缺乏就业，环境差，人才大量流失。现存的红色文化资源广泛分布在我国各个乡村地区，是乡村振兴中的特色优势资源，可以为乡村振兴赋新能，利用红色文化助力乡村全面深度振兴[1]。

三、实践初探

（一）传承红色精神，助力"乡村振兴"——沈阳高坎村篇

主队的活动地点位于辽宁省沈阳市浑南区高坎南村。1958 年 2 月 13 日，毛主席来到了高坎，在地方干部的陪同下，先后察看了社里的马棚和正在施工的电井工地。毛主席对电井非常重视，问了许多问题，称赞高坎是"水利化加电气化"。高坎人民为了纪念这一重要的历史时刻，兴建了二一三纪念广场和纪念馆。

1. 开展党史教育，传承红色精神

2022 年 7 月 1 日团队成员来到高坎南村进行实地调研，当日，团队成员跟随高坎南村党支部书记来到二一三纪念馆进行党史学习，策划高坎村红色文化活力传承活动，从共同缔造美丽乡村的视角出发，发现乡愁，思考乡域。

2. 入户走访调查，找寻精神文明载体

为促进乡村精神文明建设，助力乡村振兴，成员通过入户走访对乡村文化内容和载体进行调查。深入学习党史并将其转化为凝聚人心的精神力量，不仅可以保护乡村的文化底蕴，更是促进村庄转型的好方法[2]。

3. 集思广益改造，促进乡村振兴

对乡村原有建筑进行保护与改造，是提高农村居民生活水平的有效方式，同时也可改善农村环境，解决乡村卫生的脏乱差和安全隐患问题。发展特色产业是构建富裕和谐新农村的基本保证。调研结束后，团队成员运用建筑学专业知识对村落的改造和保护提出建议——打造山湾农庄民宿。

（二）"特色农业"助力"乡村振兴"——盘锦曾家村篇

曾家村以水稻种植为主产业，积极开展"村富、民强、环境美"活动，在村党支部、村委会的共同努力下，村内已形成了浓厚的"以富促美、以美促富"的良好氛围，并把培育环保、向上的村民作为重点工作来开展，努力提高广大群众的环保意识，认真培养维护环境的好村民，并获得了很好的效果。这次社会实践，团队成员集合前在

曾家村的红色教育基地进行了深入学习[3]。

1. 助力乡村建设，志愿房屋排查

7月10日，第一小分队赴辽宁省盘锦市大洼区曾家村。该村原有建筑大多是20世纪七八十年代以前建造的房屋，已接近或超过其设计使用年限。受当时经济、技术、材料等因素制约，现已超过使用期限的房屋存在安全隐患的概率较大，并且数量巨大，可能严重威胁人民生活及财产安全。为了有效利用既有房屋，确保房屋的使用安全，团队成员对农村的老房、危房进行了全面的房屋安全排查志愿工作，团队成员运用专业知识对房屋进行分类登记，帮助当地村支部完成300余户的整村房屋排查。

2. 调研特色产业："碱地柿子"成为农业新名片

7月15日团队成员来到曾家村当地的碱地柿子农业大棚，这种碱地柿子鲜甜多汁，是经过多次试验苦心培育的新品种。成员帮助村民进行宣传推广，为产品包装进行设计；新一批幼苗发芽时，成员到大棚内帮助村民进行培土施肥，对发芽率进行记录观测。

3. 保护濒危动物，宣传美丽鹤乡

黑嘴鸥夏羽头部为黑色，眼部上下有新月形白斑，腿部呈红色。绝美的红海滩盐蒿地是黑嘴鸥的最爱，它主要栖息于沿海滩涂、沼泽及河口地带，常成小群活动，多出入于开阔的海边盐蒿地和沼泽地。主要以甲壳类、水生无脊椎动物为食，尤其爱吃螃蟹。团队成员来到红海滩进行公益科普，并运用无人机航拍技术，为家乡拍摄宣传视频。

4. 防洪巡堤护坝，贡献青春力量

7月28—30日，盘锦市辽河支游绕阳河发生重大洪涝灾害。团队成员积极报名成为防洪志愿者，每天清晨4点多就起床洗漱，去指定地点集合乘车，负责巡查堤顶、坡、脚、平台和堤防工程背水侧，定时观察离堤脚较远的积水潭坑、洼地、渊塘、建筑物、排水渠道以及菜园地等，沿着父辈们巡堤的道路，踩出新时代新青年的足迹。

（三）"党音传万户"助力"乡村振兴"——朝阳建平篇

1931年，"九一八事变"爆发，东三省沦陷。聂耳跟随救国会联络副官高鹏发放慰问品，发放到三营时，新任营长刘凤梧指挥官兵唱起了东北抗日义勇军军歌《义勇军誓词歌》，聂耳听后尤为震撼，起身问战士："你唱的是什么歌?"战士就把所唱的歌词歌谱给了聂耳。义勇军浴血抗日的战斗风采，将士们高唱《义勇军誓词歌》奋勇杀敌的场面深深震撼了聂耳。

1. 白山黑水唱英雄，国歌重要发源地

辽宁"六地"红色文化资源包括抗日战争起始地、解放战争转折地、中华人民共和国国歌素材地、抗美援朝出征地、共和国工业奠基地、雷锋精神发祥地。第二小分队赴辽宁省朝阳市建平县下营子村——国歌的重要发源地进行实践调研。人无精神则不立，国无精神则不强。一寸山河一寸血，一抔热土一抔魂。回想过去那段峥嵘岁月，我们要向革命先烈表示崇高的敬意，永远怀念他们、牢记他们，传承好他们的红色基因。

2. 志愿我担当，新风心奉献

团队成员与当地村书记进行交流学习，详细了解了下营子村村庄未来发展规划，

并在文明实践站进行了为期 5 天的志愿服务，包括文明宣传、村务协助等。当好党史的宣传员、人民的服务员、政务的执行员。

3. 凝心聚力学党史、砥砺前行强党性

团队成员开展线上党史学习课，读史可"鉴今"，读史可"坚志"，读史可"自强"，读史可"励行"。我们以学党史深化悟思想，以悟思想促进办实事，以办实事推动开新局，助力乡村振兴。

四、实践分析

（一）问题探讨

自从国家提出乡村振兴战略以来，一直有一种声音：农村的劳动力都进城务工了，农村人口越来越少，大多数农村慢慢就会自然消亡。为什么还要耗费大量的社会资源振兴一个没有人的乡村呢？不得不说，这也反映了一部分现实：一方面，中国的村落数量的确在急剧减少。中国正在消失的村庄已经成为许多媒体的公共话题。另一方面，从 GDP 占比来看，2021 年中国第一产业 GDP 占比只有 7.3%。而第二、第三产业占比分别达到 39.4% 和 53.3%。农、林、牧、渔的产值比重不断降低，工业和服务业创造了国民经济的大部分产值。何况现在农村基本已经很难看到年轻人了，他们要么考入大学，要么进城务工，做外卖员、快递员。如果农村人口全部进入城市，一个没人的农村还会有农村问题吗？还有必要去振兴吗？

笔者团队认为工业和服务业决定了人能过上什么样的生活，而农业则直接决定了人能不能存活，城市的繁荣和发展离不开农村大后方的贡献和稳定，城市中消耗的粮食果蔬都来自过去几十年农村对城市的资源输送；如果失去了乡村的人口和资源，中国庞大经济体只会成为无根浮萍，不可能实现全面的现代化。目前，很多城市也越建越大，城市就业难、租房贵、交通堵，人口承载量不断超负荷，通勤时间动辄一小时起步，时间成本极高。既然如此，那为什么很多打工人依然待在城市呢？根本原因是乡村难以容身，年轻人在农村待不住。因此，大城市病的治理只靠扩建是没用的，一个能够提供舒适居住和就业环境的乡村才是解决大城市病，容纳几亿人口生活的根本之策。这也是国家提出乡村振兴战略希望实现的目标。

（二）结果分析

以盘锦市大洼区曾家村为例，回收有效调查问卷 217 份。根据对农村居民的综合调查发现：村中男性居民占 56%，女性居民占 44%，目前村庄居民男女比例均衡。

根据对农村居民的综合调查发现：当地村民认为当代农村存在的普遍问题，村中年轻人流失占 37.2%、村中设施落后占 27.9%、收入低下占 18.7%、村中基础设施落后占 16.2%。其中，认为年轻人流失占比最高，为 37.2%。根据调查结果可以得出，目前村庄留住外出上学的年轻人极为重要，应该尽快出台政策使得年轻人愿意反哺家乡农村。

通过对农村居民的综合调查发现：村中受过小学教育的居民占 7.3%、受过中学教育的居民占 33.3%、受过高中教育的居民占 43.2%、受过大学教育的居民占 18.7%、受过研究生教育的居民占 1.1%。受过小学以上教育的居民占 92.7%，根据调查结果可以得出，目前村庄居民接受基础教育水平较高。

通过对农村居民的综合调查发现：村中家庭平均月收入在 1500 元以下的家庭占 25%、家庭平均月收入在 1500~4000 元的家庭占 19%、家庭平均月收入在 4000~7000 元的家庭占 59%、家庭平均月收入在 7000 元以上的家庭占 3%。家庭平均月收入在 4000 元以下的家庭占 44%，根据调查结果可以得出，目前村庄仍有一大部分居民收入水平不高。

根据对村中年轻人的调研发现：为什么现在村中出现的打工人都留在了城市，其中认为村中环境太差的居民占 41.4%、认为村中缺乏就业的居民占 37.8%、认为村中缺乏产业的居民占 20.8%。认为村中环境太差和缺乏就业占了大多数，为 78.9%。根据调查结果可以得出，现代乡村应该改造乡村环境，为年轻人提供良好的环境，并且根据当地实际情况制定正确的政策，为年轻人创造就业机会，为年轻人提供工作岗位。

通过对农村居民的综合调查发现：村中希望进行农村教育改造的居民占 44.05%、希望进行农村医疗改造的居民占 27.38%、希望进行农村产业结构改造的居民占 27.9%、希望进行农村环境改造的居民占 9.52%、希望进行农村建筑改造的居民占 4.76%。

根据对农村居民的综合调查发现：当问到当地村民是否希望发展旅游业，村民大部分回答的都是"希望"。有的居民尝试过农家乐等方式，但是都因为村庄曝光度不够导致了创业失败。当地村民认为乡村旅游业发展缓慢有以下几个原因：缺少年轻劳动力占 37.3%、当地村庄基础设施差占 25.3%、缺少当地政府扶持占 24.5%、缺少正确的战略占 8.7%、当地没有特色产业占 4.2%。

根据对农村居民的综合调查发现：村中认为引进人才是振兴的关键的居民占 30%、认为留人才是振兴的关键的居民占 50%、认为都关键的居民占 20%。由此我们可以得出结论：当下乡村振兴的主要问题就是如何留住人才，这是乡村振兴中普遍存在的问题。

（三）乡村振兴成果总结

1. 发展乡村特色产业

乡村振兴的基础是农业振兴，而农业振兴的法宝则是特色产业。打好特色农业发展这张牌的重点是发展适销对路的高产、优质、高效、生态、安全的农产品。根据资料显示，盘锦水稻、芦苇、河蟹、棚菜、畜禽等特色农产品，既是盘锦的农业资源优势，又是盘锦的特色农业主导产业。其中，盘锦大米、盘锦河蟹、碱地柿子等 5 种农产品已被批准实施国家地理标志产品保护。培育打造盘锦大米、碱地柿子、盘锦河蟹等特色农产品，逐步推动"一村一品"向"多村一品、一乡一业"拓展，实现优势特色产业集聚发展，使村庄通过特色产业完成自给自足，实现有人来、有货卖、有钱赚的目标。

2. 传承红色精神，促进村庄转型

农村并不天然就是贫穷落后的代名词。乡村建得好甚至还能刺激新的经济产业，吸引年轻人口从城市向乡村回流。近几年越来越兴起的农家乐、乡村旅游、乡间度假其实就是乡村振兴带起来的新产业。城市景观大同小异，乡村美景各有其美，传承红色精神，齐心打造特色旅游乡村。由调研结果可以得知，乡村振兴战略的实施使当地的经济收入提高，家庭收入增加，家乡人民的生活水平明显提高。以前以种植粮食并贩卖为收入来源，基本上自给自足，但没有一点储存。乡村振兴战略实施后，农村居民的收入方式增多了。政府鼓励农民发展农业产业，呼吁农民开展副业以增加收入。在政府强有力的推动下，GDP上去了，生活更幸福了，并且在乡村产业的发展下，许多外出的进城务工人员也愿回家来发展，留守儿童减少了。

3. 改变乡村固有观念

乡村教育普及让孩子受到了更好的教育，教育城乡观念的差异逐渐消失。社会保障制度更加完善，医保可以报销各类医疗费，农村老人与城市老人每月领取的社保完全同等，国家为建卡家庭提供资金修建房屋……将资金、人才、市场机制导入农村，盘活乡村特色资源，充分激活乡村生命力，让中国的乡村成为市场经济的一部分。曾家村不能代表中国所有村庄，但它却展示了城市反哺乡村的成效。在多年改革开放进程中，中国农村一直扮演着向城市输送资源和劳动力的角色，自身却未得到太大发展，但这并不意味着农村就是贫瘠之地，在欧美，许多城市家庭都更愿意住在宽敞自然的乡村。只要开发得当，会比城市更宜居，就像在共同富裕示范区，许多农村的生活条件已经跟城市相当，甚至比一些地方城市还好。

4. 加强社会保障制度

我们本次调研中问了当地村民很多问题，其中大部分问题都有一个共同的答案，那就是村中缺少年轻的劳动力，村中大部分的年轻人在外出学习之后都没有选择回到自己的家乡来发展，而是选择了去大城市打工。究其原因，还是因为自己的家乡没有条件，无法创造自己的价值，乡村振兴的当务之急就是改造乡村模式。乡村在实行乡村振兴的过程中需要政府的大力扶持，同样需要高校智库和企业资源的多方面联动，并且乡村应该积极探索当地的特色，不应该固守思维，一成不变，这样才能使村里外出学习的大学生反哺自己的家乡，形成良性循环。有人来，村民有钱赚，才能盘活乡村的特色资源。

五、调研启示及建议

（一）实践启示

在党的十九大报告中提到"产业兴旺，生态宜居，文明乡风"与五条基本要求，这既是农村发展的终极目的，也是农村经济发展水平的一个主要指标。红色文化资源是一种具有鲜明特点的优势资源，对它进行保护和科学开发，可以促进农村的产业发展及生态建设，形成文明乡风，有助于农村的良好管理和最终实现全面的人民幸福。

从横向上看，可以推动农村的物质生活和精神文明的发展，丰富农村的文化内涵。红色文化的资源，由于其具有深厚的历史和强大的民族精神及其在我国的独特性质和社会地位，因此，它能够被我国民众广泛接受和认同，从而促进农村的发展。红色文化的资源可以为乡村全面深度振兴提供助力。一方面，以红色文化为依托，促进农村的全面发展。主要表现为：发展农村红色文化旅游与休闲产业可以促进农村老、少、边地区的就业；以"红色"为代表的"社会主义"的核心价值，可以引领"绿色、和谐、可持续"的农村环境；红色文化中高尚的道德品质为农村文明建设树立了良好的榜样；红色文化史上关于党的基层建设、政府治理和群众动员的先进经验，可以为建立和完善农村社会治理体系提供方法论指导；此外，只有有效利用红色文化资源，才能最终实现农村生活富裕的总体目标。另一方面，红色文化资源助力乡村深度振兴。因为红色文化资源具有促进物质生活水平提高和精神文明建设的双重价值，与一般文化资源相比，更有利于乡村振兴的高质量推进和深度有效的发展。因此，要有效促进和实现乡村振兴，必须保护红色文化资源。

（二）实践活动方案建议

1. 传承为本，夯实乡村红色文化根基

要通过红色文化资源为乡村振兴注入新的活力，首先要切实保护和传承乡村红色文化资源，夯实乡村红色文化基础。目前，红色文化资源在乡村振兴中的运用并没有取得预期的良好效果。很大一部分原因是我们没有把精力投入到红色文化资源本身中，而是急功近利，急于通过红色文化获取经济利益，忽视红色文化资源的保护和深度挖掘。主要表现是：红色文化资源没有充分融入农村生活和生产；没有充分把握红色文化资源在乡村全面振兴中的价值，只是单纯关注红色文化的经济建设价值；未能合理开发和有效保护红色文化资源。因此，要充分发挥红色文化资源在乡村振兴中的优势，需要从红色文化资源的保护和挖掘入手，循序渐进。

2. 巩固红色文化基础，传承和弘扬红色文化精神内涵

一方面，在农村建设中，要重点保护当地原有的红色文化基地，建设和发展更多革命纪念馆、烈士陵园、革命遗址等与红色文化资源相关的文化基地。地方政府和农村基层管理部门要加大资金投入，做好红色文化基地的日常维修保养工作，建立健全地方红色文化基地开发利用体系，实现有效保护、适度开发和科学利用。在此基础上，进一步利用红色文化基地发展乡村旅游，促进红色旅游可持续发展。另一方面，在保护红色文化基地的基础上，挖掘当地红色文化资源内在的精神教育价值和方法论指导价值，大力宣传和弘扬红色文化精神内涵，实现红色文化资源的良好传承，为红色文化精神融入农村经济生态和文化建设奠定思想基础和群众基础。比如在乡村振兴过程中，我们定期对农村基层队伍开展红色文化精神教育，大力宣传、推广当地群众的红色精神和革命素质，提高群众的红色文化素养。做好红色文化保护传承工作，才能为利用红色文化资源推动乡村全面深度振兴提供坚实的物质保障和思想前提。

3. 科学开发赋予乡村振兴红色动能

要通过红色文化资源为乡村振兴注入新的活力，最重要的工作就是合理、科学地

开发利用红色文化资源进行乡村建设。当前，红色文化资源开发利用中最重要的问题在于未能突破传统观念和模式，导致方法单一、观念陈旧、效果甚微、资源搁置等问题。红色文化资源开发存在"千村一面"现象。因此，要在当前乡村振兴中充分发挥红色文化资源的独特优势，就必须在红色文化资源开发利用的理念和方法上进行创新，充分发挥地方红色文化资源在乡村振兴中的独特优势，充分整合各方面红色文化资源，根据乡村特色和红色文化内容，探索出一套独具特色的乡村振兴模式。

4. 合理开发红色文化资源，为乡村振兴注入新活力

首先，要把红色文化与农村生活和生产活动充分结合起来。一方面，深入挖掘农村红色文化资源的精神内涵，将红色文化所体现和倡导的价值观和发展理念融入农村日常生产、教育、文化娱乐活动中，推动农村红色文化基础设施建设，营造浓厚的农村红色文化氛围，提高群众的红色文化素养。另一方面，要将红色文化充分融入乡村产业振兴、生态建设、基层治理、乡村作风文明建设、精神教育等方面，努力探索和发挥红色文化对乡村振兴的全方位价值。创新宣传发展方式，形成乡村特色，探索红色文化资源与乡村发展的多元化组合模式；探索"红色＋民俗""红色＋生态""红色＋旅游"等特色多元的乡村振兴模式，突破传统单一融合模式，打造乡村特色的红色文创品牌。同时积极利用现代媒体渠道宣传当地红色文化特色产业，弘扬红色文化精神。最后，引进和培养高素质人才。一支高素质的领导团队，对于提高红色文化资源融入乡村振兴的效率将有很大帮助。在乡村振兴中，要加强基层管理人员相关素养和技能的培训和提升，积极引进人才，引导乡村振兴，准确把握和有效利用当地红色文化资源定位。

六、结语及展望

红色文化资源作为农村特有的优势资源，在乡村振兴中发挥着重要作用。红色文化资源的保护可以为乡村振兴提供有效的理论支撑和方法指导，对于传承红色基因、弘扬新时代主旋律也具有重要意义，两者相辅相成。因此，实现红色文化资源与乡村振兴战略的全面整合对于农村未来发展具有重要意义。

参考文献

[1] 保护和传承红色文化资源，为乡村振兴赋新能 [N]. 中国文化报，2021-11-26.
[2] 刘宇祥. 弘扬优良传统传承红色基因：让跨越时空的井冈山精神永放光芒 [J]. 党史博采，2016（3）：43-45.
[3] 盘锦农业：中国"好生态"[N]. 农民日报，2019-09-20.

辽宁省乡村发展状况及发展趋势调查研究

——以"乡村振兴"暑期社会实践团为例

夏海杰、张一宁、蔡可心

一、研究背景

为积极响应团中央、团市委、团省委关于开展暑期高校大学生"三下乡"活动的号召，学习贯彻习近平新时代中国特色社会主义思想和党的十九大精神，推动"乡村振兴"战略，聚焦改革开放 40 年来的重大事件、重要地点、重点区域，根据"走线路、看变化、受教育"原则，通过深入挖掘改革开放相关的大事、要事、喜事，开展参观考察、国情调研、专项走访，观城乡新貌、看身边变化、听亲身故事，切身感受社会主义现代化建设和改革开放 40 年来的历史性成就。

二、研究目的及意义

（一）研究目的

贯彻理论联系实际的原则，通过形式多样的社会实践活动，激发学生了解文化的积极性和主动性，进一步发挥社会实践在加强和改进大学生思想观念方面的积极作用，引导广大青年学生在社会实践中认真学习科学发展观，加深对社会主义核心价值体系的理解。

帮助广大青年学生形成崇高的理想、信念和正确的世界观、人生观、价值观、道德观、法制观，引导他们运用所学基本理论去认识社会、把握人生、指导实践，锻炼和提高观察、分析和解决实际问题的能力。

（二）研究意义

（1）通过社会实践，锻炼青年学生的实践能力，提高我校学生的综合素质，让"三下乡"真正以教育和文化的形式下乡，努力提高"三下乡"调研水平。

（2）在学习理论的基础上，进一步锻炼学生的社会实践能力，将所学的理论知识与社会实践相结合，不断完善自己，努力做到"学以致用"。

（3）增强队员的动手实践能力，沟通交流能力及独立生存的能力。

（4）增强当代大学生的职责感、使命感，从而树立更高的人生观、价值观，做一个真正对社会有用的人。

（5）深入了解当地民众的生活环境和习惯，增强队员与他们的交流与认识。

（6）扩大我校大学生暑假"三下乡"社会实践活动的影响力，打造我校"三下乡"

社会实践活动的优秀团队。

三、研究内容

本次活动分为主队和小分队。主队以铁岭市为例，小分队以朝阳市和抚顺市为例开展调研活动，争取做到整合团队力量，细化队员分工，打造专属小团队，为暑期社会实践做好充分准备，齐心协力，共同打造具有建筑学专业特色的暑期社会实践活动，助力辽宁省的新发展。主队活动地点是辽宁省铁岭市铁岭县凡河镇小莲花村。小分队活动地点分别是辽宁省朝阳市建平县黑水镇东升村和辽宁省抚顺市红庙子乡。

（一）开展"乡村振兴"规划调研活动

当前，乡村发展仍是全面建成小康社会的短板。实施乡村振兴战略，促进乡村全面发展和繁荣，是决胜全面建成小康社会的重中之重。组织学生深入基层的广阔天地，考察了解国情民情，充分认识乡村发展的薄弱环节，动员学生发挥知识技能优势，以"互联网＋"思维助力经济发展，为各地"乡村振兴"建设开好局、起好步做一些力所能及的贡献。

（二）开展"城乡区域差异"调研活动

调查分析当前城乡居民的收入（包括城市社会内部不同阶层之间，乡村不同类型家庭之间以及城乡区域之间，是否存在差距，差距如何）、医疗卫生、养老保险、基层政治建设的现状及存在的主要问题，并提出解决这些问题的方法和对策。深入调研，把所学专业与个人理想联系起来，培养自身的专业意识和服务意识，关注改革开放历程，助力贫困地区发展。

四、实践总结

（一）铁岭县小莲花村

1. 现状概述

1）村情村貌

凡河镇小莲花村位于凡河镇西北部，与大莲花村相邻，距离铁岭银州区3km，距离凡河新区14km，交通便利。下辖1个自然屯，4个村民小组，全村476户，总人口1159人，低保户37户，五保户2户。

全村共有38名党员，其中女性党员8名，50岁以上党员28名，流动党员4名。

全村土地面积3850余亩，其中水田165亩，旱田1493亩，以种植水稻、玉米为主。村民中除了几户经营承包地以外，大部分青年村民在外打工，家庭人均年收入7500元。

2）经济发展

小莲花村为典型的农业村，这里气候温和，四季宜人，土质肥沃，雨量充沛，盛产水稻、玉米。

村民养殖鸡、鸭比较普遍，不过未成规模。村里年轻人一部分外出打工，以瓦工为主。同时由于毗邻几个大型（厂）矿区，也有很多人选择进矿或进城务工。

村里有 391.9 亩地，建有 129 个大棚，分别承包给个人，村里每年收取承包费，大约有 10 万元的租金收入作为村里的活动资金。

3）基层党组织情况

小莲花村"两委"班子在去年出现问题，目前村里没有村支部书记和村主任，仅有两名治保主任，1 名村妇女主任与 1 名外聘会计。目前，镇党委派了一名镇经管办领导作为村支部书记主持村党建和村务工作，等明年"两委"换届。

2. 社情调查结果

（1）村"两委"班子不健全，村里没有书记、村主任严重影响了村里党建工作和村经济的发展。

（2）由于没有带头人管理，村里固定垃圾投放点缺乏监管，存在垃圾随意丢弃等问题，环境卫生较差。

（3）党员年龄结构老龄化，党员 50 岁以上的占 74%，最大年龄 82 岁，年轻党员外出务工较多，活动开展困难，组织生活参与度较差，党员活动室设施简陋，没有达到规定标准。

（4）村部年久失修，很多功能达不到要求，没有村民文化活动广场，这样造成很多活动和党员教育及党建工作开展得不好。

（5）农户发展难，由于离市区较近，很多年轻人外出务工，村里大部分都是老人、妇女、儿童。

（6）低保户家庭问题突出。通过走访低保户，发现大部分家庭主要问题是病号多，丧失了劳动能力，家里开销大。还有一部分就是老人、残疾人，基本无劳动能力，导致贫困。

（7）特色经济不成规模。村里种植的经济作物也是比较分散的，而且规模也不大，其他的经济作物都是自种自销。以前的沼气大院由于安全问题都已经停止生产，目前没有村集体经济项目。

3. 意见及建议

（1）认真贯彻落实各级党委政府精神，进一步完善村级组织建设，推进基层党建工作深入开展。

（2）积极协调村民关系，加强村民之间的凝聚力，深入基层，及时了解村民反映的突出问题，配合好两委，合理解决问题矛盾。

（3）响应县里、镇里的号召，向雷锋同志学习，做好村里的精神文明宣传，号召村民参加志愿服务，做好本村环境建设工作。

（4）争取完善基础设施建设，通过积极争取多方面资金，把村部和文化广场修建起来。

（二）建平县万寿街道小平房村

1. 现状概述

从建平县城向东南方向行进 4.5km，就会看到一处绿树掩映、气势恢宏的新农村——小平房村。全村总面积 40506 亩，其中耕地面积 5803 亩，有林面积 26512 亩，其他用地面积 8781 亩。

全村 7 个自然屯，13 个村民组，共 881 户，3167 口人，下设 7 个党支部，党员 120 名，村办工业企业 8 家，固定资产达 2 亿多元。2017 年，全村工农业总产值 1.2 亿元，村集体经济收入 867 万元，农民人均纯收入 2.2 万元，高出全县农民人均可支配收入 11882 元的 45％，实现了集体经济、农民收入、精神文明、村容建设和民主管理五大突破，被誉为"辽西第一村"。

2. 社情调查结果

1) 组织领导坚强——全国创先争优先进基层党组织

小平房村党委成立于 2017 年 7 月，是朝阳市第一个村级党委，现辖 7 个党支部，共有党员 120 名，先后荣获"全国创先争优先进基层党组织""辽宁省委创先争优先进基层党组织""辽宁省先进基层党组织""辽宁省文明村标兵'五个好'村党组织标兵"等称号。村党委书记钱学余 2012 年 5 月当选为党的十八大代表，现为中组部讲师团成员、辽宁省委组织部基层党建工作督察员。

2) 产业优势明显——"全国休闲农业与乡村旅游示范点"

小平房村于 2014 年 12 月被命名为全国休闲农业与乡村旅游示范点。小平房村集体经济壮大后，开始探索工业反哺农业发展之路，先后投入资金 2000 余万元建设标准南果梨园 500 亩，修建观光长廊 300m，发展旅游采摘业。为提高南果梨的附加值，投资 500 万元成立了辽宁秀源果业科技开发有限公司，先后与沈阳大学、中科院合作成功研发"梨不开"南果梨鲜榨果汁，产品于 2016 年末投产上市，2017 年收入达到 300 万元。无公害杂粮基地发展势头良好。

3) 经济基础坚实——"辽西第一村"

1993 年 10 月，村里建成投产了第一座村办铁精粉加工企业，当年底就产出铁粉 800t，创产值 10 多万元，实现利税近 4 万元。投入见到了效益，更加坚定了他们加快发展的信心和动力。

1999 年，村办企业改制的大潮席卷各地。目前，村办企业发展到 8 家，固定资产达 2.132 亿元，累计为村集体创收 7.56 亿元。2017 年，完成生产总值 1.8 亿元，村集体经济收入 900 万元，农民人均收入 2.2 万元，村民人均收入高于周边农民 45％，被誉为"辽西第一村"。

4) 生态环境优美——"全国生态文化村"

小平房村先后荣获"全国生态文化村""辽宁省环境优美村""辽宁省环境优化十佳村"等荣誉称号。村党委书记钱学余同志被评为"全国绿化奖章获得者"。小平房村与举世闻名的牛河梁红山文化遗址毗邻，有红山女神后花园之美誉，境内为"七山一水二分田"，峰峦起伏，笔牛河、二道漠河、深河三河汇流后自西向东从村中穿过，特殊的地理位置，形成了环境优美的天秀山自然风光。天秀山森林茂密，动植物种类繁多，调查记载有植物 250 种、动物 25 种，成为乡村旅游的首选之地。

5) 产业业态丰富——一、二、三产均衡发展

以南果梨种植采摘加工、农业大棚、无公害杂粮基地为主的现代农业和以铁精粉

生产为主的矿产加工业以及以天秀山森林公园为主的观光旅游业，小平房村的一、二、三产业全面发展，先后成立林非南果梨专业合作社、汇鑫果蔬合作社、古香杂粮专业合作社，生产的"样铭"牌小米、全麦面、南果梨汁、南果梨酒等农产品畅销北京、沈阳、大连市场。

6）服务设施完善——"朝阳市新农村建设示范村"

小平房村依靠雄厚的集体经济收入，先后投资过亿元，建起 400 余户居民新区住宅楼，总建筑面积 11 万 m^2，全部是二层连体小楼，村民过上了像城里人一样的生活。为了搞好新村内基础设施建设，村里投资 5000 多万元建设了日出水 400t 的供水站、15t 锅炉供暖站、储气 240m^3 的供气站，实行统一供电、供水、供暖、供气；投资 280 万元，建 120t 整体直埋式污水处理站，达到了一级排放标准；修筑黑色路面 50km，硬化村内街道 10 万延长米，安装了路灯，实现了道路硬化、亮化、美化。

村庄内设置垃圾分类箱，村庄外设有垃圾处理场，有专人清扫垃圾，每天定时清运，实现了无垃圾堆、草堆、柴堆，村内环境清洁卫生，被辽宁省环境保护厅授予"辽宁省环境优化发展十佳村"荣誉称号。村内建有辽宁首家微型消防站，购买了消防车，配备了专业消防队员和防火员，设有警务室、保安室，重要部位全部安装监控。投资 100 万元建设现代化的小学和幼儿园，本村孩子入学率、入托率和巩固率都达到 100%。投资 200 万元，建设 100m^2、500 张床位的养老托老中心，保证全村孤寡老人实现老有所养。

7）乡风民俗良好——"全国文明村镇"

制定了具有小平房特色的村规民约，实行自我约束、自我管理，营造人人争创爱国、敬业、守法的良好氛围。投资 100 余万元为村文化活动中心配备了图书、电视等电教设备，经常性举办秋歌比赛、广场舞比赛、实用技术比赛等活动，为群众健身、娱乐、学习提供了场所、创造了条件。

每年都举办各种方针政策学习班，公民道德宣讲班，养殖、种植技术培训班，以提高群众综合素质和实用技术水平，使广大群众养成了健康、文明、科学的生活习惯。建设大型文化活动场，配有音乐广场、音乐喷泉、健身器材，平日组织农民跳秧歌，搞健身活动，成立了小平房村天秀山民间艺术团，在民俗节日和大礼拜演出文艺节目，群众文化生活丰富多彩。近 3 年无群体性上访和重大恶性治安案件发生，被评为各级的文明村、平安村。

8）品牌效应突出——"辽宁省干部教育培训现场教学基地"

小平房村已成为辽宁省委基层组织现场培训基地、大连工业大学爱国主义教育实践基地、沈阳农业大学现场教学培训基地，是辽西地区基层党建和新农村乡村振兴发展的典型，年接待前来考察学习的单位及团队 100 余批次。

3. 乡村发展定位

小平房村以乡村为依托，以农民为主体，以乡村独特的自然环境、田园风光、生产经营形态、民俗风情、农耕文化、乡村聚落等为主要吸引物，以全域景区化理念，按"一山一水一面廊"的空间格局，建设山地康体乐活园、滨水休闲体验园、田园风光画廊三部分，通过市民的观光、旅游、度假、休闲和村民文明、幸福、和谐、富裕的生活环境来体现农业有文化说头、休闲有玩头、景观有看头、农民有赚头、具体定位是：

享受自然生态，欣赏乡村风貌的旅游场所；

体会农村生活，感受淳朴民风的回归自然体验场所；

怀念既往生活，回顾多彩人生的追忆场所；

享受脱俗清静，回避世间嚣尘的原始部落表演场所；

收获绿色产品，赏悦乡村体验的收获场所。

综上所述，小平房美丽休闲乡村建设，是通过城镇化生活环境改造，来完成村民素质的提升，让发展更均衡，从而提升村民的生活质量，增强村民的幸福感。

（三）抚顺市红庙子乡

辽宁省抚顺市新宾满族自治县红庙子乡。该乡耕地少，人口多，是一个贫困村。近年来，在党和村支部的带领下，村民的收入较之前有所增加，村内已经铺设了柏油路，并且修建了路灯，村民出行十分方便。该村主要种植玉米、大豆、水稻等作物，近年来多种植香菇，是闻名的"香菇之乡"，并以香菇产业带动了经济的发展。由于种植香菇污染环境，而且香菇不容易种植，所以现在很少有人继续种了。因此，农村的劳动力大多出去打工挣钱，目前村中绝大多数都是老人和孩子。

五、调研总结及感悟

（一）小莲花村调研总结

为深入学习贯彻新时代中国特色社会主义思想，了解改革开放40周年来的变化，建筑与规划学院"赴铁岭市国情社情调研团"前往铁岭市铁岭县凡河镇小莲花村进行考察，通过询问村中居民、观察村中建设等实地调研村庄相关情况。

在王书记的帮助下，调研团有幸探访小莲花村村委会，了解本村的发展情况。据王书记介绍，本村的管理机制考虑了本村村情，在日常村的管理中发挥了巨大的作用，但其制定及运行存在问题，包括制定程序不规范、缺乏有效的监督机制等。

调研团主要分两个方面进行调查：一是当地村民民生基础调查，特别针对衣食住行和教育情况；二是当地居住环境卫生和环保意识的调查。对此，调研团来到贫困户和老党员家走访调研，村民们表示对现在的生活及其环境基本满意，但仍需提高。

此次活动以深入基层、联系群众为契机，以暑期"三下乡"社会实践为载体，活动的意义在于激发学生了解文化的积极性和主动性，进一步发挥社会实践在加强和改进大学生思想观念方面的积极作用，促使其通过自己的切身实践，去知晓民情和国情。

（二）小平房村调研总结

为了解国情、社情，培养学生的社会责任感，锻炼学生的观察能力、沟通协调能力和对专业知识的综合运用能力，建筑与规划学院组建了以"国情社情观察"为主题的实践队伍，调查辽宁省朝阳县小平房村。

随着社会实践的进行，志愿者们切身感受到了全面深化改革和国家"十三五"规划出台以来村民生活的新气象。志愿者们深入政府部门、养老中心和村民家中，通过采访、参观等方式与村民进行了交流，掌握了全面深化改革以来乡村居民生活水平的改善情况。

通过"三下乡"活动，志愿者们在调查社会的同时，自身也受到了深刻的教育，开阔了视野，增长了才干，陶冶了情操，加大了与社会的接触面，进一步激发了学习、就业、创业的激情。

（三）红庙乡调研总结

国情社情观察团志愿者在组长的带领下与红庙乡领导取得联系，初步了解当地的基本情况并制定相应计划。通过入户走访调查，了解村民的基本情况，通过咨询、访谈，记录村民的意见和心愿，将其传递到乡镇领导处，为村民谋福利。

（四）感悟

通过这次社会实践，我们收获很多。一方面，通过这次实践，我们走入了社会，走进了农村，了解了社会现实和农村现在的发展以及农村家庭的生活状况。贴近了生活，开阔了视野，将在学校所学的知识与社会实践结合，锻炼了自己的表达能力和交往能力，在实践中成长学习，充实了自我，培养、锻炼了自己的才干，同时提高并树立了服务社会的思想，增强了自身的社会责任感和使命感。另一方面，通过这次社会实践，我们意识到了自己的不足，与人交流沟通的能力还有待提高，有些东西以前没有尝试过，有些知识还很匮乏，生活经验不足，这些都是今后需要加强学习和改进的地方。

辽中地区乡村文化墙绘现状调查与研究

——以"美丽乡村墙绘"暑期社会实践团为例

夏海杰、张思杨、蔡可心

摘要：为积极响应团中央、团市委、团省委关于开展暑期高校大学生"三下乡"活动的号召，学习贯彻习近平新时代中国特色社会主义思想和党的十九大精神，加强志愿服务，增强责任感和使命感，在社会实践中受教育、长才干、做贡献，以实际行动投身乡村振兴战略实施，切实推动社会主义核心价值观融入实践育人的全过程，勇做承担民族复兴大任的时代新人，为全面建成小康社会贡献青春力量。

关键词：墙绘调研；三下乡；乡村振兴

一、研究背景

习近平总书记在党的十九大报告中明确提出实施乡村振兴战略，2018 年的中央一号文件也继续锁定在"实施乡村振兴战略"工作上，必须要按照"产业兴旺、生态宜居、乡风文明、治理有效、生活富裕"的 20 字总要求来打造社会主义新农村，实现乡村振兴。为深入学习贯彻习近平新时代中国特色社会主义思想，引领教育广大青年学生勇做承担民族复兴大任的时代新人，以实际行动服务乡村振兴战略，为全面建成小康社会贡献青春力量。应学院团委转发团省委《关于开展 2019 年辽宁省大中专学生志愿者暑期文化科技卫生"三下乡"社会实践活动》的通知要求，切实推动社会主义核心价值观融入实践育人全过程。

二、研究意义

暑期社会实践活动是大学生素质教育的重要内容和有效途径，对于加强学生思想道德教育，了解国情、民情、社情，培养踏实、肯干的工作作风都具有十分重要的作用，是强化信念教育，坚定走与实践相结合、与工农群众相结合的道路，使学生自觉成才，全面提高素质的有效途径。引领青年进一步坚定"爱国、励志、求真、力行"的理想信念，切实做到习近平总书记对新时代青年提出的"树立远大理想、热爱伟大祖国、担当时代责任、勇于砥砺奋斗、练就过硬本领、锤炼品德修为"的六大要求，在实践中受教育、长才干、做贡献。进一步满足中国特色社会主义新时代人民日益增长的美好生活需要，坚定文化自信，在继承优秀传统文化的基础上展现当代风采，在丰富群众文化建设的基础上培养文化责任意识，提升文化艺术修养。

三、研究总结

在实践中，学校与三合村签订了社会实践基地合作协议，学生学到了很多书本上学不到的东西，也看到了一些问题。这是我们第一次如此热衷于墙绘工作，并深入发挥特长，为大红旗镇三合村的美化做出贡献。现将在实践活动中了解到的一些情况做总结。

（一）大红旗镇三合村调研

1. 村情概况

三合村，隶属大红旗镇，建制村。位于北纬 41°54′，东经 122°38′，东邻马糖坊村，南连乔家村，西接庄屯村，北与柳河沟镇大石狮子村接壤。

2. 历史人文

2012 年，三合村下辖刘家窝堡、小石狮子、小马糖坊、川心沟 4 个自然屯。因于 1961 年由三个自然屯合并在一起组成一个大队，故得名"三合"。现总户数 578 户，总人口 1893 人，总人口中有非农业人口 20 人，锡伯族人口 16 人。

3. 产业优势与发展规划

总面积 5km²。地势东高南低，土壤为混合土，耕地面积 4674 亩。在产业发展方面，全村种植业、养殖业并举，大力实施种植、养殖增收，构建了玉米、冷棚瓜菜、牛羊养殖为一体的农业格局。主要粮食作物有玉米、大豆；主要经济作物为棚菜。

2018—2020 年产业规划：以发展种植业为主，继续加强招商引资力度，为本村振兴和发展积聚新动能。

4. 交通干线

境内有沈山铁路通过，有柳大线在此经过。二龙湾河从村中心穿过，河道长 4km。

5. 党建特色

三合村认真落实"三会一课"、民主生活会、组织生活会等党内基本制度，将党的十九大精神，特别是习近平新时代中国特色社会主义思想作为定期学习内容。加强党组织自身建设，促进党支部规范化、标准化建设。

6. 线上线下活动调研

在沈阳城市建设学院建筑与规划学院 2019 年暑期"三下乡"助力美丽乡村墙绘实践团前往沈阳新民市大红旗镇三合村开展墙绘实践活动之前，队员们便通过各种方式对村中情况做起了调研工作。

1) 线上调研

实践团通过网络调研的方式了解了近几年三合村的发展状况，笔者列举其中一则重要新闻概要如下：

《沈阳日报》2018 年 9 月 28 日《三合村第一书记侯卫平邀清华大学校友来沈考察》

描述了村第一书记侯卫平邀清华大学校友来沈考察开展'关爱留守儿童，对接村里农副产品销售'活动。记者9月27日获悉，在新民市大红旗镇三合村党支部第一书记侯卫平的联系和协调下，'小爱也温暖'基金会和清华大学沈阳校友会的企业家走进三合村，开展关爱留守儿童活动，对接村里的农副产品销售，寻找帮助村里发展的结合点。

侯卫平介绍：'下一步，还会对接更多村外的资源，比如沈阳城市建设学院要到村里进行村庄规划、环境改善方面的调研，沈阳农业大学将帮助三合村推进设施农业发展，沈阳煤炭设计研究院、辽宁水利职业技术学院也将在改善环境、加强党建等方面给予三合村支持。'

"他和村干部商量，本着先易后难的思路，从力所能及的小事入手，发挥自己的优势，先后促成了沈阳农业大学的志愿者到村里进行科普讲座、沈阳铝镁设计院为村里捐建党建文化广场、沈阳煤炭设计院为村里购置数万元的办公家具和设备、中冶沈勘有限公司与村里结成帮扶对子、沈阳城市建设学院为村里提供宅基地再利用和环境整治解决方案、辽宁省军区第五干休所提供8万元乡村振兴治理经费、清华大学沈阳校友会走进三合村、'小爱也温暖'公益基金会来到村里关爱留守儿童、沈阳格泰克机械设备制造有限公司每年给村里提供数万元的帮扶等。一年来，先后有15家单位和组织来到三合村，给村里带来了新的信息和希望。"

从中，实践团逐渐了解了经常深入群众的意义，不仅平时把每次的前期工作都准备好，还要求自己每次到村里去时要到老百姓家中聊聊天，尽可能地帮助村民解决实际问题，让群众看到组织就在身边，以实际行动引领群众听党话、跟党走。

2）线下实地调研

按照计划开展墙绘以及墙绘调研工作。通过调研了解到村子里并没有多少幅墙绘，并且部分墙绘已出现掉色、老化等问题。正值中华人民共和国成立70周年，而村里正缺少相关主题的墙绘，因此，美丽乡村实践团把本次墙绘工作的主题定为中华人民共和国成立70周年、社会主义核心价值观和乡村振兴。

（二）墙绘准备工作

为了使本次墙绘活动顺利进行，并且高效率、高标准地完成，美丽乡村实践团开展了充分的前期准备工作。准备工作主要分为三个部分：相应绘图工具的购买、提前测量尺寸以及与村书记进行墙绘内容沟通。

1. 相应绘图工具的购买

1）所需工具

经过多方询问以及网络调查研究，获得对绘图场地尺寸的初步了解。进行一次户外墙绘活动所需要的工具主要有丙烯颜料、不同型号的笔刷、水桶若干、调色盘若干、滚刷若干。经过与村书记的沟通，根据墙绘基本内容所需及三合村的实际情况，最终决定采买以下工具：

丙烯颜料：钛白、天蓝、土黄颜料各500ml；草绿、中绿、深绿、淡黄、黑色、大红丙烯颜料各1L。

笔刷：通过对人员数目和墙绘内容两方面的考虑，最终确定3英寸、8英寸刷子各

3 把，5 英寸刷子 5 把，9 英寸滚刷 2 把，小型绘画笔两套。

2）购买渠道以及跟进

通过对路程、价格等多方面的考量，购买渠道以淘宝购买邮寄的方式为主。并与商家约定，开取发票。

2. 尺寸的测量

为了保证墙绘质量，使墙绘画面与效果图保持基本一致，需要进行尺寸的测量和定位工作。目的有两个：第一，进行精准的尺寸测量可使成员对场地和工作强度有深刻的了解，也方便依据场地对墙绘内容进行小幅度更改；第二，进行有效的定位工作可方便中期的绘制和后期的效果图呈现，可以清楚明白地看到每一个分画面所在位置，为及时修正问题提供了前提。

1）所用工具

吊锤，粉笔若干，直尺两把，卷尺一把。

2）测量过程

测量采用多人配合模式。首先，二人配合将整面墙的总距离测算出来。其次，一人手持粉笔作唯一定位人，另外一人手持卷尺按照预定距离进行测量，将吊锤摆正，定位人按照指挥画出横、竖线作为定位直线。最后，统观全图，对细节进行修改。

3）测量结果

最终，经过测量，第一面墙尺寸为 18m，第二面墙尺寸为 6m，第三面墙尺寸为 17.5m。

3. 研讨墙绘最终内容确定

为了使墙绘内容能够充分体现出三合村的人文风貌和风土人情，团队成员与村书记进行了确定最终墙绘内容的研讨。研讨内容包括部分图画的位置、每个部分的颜色等。团队成员充分采纳村书记的意见，对一部分方案进行了修改，几番更改后，墙绘内容最终得到确定。有了村书记的支持和村民们的鼓励，"美丽乡村实践团"更加有信心完成墙绘工作。

（三）墙体绘制阶段

8 月 1 日上午，建筑与规划学院 2019 年暑期"三下乡"助力美丽乡村墙绘实践团前往沈阳新民市大红旗镇三合村开展墙绘实践活动。本次活动由建筑学院党总支书记副院长夏海杰指导，共八名志愿者参加此次活动。

学生们到达目的地后迅速整顿好物资与行李，认真考察三合村的墙绘情况，实地了解后与村书记进行了工作上的对接，随后，学生负责人对未来几天的工作制定了详细的计划。学生们没有休息，按照计划开展墙绘工作。活动期间，三合村书记来到墙绘现场，慰问看望志愿者们。

在绘制第一面墙体时，学生们经验不足，在墙体测量、构图方面花费了大量时间。但是在炎热的天气情况下，学生们丝毫没有退缩，不喊苦、不喊累，在绘制的道路上慢慢摸索、积累经验。在大家重复构图、重复测量，不断讨论商定后，墙绘进度得到推进。众所周知，在一项集体活动中分工明确会使得活动事半功倍。而学生们在开始绘制字样后逐渐找到了适合自己的任务，从而形成明确的分工，使得第一面墙体的绘制工程的进度加快。

在此期间，由两名学生组成"先行部队"绘制文字底稿，在此阶段，绘制文字底稿只需要形体上大致是对的，文字美观方面由另两名学生进行整改；学生们不需要在一个字上重复纠结大幅提升了绘制速度。

其他的学生自行两两组队，调色、上色，做好后勤，每一组学生紧跟上一组学生的步伐，使得整个绘制过程紧凑有序。为了使墙体的画面感变得丰富，学生们在墙体两端绘制了国旗和党徽的图案，在墙体底部绘制了建筑剪影，凸显专业水平，将墙绘与所学专业相融合。

8月2日，志愿者们在4:00准时起床，洗漱完毕后便赶往墙绘地点进行今日的任务。

墙绘是一个专业性很强的绘画工作，需要学生们耐心地绘制和互相帮助，墙面的基底处理比较重要，团员们用吊锤和木板来找好文字所在的大致范围内，确保文字位于墙体中间位置。团员们在墙上画好底稿，用白色粉笔轻轻勾出草稿墙绘文字的轮廓，虽然都是第一次接触墙绘却表现出了极大的耐心和专业性，经过前一天的合作，学生们掌握了在墙上绘画的技术要领，使得三合村的墙面焕然一新，曾经不引人注意的白墙如今变成了三合村新的风景。

中午，烈日当头照，但学生们都毫不在意，尽心尽力完成好每一幅作品。通过手中的画笔，一点一滴构成了精美的图案，让原本平淡无奇的乡村瞬间多姿多彩起来，使人赏心悦目。经过两天的工作，墙绘效果初见雏形，到晚间工作结束时完成了两余面墙体，村民们纷纷赞不绝口。工作结束后，所有志愿者们回到住处讨论第三日的工作计划，随后各自休息为第三天的工作做好准备。

此次活动学生们通过自己的专业知识，深入乡村，开展墙绘活动，不但为当地留下了作品，而且也增强了大家的实践能力。志愿者们纷纷表示，此次实践活动巩固了绘画技巧，学会了团结合作，并表明对于关注乡村建设只有进行时，没有完成时，学生们将会跟随党的步伐，为乡村建设贡献出自己的力量，投身乡村建设，助力乡村发展。

第三天清晨5:30，小组成员正式动工，雨天给工作带来了极大的难度，绘画颜料甚至在没有上墙的时候，就已经被雨水给稀释，作画十分困难。但是学生们没有就此气馁，坚持绘制，他们在雨中全身淋湿，一次次抢救作品，雨后一遍遍修补作品，最终三面墙绘才得以顺利完成。

风格独特的墙绘吸引了路过村民的目光，大家一致给出好评。学生们精心设计、潜心创作，用心、用手绘出"不忘初心、牢记使命，永远跟党走""倡导文明新风，共建美丽三合""村庄美丽，家园整洁"三幅美丽画卷。这不仅美化了乡村，也将艺术融入农村生活，用墙绘这种独特的方式助力乡村文化振兴。

（四）墙绘成果展示

这次墙绘的主题是"传播红色正能量，志愿服务下基层"。亲身完成墙绘的内容，也让同学们更加热爱祖国热爱党。通过这次活动，实践团对乡村有了更深的了解。彩绘描绘出了一幅幅生动的青春文化墙，精心设计、潜心创作，用心、用手绘出一幅乡村振兴的美丽画卷，不仅美化了乡村，也将艺术融入了农村生活，用墙绘这种独特的方式助力乡村振兴，并将社会主义融入绘画，增添了浓厚的文化气息（图1～图3）。

图1　"不忘初心、牢记使命，永远跟党走"墙体成果

图2　"村庄美丽，家园整洁"墙体成果

图3　"倡导文明新风，共建美丽三合"墙体成果

四、社会实践总结及感悟

（一）实践总结

此次活动得到了三合村所有村民的一致好评，村书记表示实践团的墙绘技术高，成品达到了活动目的，三面墙内容丰富新颖，极具艺术感，且同学们干活又快又好。本次社会实践活动将来自相近地区的同学联合在一起，大家怀着同一个信念，从四面八方赶往同一个地方，不但为乡村带来了一份温暖，而且增强了同学之间的友情。活动伊始，活动小组成员分工明确，无论是组织工作还是确定绘画内容，全都井井有条。大家在一起创作的过程十分开心，一丝不苟的绘画作风体现了当代大学生的优良品质。大家共完成的三幅墙绘作品，与当今我国的共同目标和建设美丽乡村的号召紧密结合，更加坚定了跟党走中国特色社会主义道路的理想信念。乡村墙体彩绘不仅仅是随便画点风景，同时也传递着精神文明建设的信息。让每一次观看变成习惯，让每一次驻足变成美德，摒弃农村旧俗，以崭新的精神面貌创建未来生活，提醒着每一个村民，朝着共同的目标奋斗前进。

（二）实践感悟

对于此次墙绘活动，实践团是高校学生感触颇深，每天的活动都有不一样的体验，看着一面面白色的墙面变成多彩的描绘，我们心里也是无比欣慰的，推动乡村墙绘文化建设是高校学生应该为乡村建设出的一份力，为文化建设做出自己的贡献。这不仅提高了学生以专业理论联系社会实践的技能，突出了实践育人的实效，也提高了建筑学院的社会声誉，在美化乡村的同时培养了大学生服务社会的使命感和责任感。

虽然这次社会实践活动时间很短，但在一定程度上提高了实践团的社会实践能力，使其接触了社会，增强了自身的社会责任感和社会适应能力。

暑期社会实践振兴辽宁乡村专项调研行动

——以"探乡"暑期社会实践团为例

陆鹏程、李炳赫、刘诗倩

摘要： "探乡"实践团前往辽宁地区，旨在探索该地区丰富多样的自然景观、独具魅力的历史背景以及迅速变化的城市面貌。同时，实践团还将探寻城乡联合的发展模式，寻找提高农村产业效益的有效途径，为乡村振兴提供精神和智力支持。具体而言，在沈阳西山村和营口市董家村，实践团将借鉴成功的营销案例，并运用类似的经营方式来推动乡村文化与旅游业、科技、特色农业以及特色文化产业的融合发展，进一步加快农业农村现代化进程。此外，实践团还计划丰富乡村文化生活，建立多元供给模式，并致力于壮大人才队伍。通过积极参与振兴发展实践，实践团希望以智慧和汗水共同书写辽宁振兴发展的生动画面和宏大场景。

关键词： 辽宁发展调研；大学生社会实践；返家乡

一、实践背景

党的十八大以来，习近平三次赴辽宁考察，两次参加全国人大辽宁代表团审议，多次就东北、辽宁振兴发展发表重要讲话，做出重要指示，提出了"四个着力""三个推进"和补齐"四个短板"、攻坚"六项重点任务"的要求，为辽宁振兴发展取得新突破明确了方向。辽宁省委、省政府带领全省人民自觉做习近平新时代中国特色社会主义思想的坚定信仰者和忠实实践者，深学深悟，真信真用，持续展现新气象、新担当、新作为，努力形成营商环境好、创新能力强、区域格局优、生态环境美、开放活力足、幸福指数高的振兴发展新局面。

二、活动目的

"探乡"实践团将探索辽宁地区的自然之美、历史之兴、城市变化之快，并探寻城乡联合、探索提高产业效益的办法，建设宜居宜业乡村，为家乡全面推进乡村振兴做出一份贡献。实践团将通过借鉴成功营销案例的运营方式，将特色景点、美食展现给大众，融合城乡文化差异，实现点对点连接，加快农业农村现代化、多元化。实践团成员将大力弘扬志愿服务精神，把人民群众的每一件小事当做大事尽心尽力地办好。主动担当作为，强化"主人翁"意识，把个人"小我"融入辽宁"大我"中来，积极投身振兴发展实践，用智慧和汗水共同描绘辽宁振兴发展的生动画面和宏大场景。

三、实践意义

实施乡村振兴战略，这是党站在中国特色社会主义进入新时代的历史方位下新的"三农"工作方略，集中反映了新时代农业、农村、农民发展的必然要求。乡村振兴战略的持续深入推进，为夺取新时代中国特色社会主义的伟大胜利迈出了坚实的步伐，为实现中华民族伟大复兴的中国梦注入了强大的动力。

四、实践流程

为激发当代大学生热爱家乡的情怀，学院组织振兴辽宁专项行动调研，围绕时任省委书记张国清在省委常委会和辽宁各界青年代表学习习近平总书记在庆祝中国共产主义青年团成立 100 周年大会上的重要讲话精神座谈会上的讲话要求，引领广大学子深切感悟辽宁未来振兴发展的广阔前景，让更多年轻人向往辽宁、扎根辽宁、圆梦辽宁，动员广大学生积极深入基层调研，了解人民群众的心声，切实挖掘人民群众最关心、最现实的民生问题，剖析问题根源，提出中肯建议。本次社会实践活动将分为两个大方向进行。

（一）"拍出家乡美景，守护美好河山"方向

依托辽宁省的田园风光、绿水青山、村落建筑、乡土文化、民俗风情等资源优势，发展休闲农业及旅游村镇。推动农业与旅游、教育、康养等产业融合，发展田园养生、研学科普、农耕体验、休闲垂钓、民宿康养等休闲农业新业态。

1. 调查了解家乡人心目中的美景在何处

团队成员通过探寻辽宁省营口市、海城市并调研相关的自然资源、旅游资源、城市变化，以便进行家乡文化宣传。在调研的路上，把具有历史气息的地方记录下来并总结，将当地历史气息与现代产业相融合，找出问题所在，总结经验。

2. 宣传"探乡"成果

通过网络平台等新媒体对家乡进行宣传，加强当地特色产业宣传，因地制宜有利于弘扬家乡文化，开拓家乡元素，从而提高知名度，创新方式方法，优化乡村休闲旅游业。

3. 家乡社会实践

团队成员回到家乡，运用自身所学在假期报名参加暑期大学生返家乡社会实践活动，深入基层进行调研，了解城市发展，体验基层工作。

4. 志愿活动

团队成员在大连市参与系列志愿活动，并带领社区青少年游览大连市部分区域，帮助青少年增长见识、了解党史，领略大连近来发展。

（二）"下乡调研——探索城乡沟通新方式"方向

1. 深入田野，探寻销路

团队将兵分两路，一是走进辽宁省大连市普兰店区安波镇金鸡村进行下乡调研，在乡村田地之间与农户交流，并询问是否了解现如今电商平台运营模式及是否有兴趣成为直通供应城市的一员；二是在城镇中寻找超市等农产品销售的场所，调研是否愿意拓展渠道，即越过分销商，直接从农民手中拿到优质瓜果蔬菜，从而强化产销衔接，解决农产品"卖难""买贵"等问题。

2. 充分发挥电子商务优势，创新农村商业模式

通过团队两路调研，对各个有意愿的"城""乡"进行连线，同时深入村民家中，为感兴趣者讲述电子商务以及直播带货对农产品销售的益处。

五、实践内容

（一）"拍出家乡美景，守护美好河山"实践活动

团队成员在假期游览家乡，欣赏家乡风貌，调研相关的自然资源、旅游资源、城市变化并汇总。实践内容如下。

1. 营口市调研报告

将实地调研、网络调研、调查问卷等多种调研方式相结合。"80年代初的营口市，街道只有两条半，老一线和二线，三线刚刚起建，二线有一个青年交通岗，当时有一句顺口溜，'一条街道一个岗楼，一个公园一个猴'，形容的就是当时营口的现状，当时的老一线街道由于是中华人民共和国成立前形成的老街道，道路狭窄，东西走向，从西大庙到东风街，街道两旁都是简陋的两层三层旧楼和平房，商业网点很少，二门丁胡同的新华百货商店，应该算是最大的商场了。"以上便是营口市20世纪80年代的风貌，时隔40年，而今的营口市已今非昔比，确切地说是发生了翻天覆地的变化，城区建设已由当年的三线扩伸到六线，当年破旧的平房和筒子楼不见了，取而代之的是崭新的楼群一幢又一幢拔地而起，鳞次栉比，百姓的居住条件得到了全面的改善，马路宽了，线路多了，市内公交车数量从原来的个位数增加到了百位数，方便了居民的出行和生活。

随着经济和城市建设的迅猛发展，营口市的市容市貌发生了翻天覆地的变化。规范的城区构建，整洁干净的街道，不见一块杂物，没有一汪脏水。市民文明出行，无大声喧哗，公共场所一片寂静。这充分体现了营口市民高度的精神文明和文化素养，因此营口市已连续几年被评为全国文明城市。

2. 海城市调研报告

海城市矿产资源丰富，截至2013年，境内探明的金属和非金属矿产达40余种，是世界上菱镁、滑石探明储量最大的地区之一，其中菱镁矿储量达26亿t，占世界的

1/4，滑石探明储量为 5700 万 t。在改革开放初期，海城凭借自身的资源快速发展。

海城的美食当属南果梨和牛庄馅饼最为著名。南果梨属本地特产，以其色泽鲜艳、果肉细腻、爽口多汁、风味香浓而深受国内外友人赞誉，素有"梨中之王"的美称。海城馅饼，温水和面，选猪、牛肉为鸳鸯馅，蔬菜馅随季节变化，选豆芽、韭菜、黄瓜、青椒、南瓜、芹菜、白菜等配制，使饼馅荤素相配，浓淡相宜，令人回味无穷。

海城市在全市 298 个村推广实施了"农村生活垃圾二次四分法"的分类减量模式。2018 年启动以来，农村生活垃圾产生量较往年减少了 50% 以上，2019 年，海城市在 2018 年的基础上启动了 397 个村的生活垃圾分类工作，2020 年继续加大垃圾分类工作的推进力度，在实施垃圾分类的同时，加大环境整治的力度，已在 8 个镇区投资 1200 万元建设 8 个垃圾中转站，完善了垃圾运营体系。

如今的海城，市场经济繁荣发达，民生工程硕果累累，镇村面貌日新月异，在特色小镇建设工作的引领下，海城的小城镇建设按下加速键，镇、村居民的人居环境得到了极大改善，百姓幸福指数节节攀升……海城正在大步迈向绿水青山，美丽村镇的目标。

3. "宣辽宁发展，扬长子风貌"线上汇报

本次"宣辽宁发展，扬长子风貌"线上汇报活动，团队通过网络、实地调研，了解辽宁家乡发展情况，制作宣传视频，让更多学生体会辽宁发展及城乡变化，理解团队实践的意义，同时也邀请学生积极参与发言，进一步提升共鸣。本团队旨在向学生展示辽宁部分城市的发展、展示自己家乡的变化，从而弘扬家乡文化、开拓家乡元素，进而提高家乡的知名度，创新方式方法以优化乡村休闲旅游业。

4. "青春建功新时代，实干奉献铸未来"活动

2022 年 7 月，"探乡"实践团成员李炳赫在营口市站前区人民检察院第一检察部进行为期一个月的返家乡社会实践活动，主要是对检察机关的审讯记录及询问记录进行撰写提纲并整理归档、参与出庭审理等。

参与庭审，通过了解司法程序、法律的神圣不可侵犯以及法律的温度，学习检察人的经验与教训，较量利害，善用所长，以求践行心中公义，坚守法律底线，把控司法温度。

团队成员刘雪实践于大连市西岗区白云街道办事处，主要负责上行文、下行文、便笺整理、表格汇总以及创建文明城市的志愿服务工作。2022 年 8 月 2 日至 8 月 4 日在西岗团区委的召集下负责带领少先队员参观西岗区科技馆等活动。

探乡更要回报家乡，作为新时代的大学生，不仅要努力学好专业课知识，更要学会与社会接轨，坚定心中的理想信念，磨炼品格，增强社会责任感，争取成为社会的栋梁，用实际行动践行"请党放心，强国有我"的铮铮誓言。在实践中奉献，在奉献中成长，志愿者们在活动中收获颇丰。青年们拥有绚丽的年华，需要走出校园，以热忱的志愿心态踏上社会，在宽广世界中书写一份令自己满意的志愿青春。

5. "助力志愿服务，青年少年共前行"系列活动

1) "学习自护知识，传承非遗文化"实践活动

本次"学习自护知识，传承非遗文化"活动是由团队成员刘雪邀请"万众救援"

的王教练于 2022 年 8 月 11 日在大连市城市音乐馆为西岗区白云街道的 15 个亲子家庭开展防溺水主题宣讲活动，王教练通过宣传片、动画等方式对防溺水意识教育、防溺水能力培养相关知识进行了讲解。

在"你好，宋朝"传统文化体验活动中，讲解员以《清明上河图》为蓝本，探秘宋朝重要科技成就；通过参观《观宋——风雅宋看东方》体验我国古代的科学技术和文化精髓；孩子们亲自体验了活字印刷术，制作了宋朝玩偶"磨喝乐"。

通过此次活动使孩子们提升了防溺水的自我保护意识和能力、激发了对传统文化的好奇心，增长了实践能力；在实践团成员的陪伴下，孩子们在快乐中学习，在动手中成长。

2）"强国有我向未来，背包挑战三万秒"志愿活动

本次"强国有我向未来，背包挑战三万秒"志愿活动，由团队成员于 2022 年 8 月 2 日至 8 月 4 日带领 7 名西岗辖区内中小学的少先队员们开展文化活动，以探索传统非遗文化、传统武术文化、传统射箭文化、红色文化、美食文化、音乐文化、北京冬奥精神、志愿服务精神等丰富的内容为闯关任务。

本次活动为期 3 天，夏日炎炎，每一天、每一秒，对于我们每个人来说，都是与众不同的。每位少先队员学习合作，学习与人沟通，学习团队的协同，不断克服困难。愿少先队员不负期望，努力成长为能够担当民族复兴大任的时代新人！

3）"创建文明城市，共建美好家园"志愿活动

暑假期间，团队成员在大连市西岗区白云街道的领导带领下，到天池社区进行志愿服务，本次志愿服务主要是用喷壶、铲刀、喷漆等工具对小区楼道、墙面、门窗、公共设施等处乱张贴的小广告进行清理，虽然在铲除小广告的过程中很辛苦，出现胳膊发酸、手痛的情况，但是志愿者们都没有放弃。此次志愿服务为居民营造了宜居的生活环境。

（二）"下乡调研——探索城乡沟通新方式"实践活动

1. 深入田野，探寻销路

"探乡"实践团围绕电子商务创新农业商务模式运作的问题在辽宁省大连市普兰店区安波镇金鸡村张屯进行了相关调研。

通过团队两路调研，对各有意愿的"城""乡"进行连线，同时深入村民家中，为感兴趣者讲述电子商务以及直播带货对农产品销售的益处，从而加快推进农业现代化进程，促进农村一、二、三产业融合发展，形成农业增效、农民增收的新动力。

2. 充分发挥电子商务对创新农村商业模式的作用

现如今我国农村电商发展如火如荼。一根网线，连通城乡，让分散的小农户对接大市场，畅通了从田间到餐桌的产业链，农户完全可以有效利用，从而推动农业的转型升级。农村电商模式不仅能够打破农民的传统观念，让无业人员打开事业的新天地，成为最流行的网络从业者，还可以促进乡村文明建设，带来大量的人流、物流、信息流，将资金带入农村，并带来值得高度关注的文化流，使得农户跟上网络的节奏，拥有新的思想观念、管理观念、生活态度、合作精神等，成为新时代的新农户。

六、实践体会与感受

"探乡"实践团以暑期"三下乡"社会实践为契机，组织开展探讨乡村振兴战略等主题的社会实践活动，进一步增强广大青年的责任感、使命感和自豪感，促使团队队员了解认识乡村振兴的内容和成才立志的深刻意义。

在为期一个月的暑期社会实践中，采用线上加线下的活动形式，在实践中积极提高团队合作能力、交际能力，并形成了一定的实践成果，收效良好。

作为新时代的新青年，我们要承前启后，建设社会主义和谐社会。作为学生，我们要以学习为首要任务。其次，我们应立足本国的基本国情，关注国家时事，与时俱进，关注世界共同的问题，自觉投身于中国特色社会主义政治、经济、文化和社会建设，抓住机遇，迎接挑战，承担起实现中华民族伟大复兴的使命。因此，我们必须从现在做起，在日常生活和学习中，大力发扬艰苦奋斗的精神，培养自强不息的品质，要有勇于克服困难、不屈不挠的坚强意志，增强社会责任感、竞争意识和集体责任感，情系祖国，关爱社会。

走进助农实践一线，讲好乡村振兴故事
——以"星火乡助"暑期社会实践团为例

梁诗宇、刘韦瑶、刘诗倩

摘要： 实施乡村振兴战略是改革开放 40 余年来不断探索和不断丰富的结果，符合中国的乡村发展规律。从"美丽乡村"建设、社会主义新农村建设、特色小镇建设，到乡村振兴战略的实施，对城乡关系的处理也经历了从城乡兼顾、统筹城乡，到城乡融合的发展历程，探索出了一条符合中国国情的乡村振兴之路。

关键字： "三下乡"；社会实践；乡村振兴

一、"三下乡"社会实践活动的意义

"三下乡"社会实践活动是理论与实践相结合的重要渠道，是对青年学生进行国情教育、爱国主义教育、集体主义教育、社会主义教育及提高思想道德水平和能力素质的有效途径。具体来说有以下几方面：

（一）增强大学生的社会责任感和历史使命感

大学生生活在宁静的校园内，有利于学习书本知识，但是，长时间生活在象牙塔内的学子们难免会对外面的世界了解不多，对国情认识不够，对政策理解不深。"三下乡"社会实践活动在校园与社会之间架起了一座桥梁，通过这座桥梁，同学们对社会有了较深的了解，才能真正达到"受教育、长才干、做贡献"的目的。

（二）培养大学生的集体主义和协作精神

大学生要想在改革开放中建功立业，必须具有真才实学，建立符合时代要求的最优化的"智能"知识结构，具备集体主义和互助协作的精神。然而，在目前的高校教育体制下，许多同学往往厚此薄彼，注重书本知识的学习，崇尚个人奋斗，突出个人之间的竞争，这在一定程度上削弱了教育的另一个重要方面，即集体主义、互助协作精神的培养。事实证明，缺乏这种精神的"人才"，已经越来越无法适应当今要求全面提高质量和高效运作的社会需求，只有集体的智慧和力量才会产生更大的效能，才会创造更大的价值。"三下乡"是大学生作为一个集体走进基层、服务基层的社会实践活动，从策划、前期准备到正式实施的每一个环节，都需要所有参加者发扬集体主义精神，求同存异、克服摩擦、互相配合、互相协作，否则，团结无法保证，大家的劲就使不到一块，团队就丧失了它应有的战斗力。"三下乡"社会实践活动为同学们施展才华、展现风采提供了广阔的舞台，也为大学生充分认识彼此的优秀品质和优良作风提供了宝贵的契机。

（三）教育大学生进一步努力学习科技文化知识

知识就是力量，知识就是财富。大学生都懂得这个道理。知识又是无穷无尽的，需要在实践中学习、学习，再学习。通过"三下乡"社会实践活动，许多同学深刻地体会到了知识的宝贵性和无穷性，改变了恃才自傲的缺点，这有利于大学生进一步努力学习科技文化知识。"三下乡"社会实践也让同学们更加真切地感受到了农村对科学知识的渴求，更加深切地认识到只有学好科技文化知识，才能建设好家乡，才能建设好祖国。

（四）有意识地培养大学生的实际工作能力

"三下乡"作为社会实践的一种重要形式，着眼于理论与实际相结合，着眼于校园与社会相衔接，使大学生们得到一个学习和锻炼的好机会，在实践中有意识地培养大学生实际工作的能力。"三下乡"社会实践活动是一项复杂的实际工作，它不同于理论知识的学习，更需要实际的动手能力。这些活动无疑有利于培养大学生实际工作的能力。

二、社会实践背景

本次"三下乡"社会实践活动的背景就是在学校建设高水平应用型大学的进程中，更好地让学生在实践中受教育、长才干、做贡献，践行学校"业精弘德、学勤出新""精益求精、追求卓越"的办学精神，积极助力巩固拓展脱贫攻坚成果同乡村振兴有效衔接，走进助农实践一线，讲好乡村振兴故事。

"三下乡"社会实践的意义就是为了进一步深入学习贯彻党的十九届六中全会精神，进一步学思践悟习近平新时代中国特色社会主义思想，全面提升个人综合素质，切实感悟时代发展脉搏，坚定理想信念，锤炼过硬本领。

"三下乡"社会实践活动旨在调研学生家乡在实施乡村振兴战略的进程中的乡村生态环境建设，鼓励大学生回乡创业，动员科技、教育、文化、卫生等领域的优秀人才到农村就业，让乡村村民了解到更多对自己有益的知识。作为当代大学生，更应该时刻关注家乡发展和乡村振兴，为其奉献出自己的一份力量，助其走上富民、村美、强业的多赢之路，为实现乡村宜居安康的振兴之梦而不懈奋斗。让我们自己真正成为具有社会责任感和健全的人格，具有职业道德、创新意识和敬业精神，专业基础扎实，应用能力强，综合素质高，德智体美劳全面发展的应用型人才。

"三下乡"实践活动的举办不仅促进了我国先进生产力的发展，而且帮助和引导了我国大学生们按先进生产力发展要求成长成才。

"三下乡"活动能使学生们体验并了解到民情及农村生活的艰辛，从而培养对农民的感情，让他们和农民的心贴得更近，真切感受到耕耘的艰辛和收获的喜悦，这样才能真正树立为"三农"服务的意识，更好地为社会主义新农村建设服务，实现社会和谐。

"三下乡"活动的开展有利于增长才干，磨炼品格和意志。通过下乡所开展的活动，使处在象牙塔中的大学生分析和处理事务的能力得到一定的提高，在活动中通过和其他人的交流，认识更多的朋友，可以借鉴他们分析和处理问题的方法，从而使自己有所提高。

三、社会实践可行性分析

（1）"星火乡助"社会实践团指导教师为建筑与规划学院学生党支部书记、辅导员梁诗宇老师，他具有丰富的社会实践指导经验，所指导的学生在"挑战杯"竞赛、"创青春"竞赛中成绩优异，多次荣获奖项。

（2）团队成员也均在班级或建筑与规划学院担任班委和学生干部，其中八人为共青团员，参与策划组织过很多学生文体活动，有一定的活动经验，并且具有较强的实践能力，拥有极高的热情，态度认真负责，能够全身心投入实践中。

（3）本次"三下乡"社会实践活动得到了学校团委和建筑与规划学院团委的大力支持，并被评为校级重点团队，得到了经费支持。

（4）活动的安全性有保障，活动地点和活动形式均较为安全，最大限度避免了事故发生，确保了活动安全，降低了风险。

（5）通过调研各乡村居委会，走入基层，走入生活，获得第一手资讯，掌握第一手动态。

（6）将"三下乡"社会实践与促进乡村振兴相结合，发挥了青年大学生服务社会的重要作用，展现了沈阳城市建设学院学子风采。

四、项目实施进度

采取资料分析—实地调查—经验借鉴相结合的研究方法，研究总体分为九个阶段。

（1）团队课题组成阶段：确定项目组成员，确定实践主题，细化成员分工。

（2）工作方案制定阶段：通过对庄河市青堆镇前炉村、刘亮屯、塔岭镇、兰店乡、荷花山镇、太平岭及四平市毛家店的资料分析和实地调查，结合实践主题方向，明确工作方案，制定研究工作大纲和报告编写提纲实践活动日程表。

（3）必要资料搜集、调研阶段：通过网络查询搜集关于庄河市青堆镇前炉村、刘亮屯、塔岭镇、兰店乡、荷花山镇、太平岭及四平市毛家店的乡村产业振兴落实情况的资料；了解村中的空巢老人以及留守儿童的情况，了解村民们有多少医疗卫生知识，了解村中生态环境现状等。

（4）实地调研阶段：①与当地村民做好沟通，确定进行调研采访的时间，按照工作大纲和日程表安排展开实地考察以及普及宣讲等工作；②将访问过程以照片的方式记录，中期进行提交。

（5）资料收集、整合阶段：收集、整合调研数据资料，并对数据结构进行系统分析。对实地考察的照片做好分类整合。整理各个采访的照片，做好相关的采访记录。

统计问卷调查结果，并做好分析。

（6）实践报告撰写阶段：结合调研分析所得，针对调查县市的教育关爱、科技支农、生态文明建设、乡村产业落实等情况初步撰写报告。

（7）实践报告修改阶段：与团队成员讨论，对报告的细节部分再次进行审查，修改调研报告。

（8）提交实践报告及相关资料。

（9）申请实践活动结束。

五、社会实践过程

（一）第一阶段

1. "青春心向党 普法暖心行"宣传活动

2022年7月9日上午，主题为"青春心向党 普法暖心行"的宣传活动在庄河市昌盛街道及海洋村举行，"星火乡助"社会实践团的青年志愿者们"面对面"为百姓普及《民法典》相关内容，用深入浅出的方式讲授《民法典》和司法鉴定的途径、程序、方式方法等知识。同时，走上街头开展法律知识推广宣传，并发放《民法典》宣传手册。此次普法宣传活动，不仅调动了当地百姓学法的热情，更强化了群众的法律观念，让他们在此次活动中学会依法维权、依法办事，进一步助推了乡村法制教育。

2. "杏"会歇马，"甘"礼天下活动

7月14日，正逢歇马杏成熟季，"星火乡助"社会实践团在庄河市太平岭开展了以杏子采摘为内容的主题实践，在实践过程中学习如何采摘杏子。团队成员来到歇马杏林，观察忙碌采摘的村民。杏子的采摘过程不复杂，但很精细。"过程包括选、摘、存。要选择颜色深、不带绿的杏子，采摘时不要连同树枝折下，只需轻轻碰一下，摘下的杏子要及时食用，不易久存，稍微绿点的则可以存放。"村民讲解道。管理人员详细介绍了歇马杏销售问题，同时也给队员们介绍了现阶段歇马杏的宣传销售状况。管理人员与同学们不谋而合，也战略性地想到了发展歇马杏合作社。他们还详细介绍了将于明年正式推进的建立"以歇马杏为主导，开发周边农产品价值"的农村果园合作社的战略构想，给予了队员们许多思路。

3. "走进社区悟民生，迈入心房传感悟"调研活动

7月24日，"星火乡助"社会实践团在庄河市昌盛街道锦绣社区采访了社区书记林栋楠和副书记刁俊男，深入了解社区工作与乡村发展的现状，希望借此增强学生的实践能力，培育新青年的精神厚土。在采访中实践团成员了解到，该社区将工作重心放在加强人居环境与排水的整治，促进农业发展、增加村集体经济收入等方面的工作上。与此同时，该村坚持以"村容整洁"为落脚点，大大提升了村内环境的卫生水平和宜居度。社区工作与乡村发展是影响人民日常生活的重要工作，通过走进基层工作，深刻感悟为人民服务的理念，当今时代的青年更应树立远大的理想目标，坚定永远跟党走的理想信念，将来以真才实干服务于人民大众，提高人民的生活水平。

（二）第二阶段

1. "21号青年"乡村支教活动

为贯彻落实习近平总书记关于青年工作的重要思想，引导和帮助青年学生深入了解乡村振兴，积极服务基础教育，"星火乡助"社会实践团部分成员与大连外国语大学三名本科在读学生于7月7日至8月5日联合开展了为期29天的暑期"三下乡"社会实践支教活动。本次授课，采用了"线上录播＋远程授课"的方式，突破了因疫情影响，不能实地授课的限制。我们的课程内容也是丰富多彩，支教成员们都大显身手，开设的课程内容涵盖了人物介绍课、党史讲解课、心理健康教育课等方面。为了将更多的知识传播给孩子们，让他们看到大千世界的美好，我们在行动。

2. "白衣行动"医疗宣传活动

为普及健康知识，提高全民健康素养水平，让健康知识行为和技能成为全民普遍具备的素质和能力，我们"星火乡助"社会实践团通过积极地宣传医疗知识，让更多的人了解医疗知识，熟悉医疗知识。8月6日，实践团队在铁岭市昌图县康家沟村进行医药知识宣讲活动。队员们向当地居民讲解有关医疗卫生健康的知识，积极宣传常见的药品及其功效，同时也为当地居民讲解服药时的禁忌，使村民避开常见的服药误区，对村民咨询的健康常识问题进行耐心细致的回复。宣讲结束后，团队成员暖心地为当地居民测血压，用实际行动为基层群众提供了切身的帮助，得到了居民们的一致夸赞与认可。

3. "街道小巷聚力量，众人携手共行动"活动

为深入推进乡风文明建设，全面提升环境卫生面貌，以整洁、干净、优美的环境迎接党的二十大胜利召开，2022年8月14日"星火乡助"社会实践团部分成员跟随昌盛街道锦绣社区，按照"改善城乡环境、提高人居环境质量、美化村容村貌"的总体要求，多措并举集中开展农村环境卫生整治。清洁从一点一滴抓起，习惯从一举一动养成。实践团趁着这次机会与大家一起打扫卫生，将垃圾桶旁的小垃圾堆都清理出来，将路边的杂物收拾整理起来，清扫路面、清除广告，并向附近街道的村民作宣传，为建设美丽乡村贡献一份力量。农村人居环境整治工作是落实"乡村振兴"的重要举措，也是改善群众生产生活环境，打造宜居宜业、美丽家园的实质行动。本次"街道小巷聚力量，众人携手共行动"实践活动以青年大学生为主体，助力农村人居环境整治行动，致力于为乡村振兴迎来青春力量。

4. "投身家乡建设，彰显青春担当"活动

"星火乡助"社会实践团的成员带着当代大学生特有的青春与活力走回家乡、走向社会，为家乡奉献自己的青春力量。2022年7月，团队成员刘韦瑶参加了返家乡社会实践活动，在辽宁省大连市庄河市昌盛街道锦绣社区进行实践，实践期间配合社区工作者进行疫情排查、全民核酸、接听社区热线、居民信息核实登记、居民数据核对、整理档案等工作。"民生无小事，枝叶总关情"，社区工作者的用心与耐心打通了服务群众的"最后一公里"。在本次社会实践活动中，我们与不同身份的人进行交流，碰撞

思想，理解了"从群众中来，到群众中去"的真正含义，认识到只有到实践中去、到基层去，为家乡的发展建设添砖加瓦，在实践中践行"请党放心，强国有我"的时代使命，把个人的命运同社会、同国家的命运发展联系起来，才是大学生成长成才的正确之路。

六、社会实践总结

"纸上得来终觉浅，绝知此事要躬行。"本次"三下乡"社会实践活动，"星火乡助"社会实践团通过线上和线下两种形式深入教育关爱、科技支农、基层社会治理、生态文明建设等领域，围绕乡村振兴、志愿支教、党史学习、助力疫情防控等方面进行实践。

学生将以本次社会实践为契机，继续在亲身实践中受教育、长才干、做贡献，踔厉奋发，笃行不息，践行"业精弘德、学勤出新"的校训精神，了解、认知乡村，讲好乡村振兴故事，展现新时代城建学子的社会责任和担当，为学校发展和社会进步贡献力量，以优异成绩迎接党的二十大胜利召开！